# Premiere Pro 2023
# 影视编辑与制作

葛春雷　张书艳　主编

清華大學出版社
北　京

## 内 容 简 介

本书以Premiere Pro 2023视频编辑剪辑制作与设计为主线，从实战角度介绍了该软件在相关行业的具体应用。

本书分为8章，内容包括：Premiere Pro 2023入门与操作；影视剪辑技术；视频过渡的应用；视频效果的应用；常用字幕的创建与实现；文件的设置与输出；项目实战指导——环保宣传动画；项目实战指导——电影片头；最后通过两个大的行业综合项目案例将本书所有的内容进行融会贯穿，使读者通过对基础理论的学习，以及实际制作，掌握视频编辑的方法。

本书适合作为大专院校相关专业的教材和参考用书，以及各类社会培训机构的培训教材，同时也可供广大从事非线性编辑的专业人员、广告设计人员、电脑视频设计制作人员以及多媒体制作人员使用。



图书在版编目(CIP)数据

Premiere Pro 2023 影视编辑与制作 / 葛春雷，张书艳主编. —北京：清华大学出版社，2024.5(2024.11重印)

ISBN 978-7-302-65937-2

Ⅰ. ①P… Ⅱ. ①葛… ②张… Ⅲ. ①视频编辑软件 Ⅳ. ①TP317.53

中国国家版本馆CIP数据核字(2024)第064734号

**责任编辑：**张彦青
**封面设计：**李　坤
**责任校对：**徐彩虹
**责任印制：**刘　菲
**出版发行：**清华大学出版社
**网　　址：**https://www.tup.com.cn，https://www.wqxuetang.com
**地　　址：**北京清华大学学研大厦A座　　**邮　　编：**100084
**社 总 机：**010-83470000　　**邮　　购：**010-62786544
**投稿与读者服务：**010-62776969，c-service@tup.tsinghua.edu.cn
**质量反馈：**010-62772015，zhiliang@tup.tsinghua.edu.cn
**印 装 者：**三河市龙大印装有限公司
**经　　销：**全国新华书店
**开　　本：**185mm×260mm　　**印　　张：**13.5　　**字　　数：**216千字
**版　　次：**2024年5月第1版　　**印　　次：**2024年11月第2次印刷
**定　　价：**69.00 元

---

产品编号：080004-01

Premiere Pro 2023 是专门用于视频后期处理的非线性编辑软件，它的强大功能在于可以快速地对视频进行剪辑处理，比如：随意地分割或拼接视频片段，添加特效和过渡效果，融合数码照片、音乐和视频等。所以，专业人士能够使用该软件制作出非常精彩的影视作品。

## 本书内容

本书共分 8 章，其中 6 章为基础内容，即 Premiere Pro 2023 入门与操作、影视剪辑技术、视频过渡的应用、视频效果的应用、常用字幕的创建与实现、文件的设置与输出；另外，还有两章案例讲解，即项目实战指导——环保宣传动画、项目实战指导——电影片头。

第 1 章介绍了 Premiere Pro 2023 软件中的一些基础知识，包括软件的安装和卸载、启动和退出、工作界面和功能面板、界面的布局、保存项目文件、导入素材的方法等。

第 2 章介绍了影视剪辑的一些基础知识。剪辑即通过为素材添加入点和出点，从而截取其中好的视频片段，将它与其他视频进行结合形成一个新的视频片段。

第 3 章介绍了如何为视频片段与片段之间添加过渡。

第 4 章介绍了如何在影片上添加视频特效。这对于剪辑人员来说是非常重要的，对视频的好与坏起着决定性作用。巧妙地为影片添加各式各样的视频特效可以使影片具有很强的视觉感染力。

第 5 章介绍了为视频添加字幕的方法。

第 6 章介绍了对制作完成后的节目的输出设置。

第 7 章通过创建字幕、设置关键帧动画等操作步骤来介绍环保宣传片的制作方法。

第 8 章介绍了怎样制作电影片头，通过在序列中创建字幕、为素材设置关键帧、应用嵌套序列等操作，从而产生视频效果。

## 本书约定

为便于阅读理解，本书的写作风格遵从以下约定。

本书中出现的中文菜单和命令将用“【】”括起来，以示区分。此外，为了使语句更简洁易懂，本书中所有的菜单和命令之间都以“|”分隔，例如，单击【编辑】菜单，再选择【移动】命令，就用【编辑】|【移动】来表示。

用加号 (+) 连接的两个或三个键表示组合键，在操作时表示同时按下这两个或三个键。例如，Ctrl+V 是指在按下 Ctrl 键的同时，按下 V 字母键；Ctrl+Alt+F10 是指在按下 Ctrl 键和

Alt 键的同时，按下功能键 F10。

在没有特殊指定时，单击、双击和拖动是指用鼠标左键单击、双击和拖动，右击则是指用鼠标右键单击。

## 读者对象

1．Premiere 初学者。
2．大中专院校和社会培训机构相关专业的学生。
3．非线性编辑专业人员、广告设计人员和计算机视频设计人员。
4．视频编辑爱好者。

编者

2024.4

本书案例文件

# 第 1 章 Premiere Pro 2023 入门与操作



# 第 2 章 影视剪辑技术

## 第 3 章 视频过渡的应用



## 第 4 章 视频效果的应用

# 第 5 章 常用字幕的创建与实现



# 第 6 章 文件的设置与输出



# 第 7 章 项目实战指导——环保宣传动画



# 第 8 章 项目实战指导——电影片头

# 附录 Premiere Pro 2023 快捷键

# 第1章 Premiere Pro 2023 入门与操作

本章主要介绍 Premiere Pro 2023 软件中的一些基础知识，其中包括软件的安装和卸载、启动和退出，工作界面和功能面板、工作界面的布局、保存项目文件的两种方法、导入素材的方法等。

## 1.1 Premiere Pro 2023 的安装和卸载

### 1.1.1 安装 Premiere Pro 2023

安装 Premiere Pro 2023 需要 64 位操作系统，安装 Premiere Pro 2023 软件的方法非常简单，只需根据操作步骤指示便可轻松完成安装，具体操作步骤如下。

（1）打开 Premiere Pro 2023 安装文件，找到 Set-up.exe 文件，鼠标左键双击运行，如图 1-1 所示。

（2）弹出【安装】对话框，在该界面中指定安装的位置，单击【继续】按钮，如图 1-2 所示。

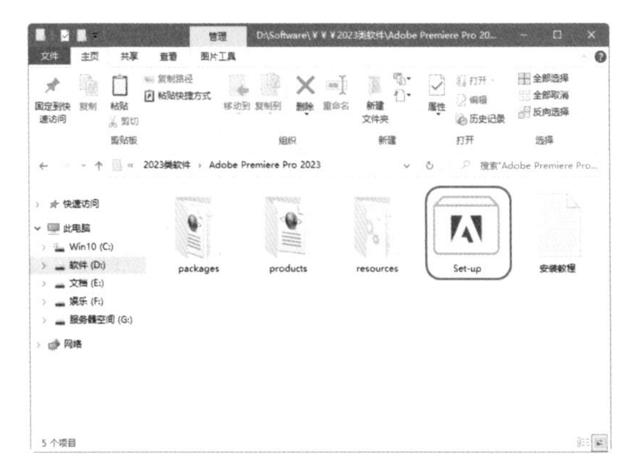


图 1-1

图 1-2

（3）初始化完成后，将会出现带有安装进度条的界面，说明正在安装 Premiere Pro 2023 软件，如图 1-3 所示。

图 1-3

（4）安装完成后，将会弹出【安装完成】界面，单击【关闭】按钮即可，如图 1-4 所示。

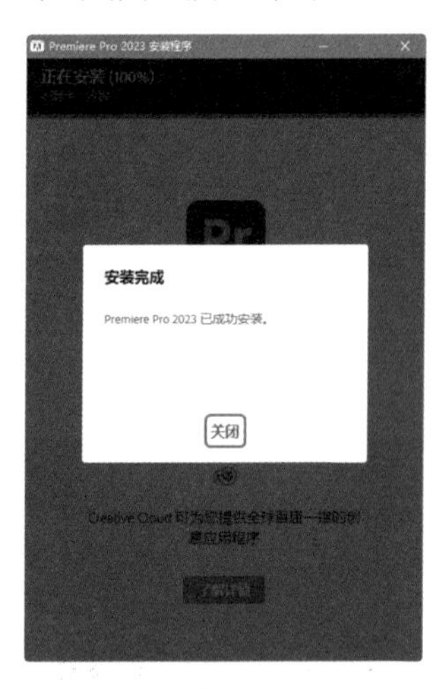


图 1-4

## 1.1.2　卸载 Premiere Pro 2023

卸载 Premiere Pro 2023 的方法有两种，一种方法是通过【控制面板】卸载，另外一种方法是通过软件管家等卸载软件卸载，下面将具体介绍如何通过【控制面板】卸载 Premiere Pro 2023。

（1）单击计算机左下角的【开始】按钮在弹出的列表中，右击 Adobe Premiere Pro 2023，单击【卸载】按钮，如图 1-5 所示。

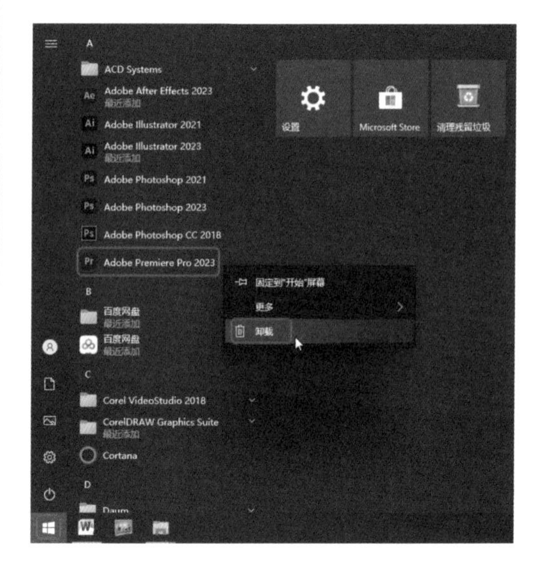


图 1-5

（2）在【程序和功能】界面中选择 Adobe Premiere Pro 2023 选项，单击【卸载/更改】按钮，如图 1-6 所示。

图 1-6

（3）在【Premiere Pro 卸载程序】界面中，弹出【Premiere Pro 首选项】，单击【是，确定删除】按钮，开始卸载，如图 1-7 所示。

（4）等待卸载，卸载界面如图 1-8 所示。

（5）单击【关闭】按钮，即可卸载完成。如图 1-9 所示。

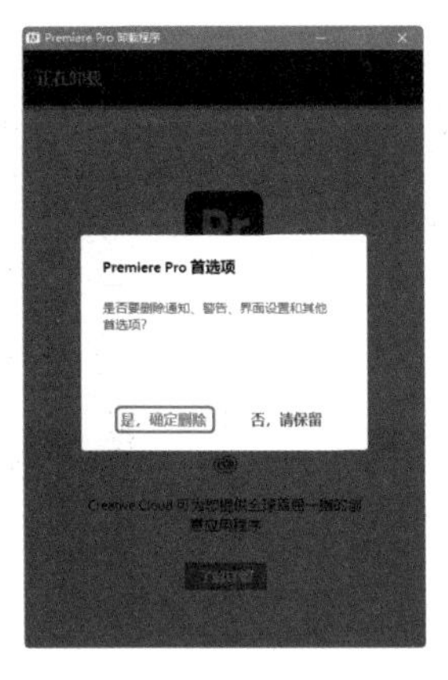

图 1-7

图 1-8

图 1-9

## 1.2　Premiere Pro 2023 的启动和退出

在计算机中安装了 Premiere Pro 2023 之后，就可以使用它来编辑制作各种视、音频作品了，下面介绍 Premiere Pro 2023 的启动及退出。

### 1.2.1　启动 Premiere Pro 2023

Premiere Pro 2023 安装完成后可以使用以下任意一种方法，启动 Premiere Pro 2023。

- 选择【开始】|Adobe Premiere Pro 2023 选项，如图 1-10 所示。

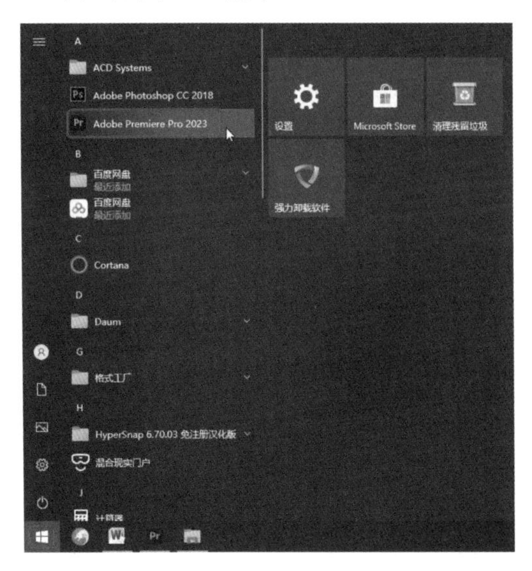


图 1-10

- 在桌面上双击 Premiere Pro 2023 图标。
- 在桌面上选择 Premiere Pro 2023 图标，右击，在弹出的快捷菜单中选择【打开】命令，如图 1-11 所示。

图 1-11

（1）在桌面上双击 Premiere Pro 2023 图标，启动 Premiere Pro 2023 软件，在启动过程中会弹出一个 Premiere Pro 2023 初始化界面，如图 1-12 所示。

图 1-12

（2）进入开始界面，如图 1-13 所示，单击面板上的【新建项目】按钮。

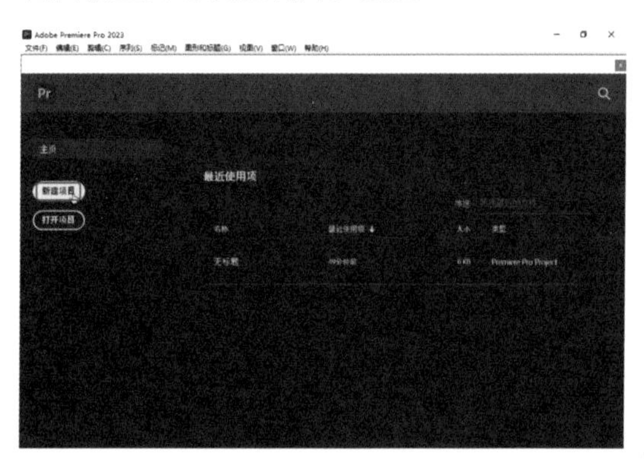

图 1-13

**技术看板**

【打开项目】：单击该按钮，在弹出的对话框中打开一个已有的项目文件。

（3）在【项目名】右侧的文本框中输入当前项目文件的名称，单击【项目位置】右侧下三角按钮，在弹出的下拉列表中选择【选择位置】选项，在弹出的【项目位置】对话框中可以选择文件保存的路径，如图 1-14 所示，单击【创建】按钮。

（4）此时即可新建一个空白的项目文档，如图 1-15 所示。

图 1-14

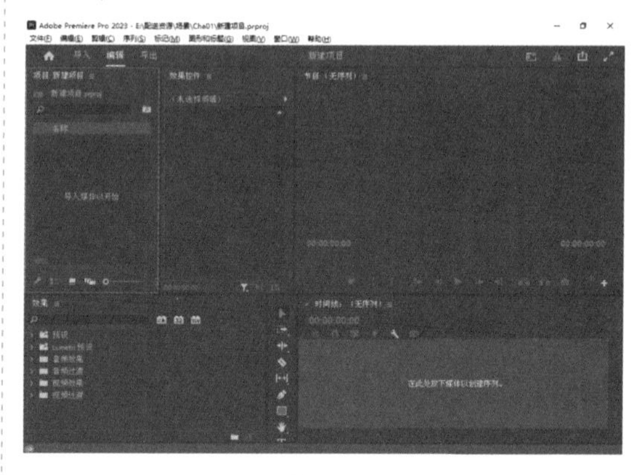

图 1-15

（5）在 Premiere Pro 2023 中需要单独建立【序列】文件，在菜单栏中选择【文件】|【新建】|【序列】命令，即可打开【新建序列】对话框，如图 1-16 所示。

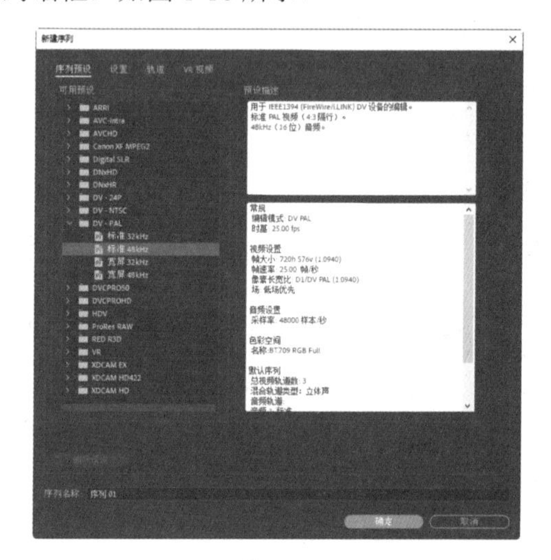

图 1-16

### 1.2.2　退出 Premiere Pro 2023

在 Premiere Pro 2023 软件中编辑完成后，可进行关闭操作，使用以下任意一种方法都可以退出 Premiere Pro 2023 软件。

- 在菜单栏中选择【文件】|【退出】命令，如图 1-17 所示。
- 使用快捷键：Ctrl+Q 组合键。
- 在该软件的右上角单击 × 按钮。

如果在之前做的内容没有保存的情况下退出 Premiere Pro 2023，系统会弹出一个提示框来提示用户是否对当前的项目文件进行保存，如图 1-18 所示。

该对话框中各个按钮的功能如下。

- 【是】：可以对当前项目文件进行保存，关闭软件。
- 【否】：可以直接退出软件。
- 【取消】：返回编辑项目文件中，不退出软件。

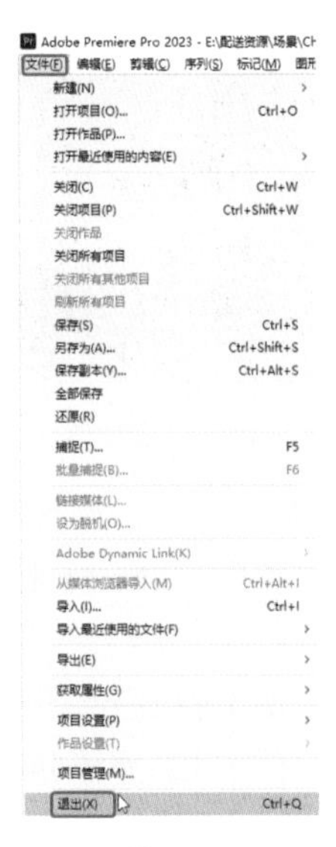

图 1-17

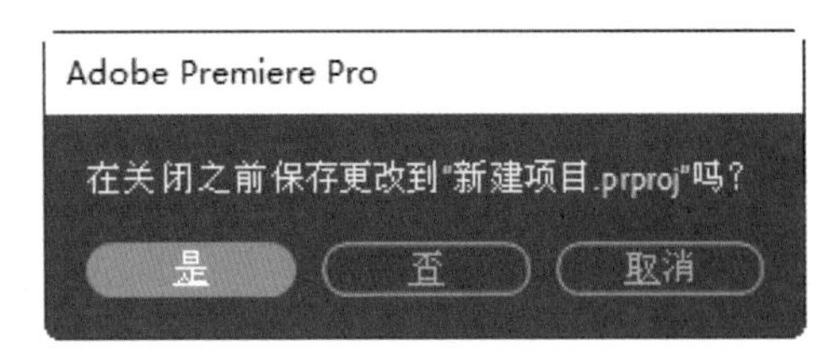


图 1-18

## 1.3　工作界面和功能面板

通过前面的学习，我们对 Premiere Pro 2023 的工作界面有了初步的认识，下面将对工作界面及功能面板进行介绍。

### 1.3.1　【项目】面板

【项目】面板用来管理当前项目中用到的各种素材。

在【项目】面板的左上方有一个预览窗口。选中每个素材后，都会在预览窗口中显示当前素材的画面，在预览窗口右侧会显示当前选中素材的详细资料，包括文件名、文件类型、持续时间等，如图 1-19 所示。通过预览窗口，还可以播放视频或者音频素材。

当选中多个素材片段并将其拖动到【序列】面板中时，选择的素材会以相同的顺序在【序列】面板中排列，如图 1-20 所示。

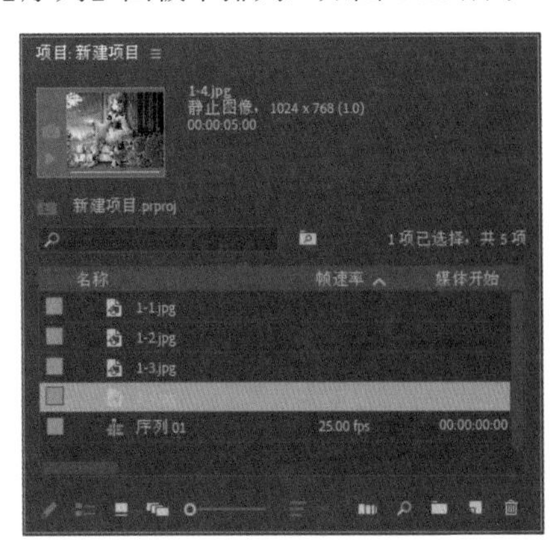

图 1-19

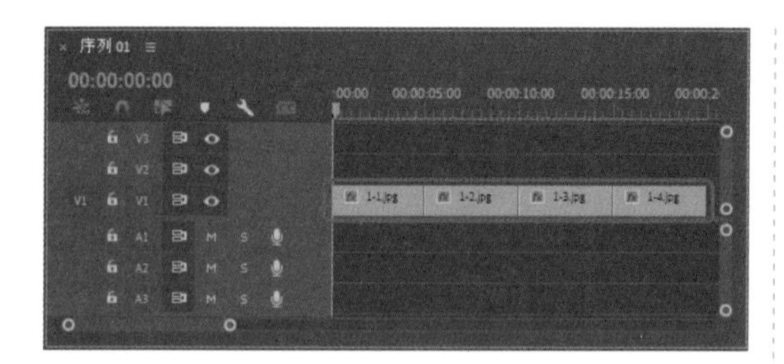

图 1-20

在【项目】面板中，素材片段分为【列表视图】和【图标视图】两种不同的显示模式。

- 列表视图：单击窗口下部的【列表视图】按钮，【项目】面板便会切换至【列表视图】显示模式。这种模式虽然不会显示视频或者图像的第一个画面，但是可以显示素材的类型、名称、帧速率、持续时间、文件名称、视频信息、音频信息和持续时间等，是素材信息最多的一种显示模式，同时也是默认的显示模式，如图 1-21 示。

图 1-21

- 图标视图：单击窗口下部的【图标视图】按钮，【项目】面板便会切换至【图标视图】显示模式。这种模式会在每个文件下面显示出文件名、持续时间，如图 1-22 所示。

图 1-22

提示：除了使用按钮新建文件外，还可在【项目】面板中单击右侧的按钮，在打开的快捷菜单中选择相关选项，如图 1-23 所示。

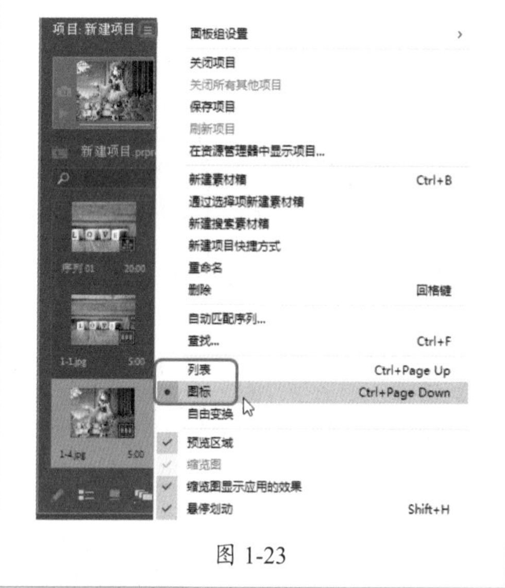

图 1-23

【项目】面板除了上面介绍的按钮外，还有以下按钮。

- 【自动匹配序列】：单击该按钮，在弹出的【序列自动化】对话框中进行设置，单击【确定】按钮，可将素材自动添加到【时间轴】面板中。

- 【查找】：单击该按钮，打开【查找】对话框，输入相关信息查找素材。
- 【新建素材箱】：单击该按钮，增加一个容器文件夹，便于对素材存放和管理，它可以重命名，在【项目】面板中，可以直接将文件拖至容器中。
- 【新建项】：单击该按钮，弹出下拉菜单，包括【序列】、【项目快捷方式】、【脱机文件】、【调整图层】、【彩条】、【黑场视频】、【颜色遮罩】、【通用倒计时片头】和【透明视频】选项，如图 1-24 所示。

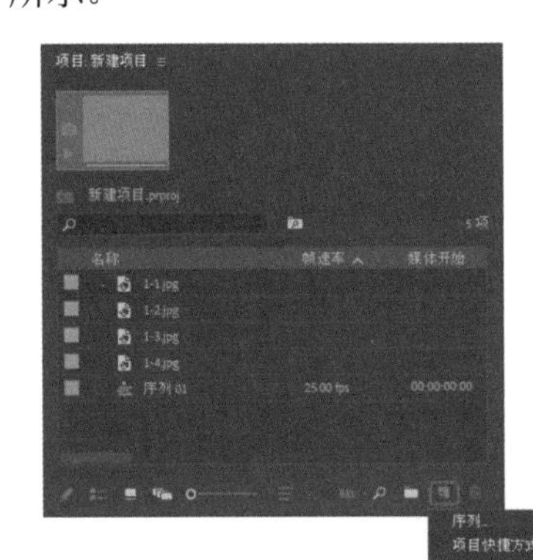


图 1-24

- 【清除】：单击该按钮，可删除所选择的素材或者文件夹。

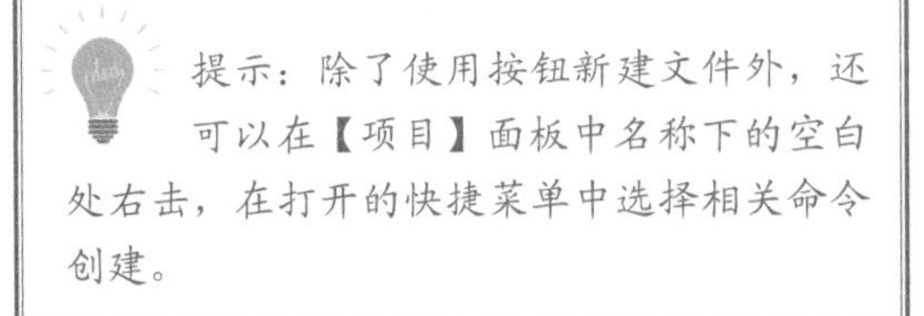

提示：除了使用按钮新建文件外，还可以在【项目】面板中名称下的空白处右击，在打开的快捷菜单中选择相关命令创建。

## 1.3.2 【节目】监视器

在【节目】监视器中显示的是视、音频编辑合成后的效果，可以通过预览最终效果来估计编辑的质量，以便进行必要的调整和修改，如图 1-25 所示。

图 1-25

## 1.3.3 素材【源】监视器

素材【源】监视器主要用来播放、预览源素材，并可以对源素材进行初步的编辑操作，例如设置素材的入点、出点，如图 1-26 所示。如果是音频素材，就会用波状方式显示，如图 1-27 所示。

图 1-26

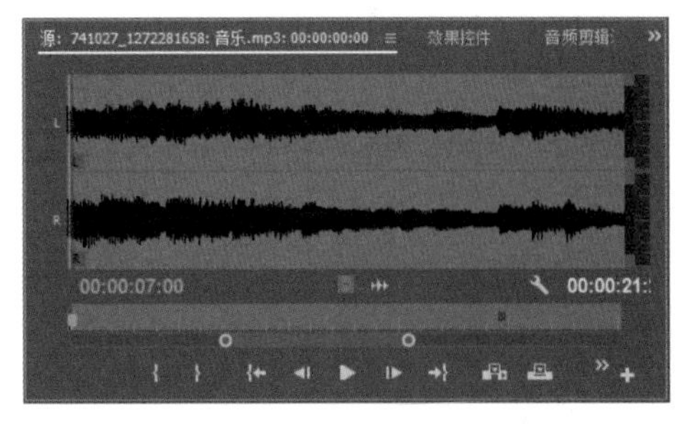


图 1-27

### 1.3.4 【时间轴】面板

【时间轴】面板是 Premiere Pro 2023 软件中主要的编辑窗口，如图 1-28 所示，可以按照时间顺序来排列和连接各种素材，也可以对视频进行剪辑、叠加、设置动画关键帧和合成效果。在【时间轴】面板中还可以使用多重嵌套，这对于制作影视长片或者复杂特效来说是非常有效的。

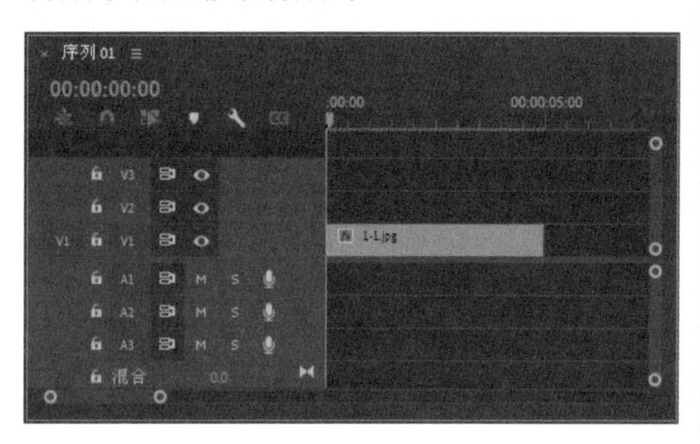


图 1-28

### 1.3.5 【工具】面板

【工具】面板中含有影片编辑常用的工具，如图 1-29 所示。

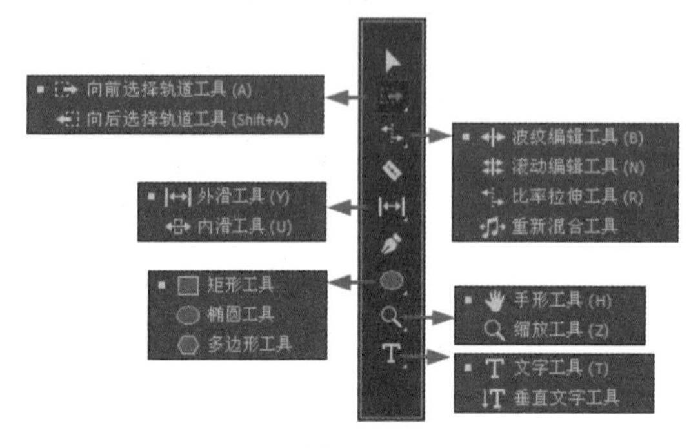


图 1-29

该面板中各个工具的名称及功能如下。

- 【选择工具】：用于选择一段素材或同时选择多段素材，并将素材在不同的轨道中进行移动，也可以用来调整素材上的关键帧。
- 【向前选择轨道选工具】：用于选择轨道上的某个素材及位于此素材后的其他素材。按住 Shift 键，当鼠标指针变为双箭头时，则可以选择位于当前位置后面的所有轨道中的素材。
- 【波纹编辑工具】：使用此工具拖动素材的入点或出点，可改变素材的持续时间，但相邻素材的持续时间保持不变。被调整的素材与相邻素材之间所相隔的时间保持不变。
- 【滚动编辑工具】：使用此工具调整素材的持续时间，可使整个影视节目的持续时间保持不变。当一个素材的时间长度变长或变短时，其相邻素材的时间长度会相应地变短或变长。
- 【比率拉伸工具】：使用此工具在改变素材的持续时间时，素材的速度也会相应地改变，可用于制作快慢镜头。
- 【重新混合工具】：重新混合会始终保留剪辑的开头和结尾，只重新混合中间部分。

> 提示：也可以通过右击轨道上的素材，在弹出的快捷菜单中选择【速度 / 持续时间】命令，在打开的对话框中对素材的播放速度进行设置。

- 【剃刀工具】：此工具用于对素材进行分割，使用剃刀工具可将素材分为两段，并产生新的入点、出点。按住 Shift 键可将剃刀工具转换为多重剃刀工具，可一次将多个轨道上的素材在同一时间位置进行分割。
- 【外滑工具】：此工具用于改变一段素材的入点与出点，并保持其长度不变，且不会影响相邻的素材。

- 【内滑工具】：使用滑动工具拖动素材时，素材的入点、出点及持续时间都不会发生改变，其相邻素材的长度却会改变。
- 【钢笔工具】：此工具用于框选、调节素材上的关键帧。按住 Shift 键可同时选择多个关键帧；按住 Ctrl 键可添加关键帧。
- 【矩形工具】：可在【节目】监视器中绘制矩形，通过【效果控件】面板设置矩形参数。
- 【椭圆工具】：可在【节目】监视器中绘制椭圆，通过【效果控件】面板设置椭圆的参数。
- 【多边形工具】：可在【节目】监视器中绘制多边形，通过【效果控件】面板设置多边形参数。
- 【手形工具】：在对一些较长的影视素材进行编辑时，可使用该工具拖动轨道显示出原来看不到的部分。其作用与【序列】面板下方的滚动条相同，但在调整时要比滚动条更加容易调节并且准确。
- 【缩放工具】：使用此工具可将轨道上的素材放大显示，按住 Alt 键，滚动鼠标滚轮，则可缩小【序列】面板的范围。
- 【文字工具】：可在【节目】面板中单击鼠标输入文字，从而创建水平字幕文件。
- 【垂直文字工具】：可在【节目】面板中单击鼠标输入文字，从而创建垂直字幕文件。

## 1.3.6 【效果】面板

【效果】面板中包含了【预设】、【Lumetri 预设】、【音频效果】、【音频过渡】、【视频效果】和【视频过渡】6 个文件夹，如图 1-30 所示。单击面板下方的【新建自定义素材箱】按钮，可以新建文件夹，用户可将常用的特效放置在新建文件夹中，便于在制作中使用。直接在【效果】面板上方的输入框中输入特效名称，按 Enter 键，即可找到所需要的特效。

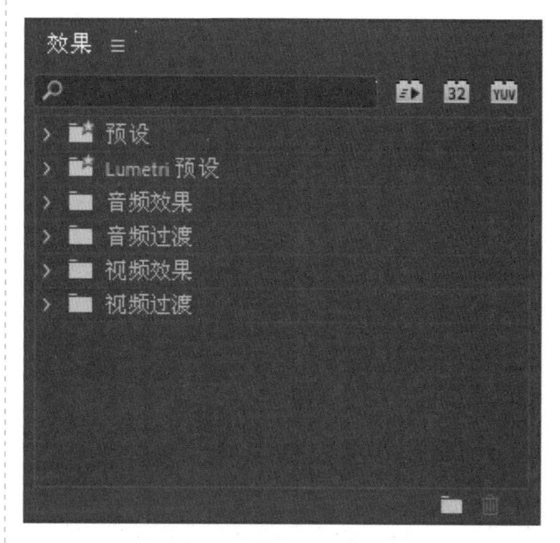


图 1-30

## 1.3.7 【效果控件】面板

【效果控件】面板用于对素材进行参数设置，如运动、不透明度及时间重映射等，如图 1-31 所示。

图 1-31

## 1.4 工作界面的布局

Premiere Pro 2023 有许多功能窗口和控制面板，用户可以根据需要对这些窗口进行打开或关闭。在 Premiere Pro 2023 中提供了四种预设界面布局。

### 1.4.1 【音频】模式工作界面

在菜单栏中选择【窗口】|【工作区】|【音频】命令，即可将当前工作界面转换为【音频】模式工作界面，如图 1-32 所示。该模式界面的特点是打开了【音轨混合器】面板，主要用于对影片的音频部分进行编辑。

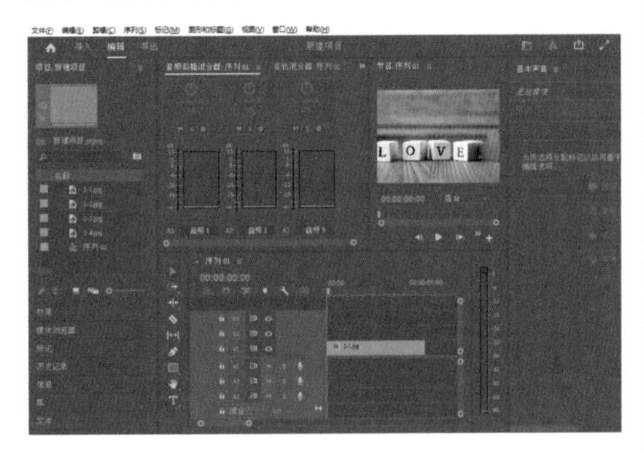

图 1-32

### 1.4.2 【颜色】模式工作界面

在菜单栏中选择【窗口】|【工作区】|【颜色】命令，工作界面将转换为【颜色】模式工作界面，如图 1-33 所示。该模式界面的特点是便于对素材进行颜色调整。

图 1-33

### 1.4.3 【编辑】模式工作界面

在菜单栏中选择【窗口】|【工作区】|【编辑】命令，工作界面将转换为【编辑】模式工作界面，如图 1-34 所示。该模式界面主要用于视频片段的剪辑和连接工作。

图 1-34

### 1.4.4 【效果】模式工作界面

在菜单栏中选择【窗口】|【工作区】|【效果】命令，工作界面将转换为【效果】模式工作界面，如图 1-35 所示。该模式界面主要用于对影片添加特效。

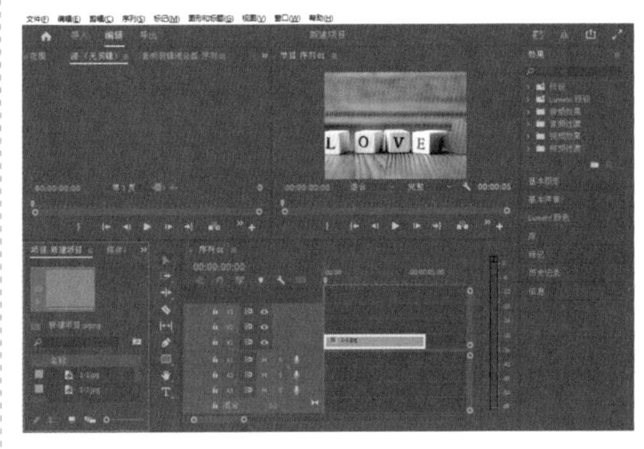

图 1-35

## 1.5　保存项目文件

Premiere Pro 2023 是一个视频、音频编辑软件。在创建项目文件中时，系统会要求保存项目文件，用户也应该养成随时保存项目文件的习惯，这样可以避免因为停电、死机等意外事件而造成数据丢失。可以手动保存项目文件，也可以自动保存项目文件，下面分别对其进行介绍。

### 1.5.1　手动保存项目文件

在编辑过程中，用户完全可以根据自己的需要随时对项目文件进行保存，操作虽然烦琐一点，但是对于预防工作数据丢失是非常有用的。具体的操作步骤如下。

（1）在 Premiere Pro 2023 工作界面中，在菜单栏中选择【文件】|【保存】命令，如图 1-36 所示。

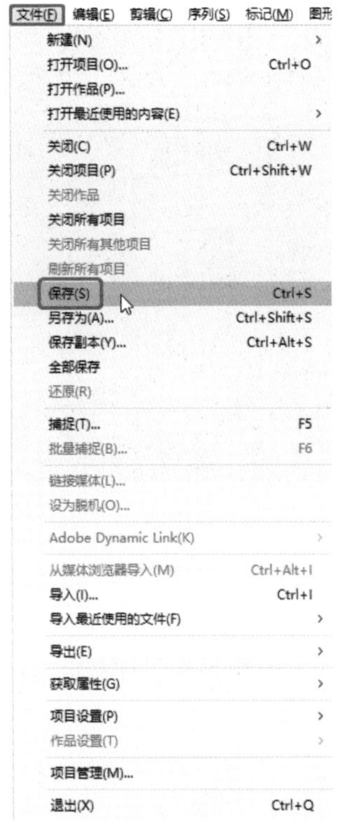


图 1-36

（2）如果要改变项目文件的名称或者保存路径，就应该选择【文件】|【另存为】命令，如图 1-37 所示。

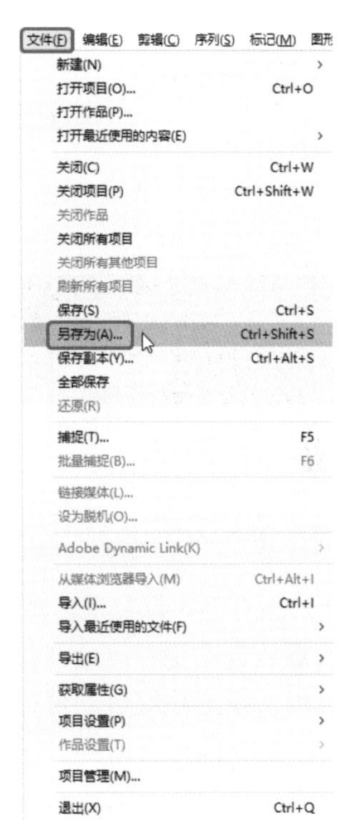


图 1-37

提示：按 Ctrl+S 组合键可以快速地保存项目文件。

（3）弹出【保存项目】对话框，用户可在这里设置项目文件的名称和保存路径，单击【保存】按钮，就可以将项目文件保存起来，如图 1-38 所示。

（4）如果项目文件的名称和保存路径，与已有的一个项目文件的名称和保存路径相同，系统就会弹出一个警告对话框，让用户选择是覆盖已有的项目文件，还是放弃保存，如图 1-39 所示。

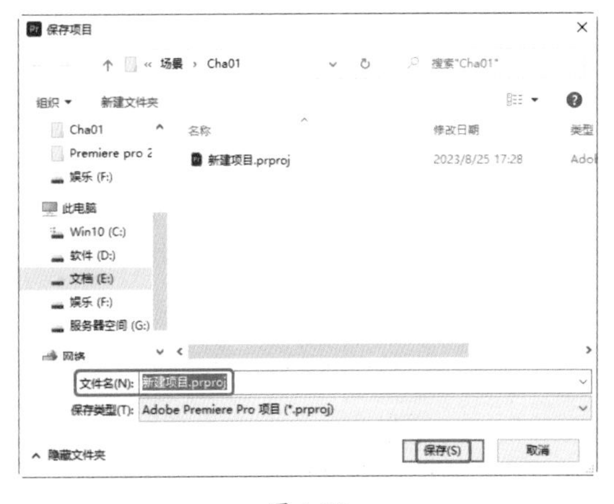


图 1-38

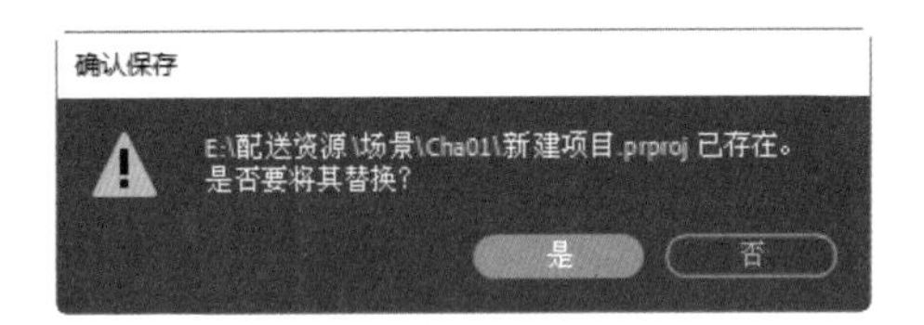


图 1-39

## 1.5.2 自动保存项目文件

如果用户没有随时保存项目文件的习惯，则可以设置系统自动保存，这样也可以避免丢失工作数据。设置系统自动保存项目文件的具体操作步骤如下。

（1）在 Premiere Pro 2023 的主界面中，在菜单栏中选择【编辑】|【首选项】|【自动保存】命令，如图 1-40 所示。

（2）执行完该命令后，即可转到【首选项】对话框的【自动保存】选项组中，在该选项组中选中【自动保存项目】复选框，设置【自动保存时间间隔】和【最大项目版本】参数，如图 1-41 所示。

图 1-40

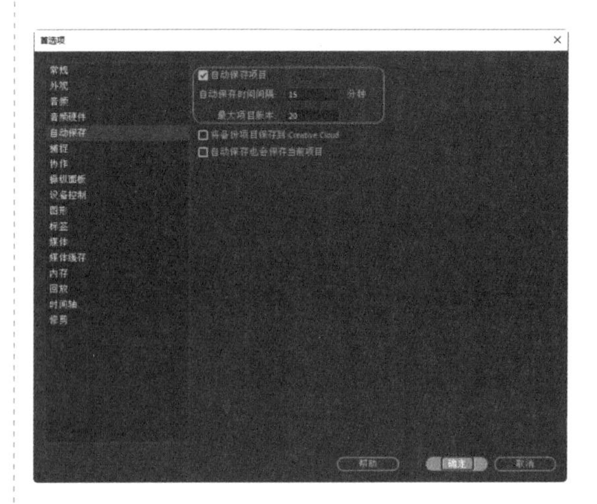


图 1-41

设置自动保存选项之后，在工作过程中，系统就会按照设置的间隔时间定时对项目文件进行保存，避免丢失工作数据。

# 1.6 导入素材文件

Premiere Pro 2023 支持处理多种格式的素材文件，这大大丰富了素材来源，为制作精彩的影视作品提供了有利条件。要制作视音频效果，应该首先将准备好的素材文件导入到 Premiere Pro 2023 的编辑项目中。由于素材文件的种类不同，因此导入素材文件的方法也不相同。

## 1.6.1 导入视、音频素材

视频、音频素材是最常用的素材文件，导入的方法也很简单，只要计算机安装了相应的视频的音频解码器，不需要进行其他设置就可以直接将其导入。

将视、音频素材导入到 Premiere Pro 2023 的编辑项目中的具体操作步骤如下。

（1）启动 Premiere Pro 2023 软件，将新建项目文件命名，并选择保存路径，单击【确定】按钮创建空白项目文档。

（2）在菜单栏中选择【文件】|【新建】|【序列】命令，在弹出的【新建序列】对话框中保持默认设置，如图 1-42 所示。

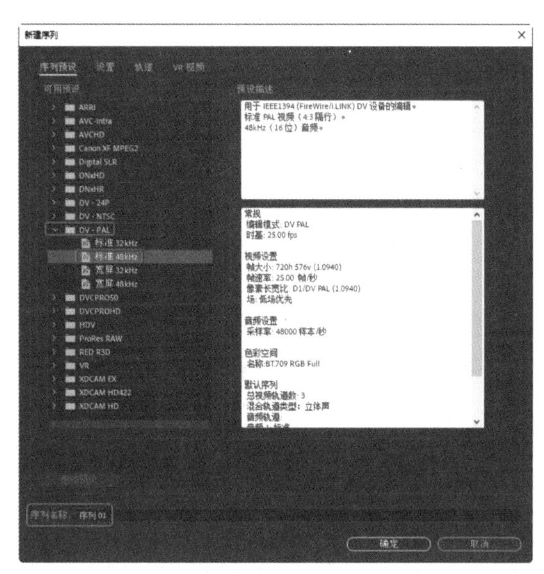


图 1-42

（3）单击【确定】按钮，进入 Premiere Pro 2023 的工作界面，在【项目】面板【名称】选项组的空白处右击，在弹出的快捷菜单中选择【导入】命令，如图 1-43 所示。

（4）打开【导入】对话框，在该对话框中选择需要导入的视、音频素材，如图 1-44 所示。单击【打开】按钮，这样就会将选择的素材文件导入到【项目】面板中，如图 1-45 所示。

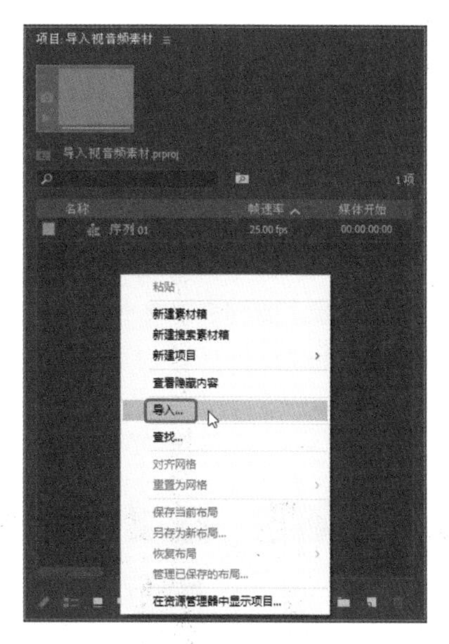


图 1-43

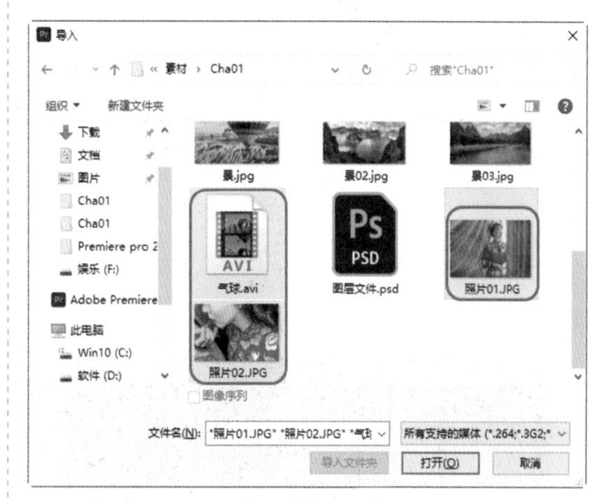


图 1-44

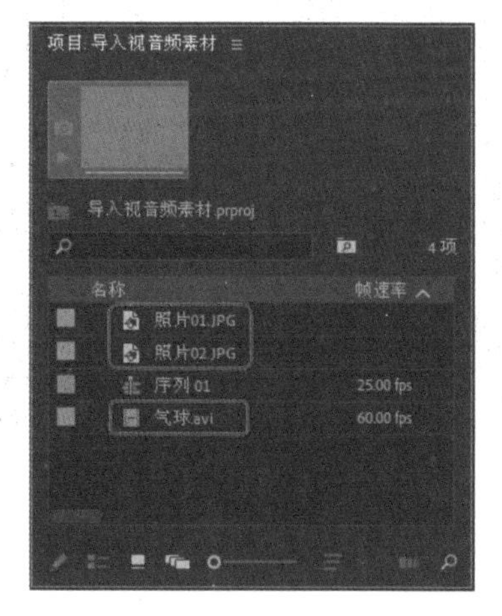


图 1-45

## 1.6.2 导入图像素材

图像素材是静帧文件，可以在 Premiere Pro 2023 中被当作视频文件使用。导入图像素材的具体操作步骤如下。

（1）按 Ctrl+I 组合键，在弹出的【导入】对话框中选择所需要的素材文件，单击【打开】按钮，如图 1-46 所示。

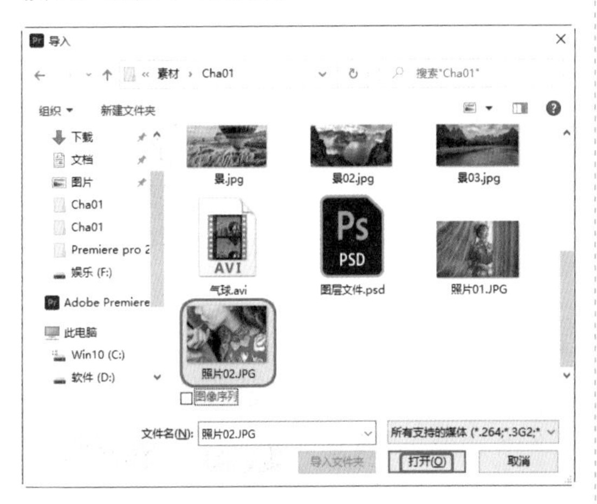


图 1-46

（2）将选择的素材文件导入到【项目】面板中，如图 1-47 所示。

图 1-47

## 1.6.3 导入序列文件

序列文件是带有统一编号的图像文件，把序列文件中的一张图片导入 Premiere Pro 2023，它就是静态图像文件。如果把它们按照序列全部导入，系统就自动将这组文件作为一个视频文件。

导入序列文件的具体操作步骤如下。

（1）按 Ctrl+I 组合键，在弹出的【导入】对话框中观察序列图像，如图 1-48 所示。

图 1-48

（2）在该对话框中选中【图像序列】复选框，选择素材文件“001.jpg”，如图 1-49 所示。

图 1-49

(3) 单击【打开】按钮，即可将序列文件合成为一段视频文件导入到【项目】面板中，如图 1-50 所示。

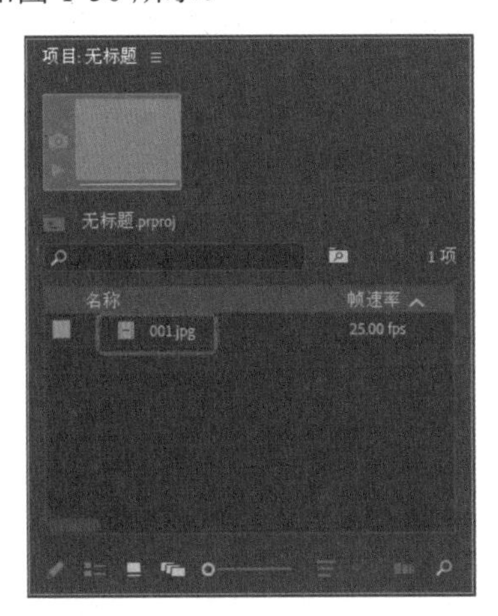


图 1-50

(4) 在【项目】面板中双击前面导入的序列文件，将其导入【源】监视器中，就可以播放预览视频的内容了，如图 1-51 所示。

图 1-51

## 1.6.4 导入图层文件

图层文件也是静帧图像文件，与一般的图像文件不同的是，图层文件包含了多个相互独立的图像图层。在 Premiere Pro 2023 中，可以将图层文件的所有图层作为一个整体导入，也可以单独导入其中的一个图层。把图层文件导入到 Premiere Pro 2023 的项目中并保持图层信息不变的具体操作步骤如下。

(1) 按 Ctrl+I 组合键，打开【导入】对话框，选择所需的图层文件，单击【打开】按钮，如图 1-52 所示。

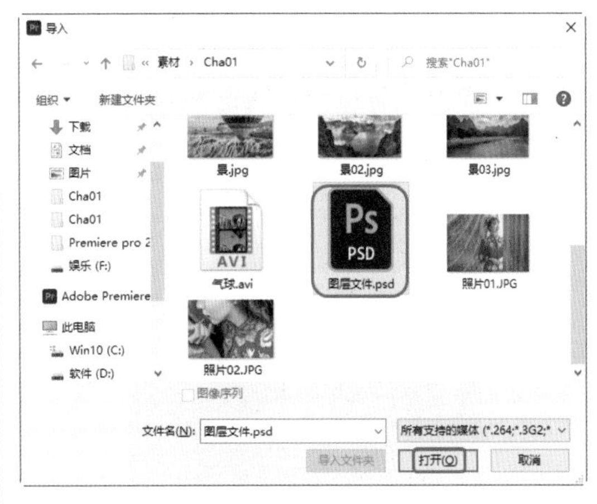


图 1-52

(2) 弹出【导入分层文件：图层文件】对话框，在默认情况下，设置【导入为】为【序列】，这样就可以将所有的图层全部导入并保持各个图层的相互独立，单击【确定】按钮，如图 1-53 所示。

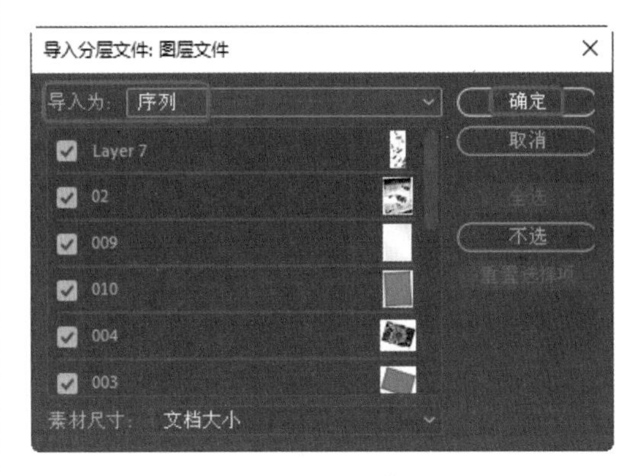


图 1-53

(3) 即可导入到【项目】面板中。展开前面导入的文件夹，可以看到文件夹下面包括多个独立的图层文件，如图 1-54 所示。

(4) 在【项目】面板中双击【图层文件】文件夹，即可切换至【素材箱：图层文件】面板，在该面板中显示了文件夹下的所有独立图层，如图 1-55 所示。

图 1-54

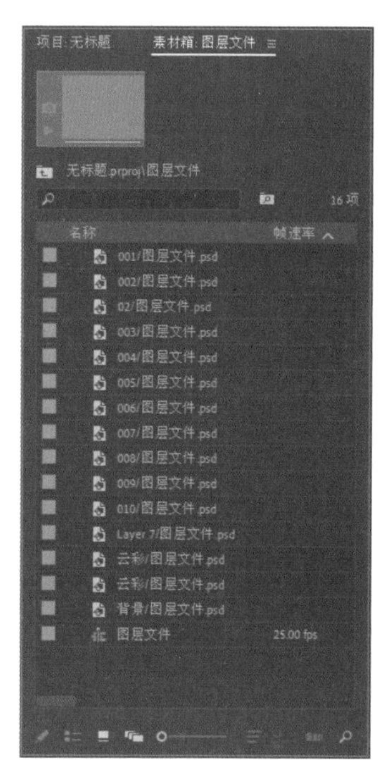


图 1-55

## 1.7 上机练习——美图欣赏

扫码看视频

本节介绍如何制作美图，完成后的效果如图 1-56 所示。

图 1-56

（1）启动 Premiere Pro 2023 软件后，在【项目】面板中右击，在弹出的快捷菜单中选择【新建项目】|【序列】命令，在弹出的对话框中使用默认的设置，单击【确定】按钮。单击鼠标右键，在弹出的快捷菜单中选择【导入】命令，在弹出的【导入】对话框中选择素材图片，单击【打开】按钮，如图 1-57 所示。

图 1-57

（2）将素材图片导入到【项目】面板中，选择“花 .jpg”素材图片将其拖曳至 V1 轨道中，单击鼠标右键，在弹出的快捷菜单中选择【速度 / 持续时间】命令，弹出【剪辑速度 / 持续时间】对话框，将储蓄时间设置为 00:00:03:00，单击【确定】按钮，如图 1-58 所示。

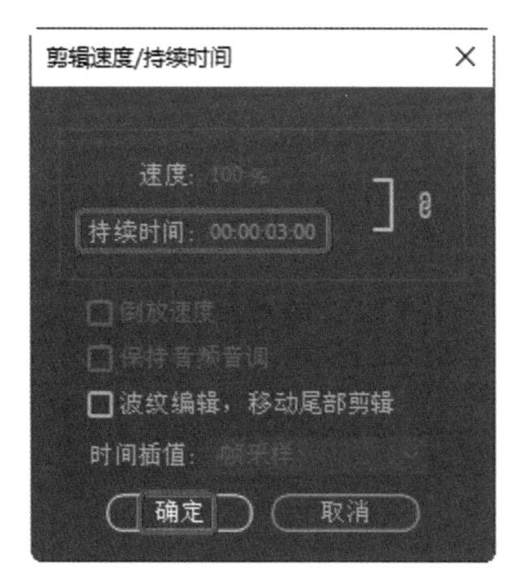


图 1-58

（3）使用和之前相同的方法将其他素材拖曳至 V1 轨道中，将其开头处与之前素材的结尾处对齐，并设置持续时间为 00:00:03:00，如图 1-59 所示。

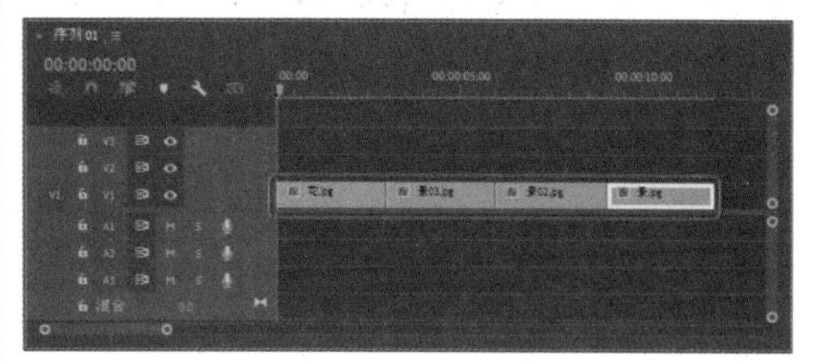


图 1-59

（4）单击【效果】面板，展开【视频过渡】选项卡，选择【立方体旋转】选项，如图 1-60 所示。

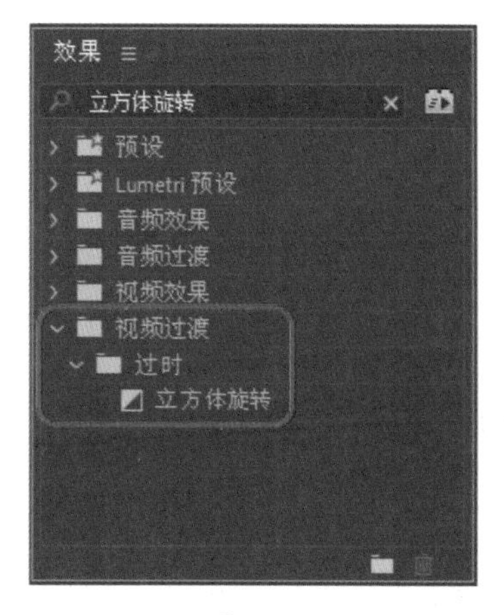


图 1-60

（5）将其拖曳至素材图片相交的位置，如图 1-61 所示。

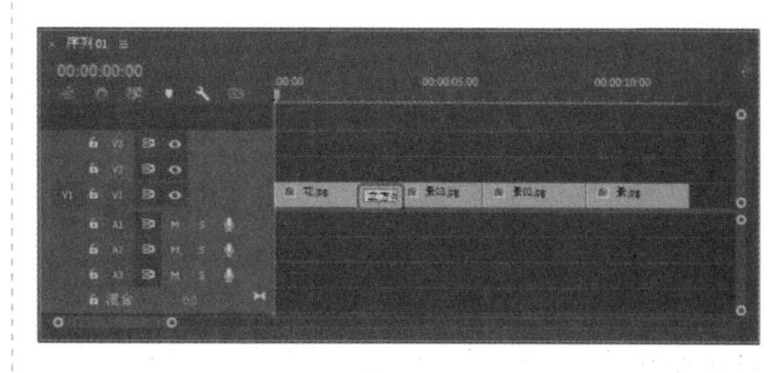


图 1-61

（6）使用同样的方法，为其他素材图片添加过渡特效，完成后的效果如图 1-62 所示。

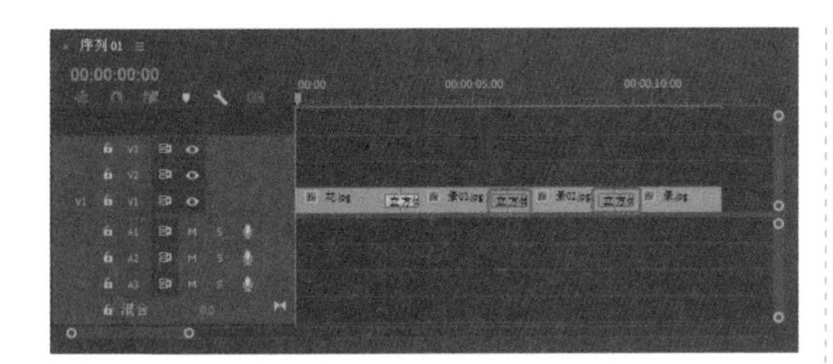

图 1-62

（7）使用【文字工具】输入文字“谢谢观看”，将【字体】设置为微软简综艺，将【填充】选项组中的【填充类型】设置为【线性渐变】，将左侧色块 0% 的 RGB 值设置为 255、122、63，将右侧色块 75% 的 RGB 值设置为 255、255、0，将【位置】分别设置为 160.4、325.1，如图 1-63 所示。

（8）将字幕拖曳至 V1 轨道中与景 .jpg 的尾部相交，再设置持续时间为 00:00:01:00，使用和之前相同的方法，将【翻页】特效拖曳至“景 .jpg”与字幕相交的位置，如图 1-64 所示，至此美图欣赏短片制作完成。

图 1-63

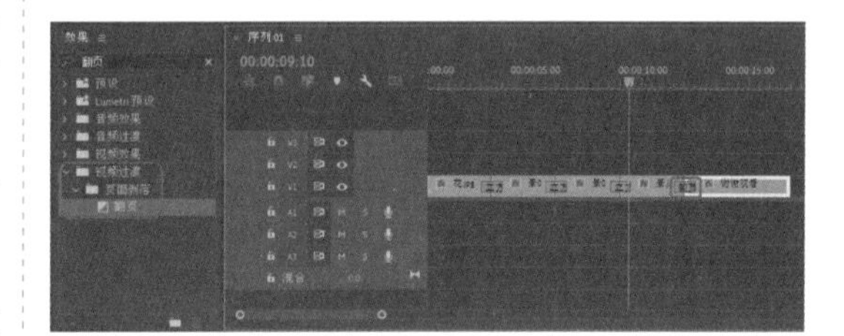

图 1-64

# 第2章

# 影视剪辑技术

剪辑即通过为素材添加入点和出点从而截取其中好的视频片段，将它与其他视频进行结合形成一个新的视频片段。本章将对影视剪辑的一些必备理论和剪辑技术进行详细的介绍。

## 2.1 使用 Premiere Pro 2023 剪辑素材

在 Premiere Pro 2023 中的编辑过程是非线性的，可以在任何时候插入、复制、替换、传递和删除素材片段。

用户在 Premiere Pro 2023 中使用【监视器】面板和【序列】面板编辑素材。【监视器】面板用于观看素材和完成的影片、设置素材的入点和出点等；【序列】面板主要用于建立序列、安排素材、分离素材、插入素材、合成素材及混合音频素材等。

Premiere Pro 2023 中的【监视器】面板可以对原始素材和序列进行剪辑。

### 2.1.1 认识【监视器】面板

在【监视器】面板中有两个监视器：【素材】监视器与【节目】监视器，分别用来显示素材与作品在编辑时的状况。图 2-1 为【源】监视器，用来显示和设置节目中的素材。

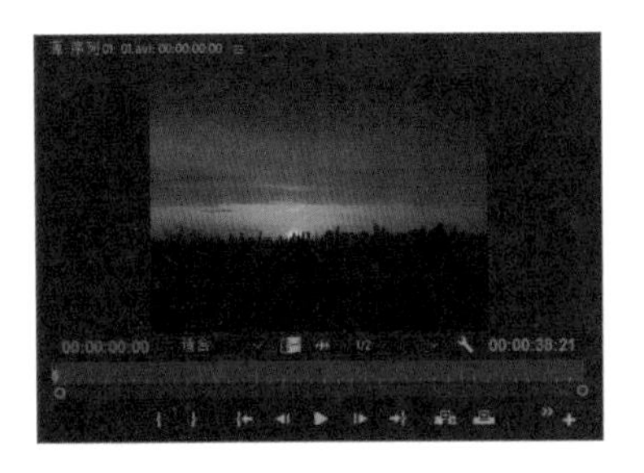

图 2-1

图 2-2 所示为【节目】监视器，用来显示和设置序列。

图 2-2

在【源】监视器面板中，单击窗口右侧的按钮，在弹出下拉菜单中提供了已经调入序列中的素材列表，用户可以更加快速、便捷地浏览素材的基本情况，如图 2-3 所示。

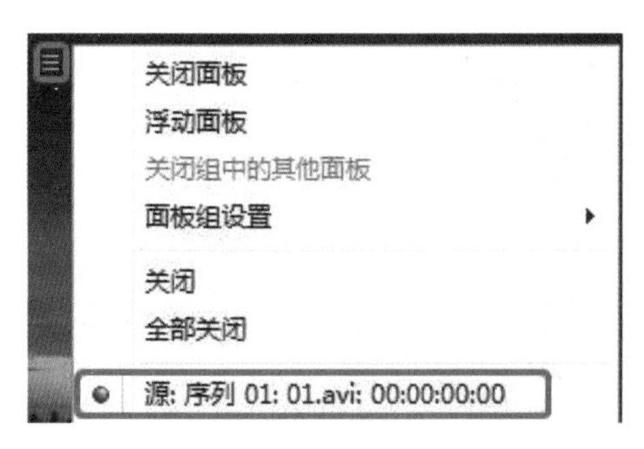


图 2-3

安全区域的产生是由于电视机在播放视频图像时，屏幕的边会切除部分图像。这种现象叫作溢出扫描。而不同的电视机溢出的扫描量不同，因此要把图像的重要部分放在安全区域内。在制作影片时，需要将重要的场景元素、演员、图表放在动作安全区域内。将标题、字幕放在标题安全区域内。如图 2-4 所示，位于工作区域外侧的方框为运动安全区域，位于工作区域内侧的方框为标题安全区域。

图 2-4

单击【源】监视器面板或【节目】监视器面板下方的【安全框】按钮，可以显示或隐藏【素材】窗口和【项目】窗口中的安全区域。

## 2.1.2 在素材【源】窗口中播放素材

不论是已经导入的素材还是使用【打开】命令观看的素材，系统都会自动在素材【源】监视器中打开。用户可以在素材【源】监视器中单击▶按钮，播放和观看素材。

## 2.1.3 在其他软件中打开素材

Premiere Pro 2023 具有能在其他软件中打开素材的功能。用户可以用该功能在与素材兼容的其他软件中打开素材进行观看或编辑。例如，可以在 QuickTime 中观看 mov 格式的影片。可以在 Photoshop 中打开并编辑图像素材。在应用程序中编辑了该素材存盘后，在 Premiere Pro 2023 中的该素材会自动进行更新。

要在其他应用程序中编辑素材，必须保证计算机中安装了该应用程序，并且有足够的内存来运行该程序。如果是在【项目】面板中编辑的序列图片，则在应用程序中只能打开该序列图片第一幅图像；如果是在【序列】面板中编辑的序列图片，则打开的是时间标记所在时间的当前帧画面。

使用其他应用程序编辑素材的方法如下。

（1）在【项目】面板（或【序列】面板）中选中需要编辑的素材。

（2）选择【编辑】|【编辑原始】命令，如图 2-5 所示。

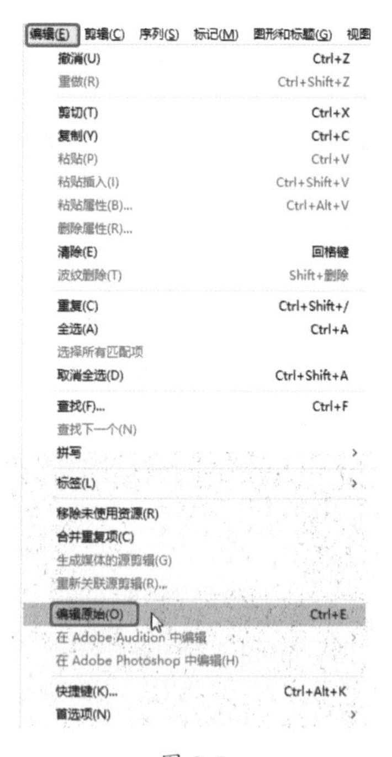


图 2-5

（3）在打开的应用程序中编辑该素材，并保存结果。

（4）回到 Premiere Pro 2023，修改后的结果会自动更新到当前素材中。

## 2.1.4 剪裁素材

【源】监视器面板每次只能显示一个单独的素材，如果在【源】监视器面板中打开了若干个素材，Premiere Pro 2023 可以通过【源】下拉列表进行管理。Premiere Pro 2023 记录素材的入点、出点等设置信息。单击【素材】面板上方的【源】下拉列表，其中显示了所有在【源】监视器面板中打开过的素材，可以在列表中选择需在【源】监视器面板中打开的素材。如果序列中的影片被打开在【源】监视器面板中，名称前会显示序列名称。

大部分情况下，导入节目的素材不会完全适合最终节目的需要，往往要去掉影片中不需要的部分。这时候，可以通过设置入点、出点的方法来裁剪素材。

用户对素材入点和出点所做的改变，不影响磁盘上源素材的本身。

在源监视器面板中改变入点和出点的方法如下。

（1）在【项目】窗口中双击要设置入点、出点的素材，将其打开在【源】监视器面板中。

（2）在【源】监视器面板中拖动滑块或按空格键，找到需要使用的片段的开始位置。

（3）单击【源】监视器面板下方的【标记入点】按钮或按键盘上的 I 键，【源】监视器面板中显示当前素材入点画面，【素材】窗口右上方显示素材入点标记。

（4）继续播放影片，找到需要使用的片段的结束位置。

（5）单击【素材】窗口下方的【标记出点】按钮或按键盘上的 O 键，【素材】窗口中显示当前素材出点画面，入点和出点间显示为深色，此时置入序列片段即入点与出点的素材片段，如图 2-6 所示。

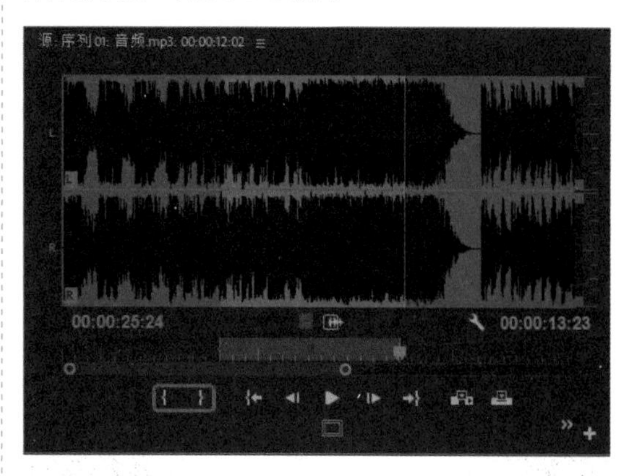


图 2-6

（6）单击【转到入点】按钮可以自动找到影片的入点位置；单击【转到出点】按钮可以自动找到影片的出点位置。

当声音同步要求非常严格时，用户可以为音频素材设置高精度的入点。音频素材的入点可以使用高达 1/600 秒的精度来调节。可以在监视器菜单中选择【音频波形】选项，使素材以音频波形显示。对于音频素材，入点和出点指示器出现在波形图相应的点处，如图 2-7 所示。

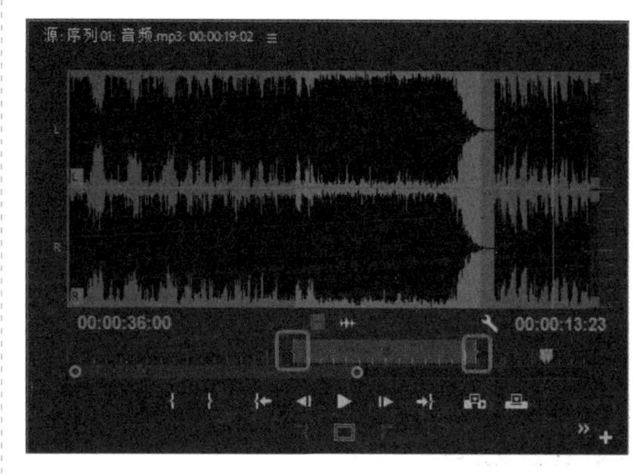


图 2-7

当用户将一个同时含有影像和声音的素材拖曳到序列中时，该素材的音频和视频部分会被放到相应的轨道中。

用户在为素材设置入点和出点时，对素材的音频和视频部分同时有效。也可以为素材的音频或视频部分单独设置入点和出点，具体操作步骤如下。

（1）在素材视频中选择要设置入点、出点的素材。

（2）播放影片，找到使用片段的开始位置，选择【源】监视器中的素材并右击，在弹出的快捷菜单中选择【标记拆分】|【视频入点】命令，如图 2-8 所示。

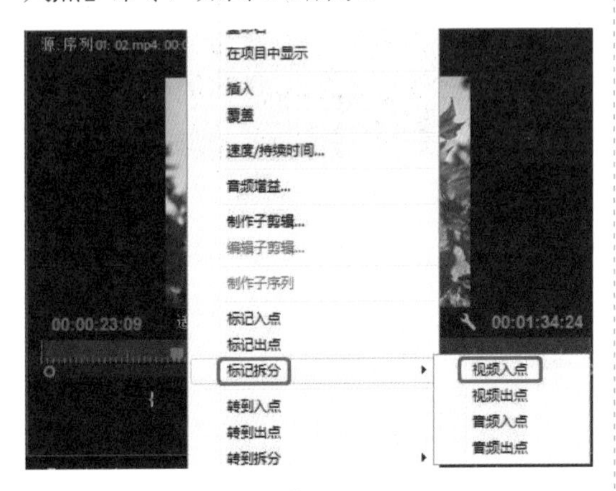


图 2-8

（3）播放影片，找到使用片段的结束位置，选择【源】监视器中的素材并右击，在弹出的快捷菜单中选择【标记拆分】|【视频出点】命令，如图 2-9 所示。

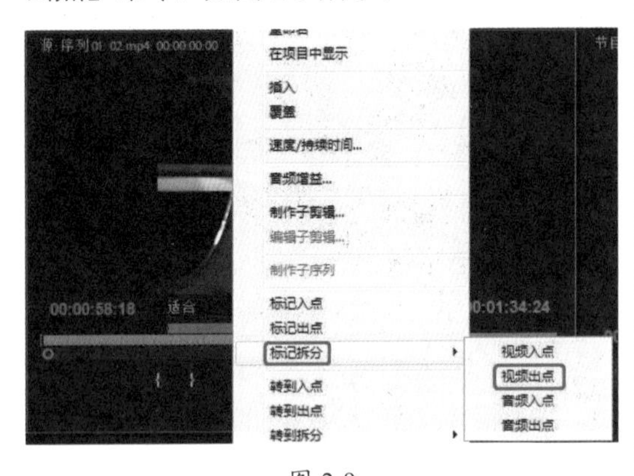


图 2-9

（4）选择【源】监视器中的素材并右击，在弹出的快捷菜单中选择【标记拆分】|【音频入点】命令，将此处设置为音频入点，如图 2-10 所示。

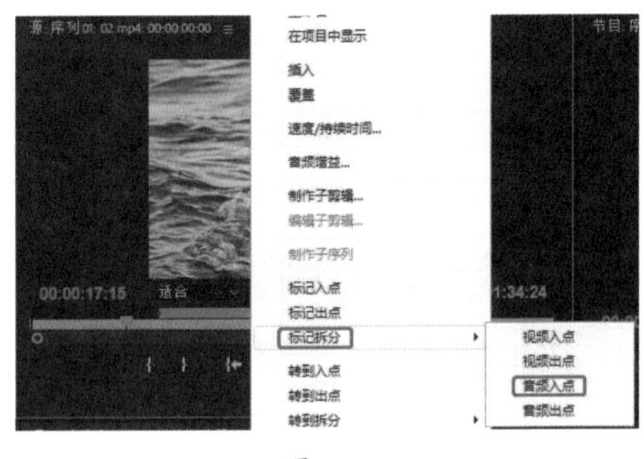


图 2-10

（5）选择【源】监视器中的素材并右击，在弹出的快捷菜单中选择【标记拆分】|【音频出点】命令，将此处设置为音频出点，如图 2-11 所示。

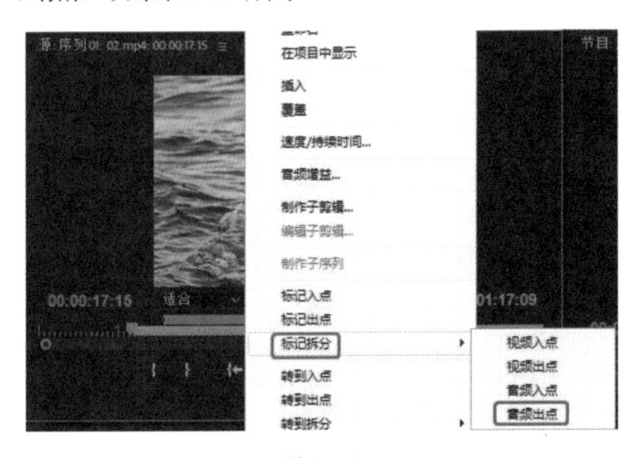


图 2-11

（6）剪裁完成后的视频如图 2-12 所示。

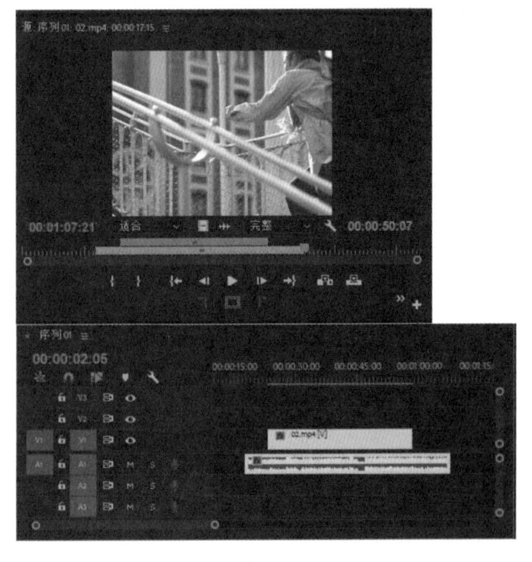


图 2-12

## 2.1.5 设置标记点

设置标记点可以帮助用户在序列中对齐素材，还可以快速地寻找目标位置，如图 2-13 所示。

图 2-13

标记点和【序列】窗口中的【对齐】按钮共同工作。若【对齐】按钮被选中，则【序列】窗口中的素材在标记的有限范围内移动时，就会快速地向邻近的标记靠齐。

【源】监视器面板的标记工具用于设置素材片段的标记，【节目】监视器的标记工具用于设置序列中时间标尺上的标记。创建标记点后，可以先选择标记点，然后移动。

为素材设置标记点方法如下。

（1）在【源】监视器面板中选择要设置标记点的素材。

（2）找到设置标记点的位置，单击【添加标记】按钮为该处添加一个标记点，也可以按键盘上的 m 键，或者在菜单栏中选择【标记】|【添加标记】命令，也可以添加标记点，如图 2-14 所示。

提示：按 m 键时，需要将输入法设置为英文状态，此时按 m 键才会起作用。

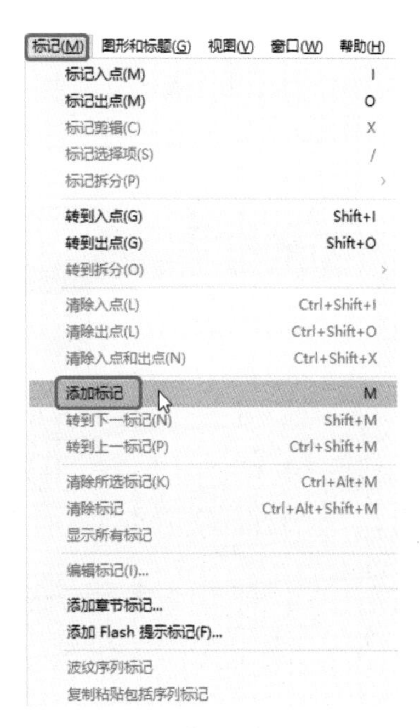


图 2-14

用户可为视频添加章节标记，具体操作方法如下。

（1）在【源素材】监视器窗口中选择需要添加标记的位置右击，在弹出的快捷菜单中选择【添加章节标记】命令，如图 2-15 所示。

图 2-15

（2）在弹出的对话框中将其【名称】设置为【章节标记】，其他参数保持默认设置，如图 2-16 所示。

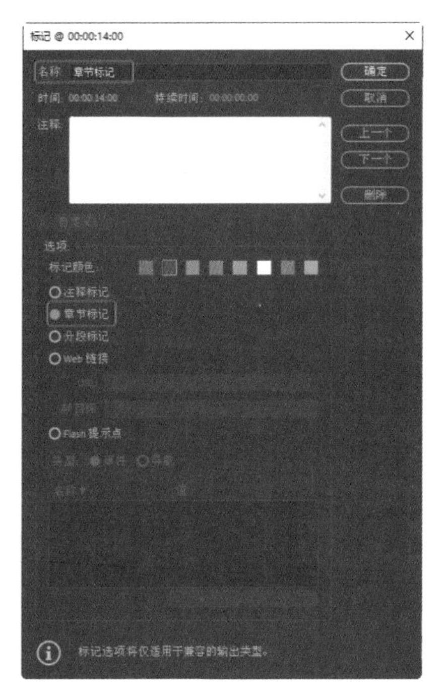

图 2-16

（3）设置完成后，单击【确定】按钮，即可添加章节标记点，如图 2-17 所示。

图 2-17

## 2.1.6 添加标记

在节目的编辑制作过程中，可以为素材的某一帧设置一个标记点，以方便编辑中的反复查找和定位。标记点分为非数字和数字两种，前者没有数量的限制；后者设置为 0 ～ 99。本例将通过实际操作对素材设置标记点。

（1）新建项目，导入“添加标记 .mp4”素材文件，将【项目】面板中的素材拖至【序列】面板中，设置时间为 00:00:11:15，如图 2-18 所示。

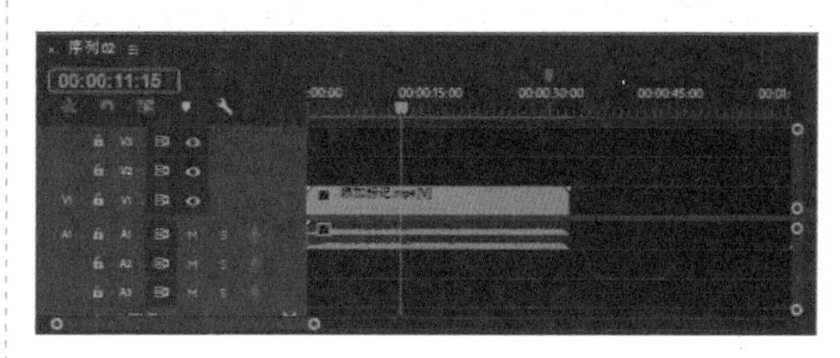

图 2-18

（2）在【序列】面板中单击【添加标记】按钮，添加标记点，如图 2-19 所示。

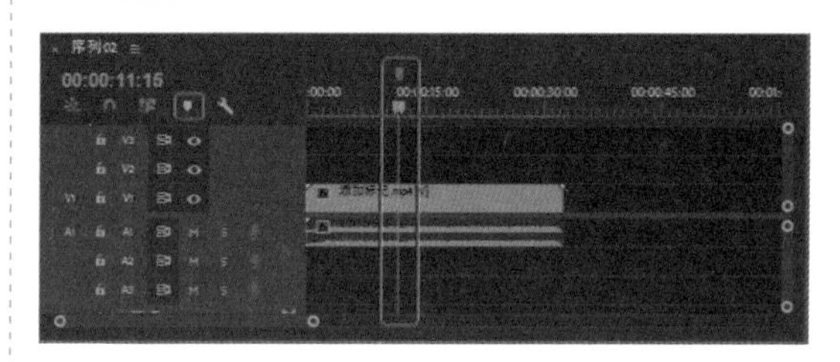

图 2-19

## 2.1.7 删除标记点

用户可以随时将不需要的标记点删除。

如果要删除单个标记点，则选择需要删除的标记点单击鼠标右键，在弹出的快捷菜单中选择【清除所选标记】命令，如图 2-20 所示。

如果要删除全部标记点，选择一个标记点单击鼠标右键，在弹出的快捷菜单中选择【删除全部标记】命令，如图 2-21 所示。

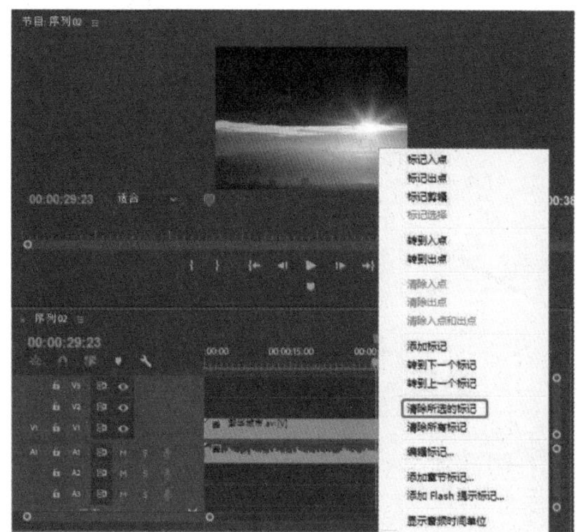


图 2-20

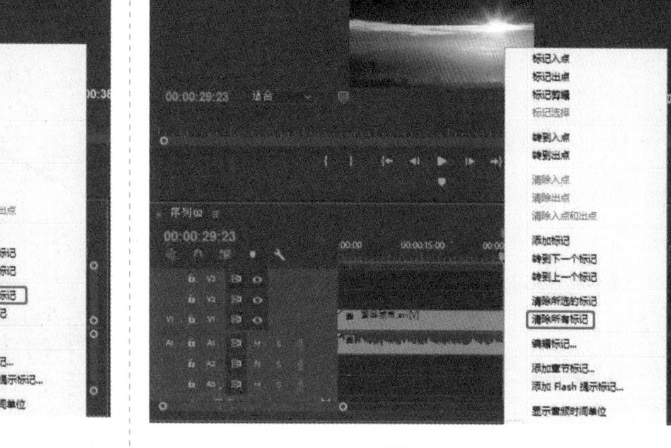


图 2-21

## 2.2 使用 Premiere Pro 2023 分离素材

在序列中可以切割一个单独的素材成为两个或更多个单独的素材，还可以使用插入工具进行三点或者四点编辑；也可以将链接素材的音频或视频部分分离；或将分离的音频和视频素材链接起来。

### 2.2.1 切割素材

当用户切割一个素材时，实际上是建立了该素材的两个副本。

可以在序列中锁定轨道，保证在一个轨道上进行编辑时，其他轨道上的素材不被影响。

将一个素材切割成两个素材的方法如下。

（1）在工具栏选择【剃刀工具】。

（2）在素材需要剪切处单击，该素材即被切割为两个素材，每一个素材都有其独立的长度和入点与出点，如图 2-22 所示。

如果要将多个轨道上的素材在同一点分割，则按住 Shift 键，会显示多重刀片，轨道上所有未锁定的素材都在该位置被分为两段，如图 2-23 所示。

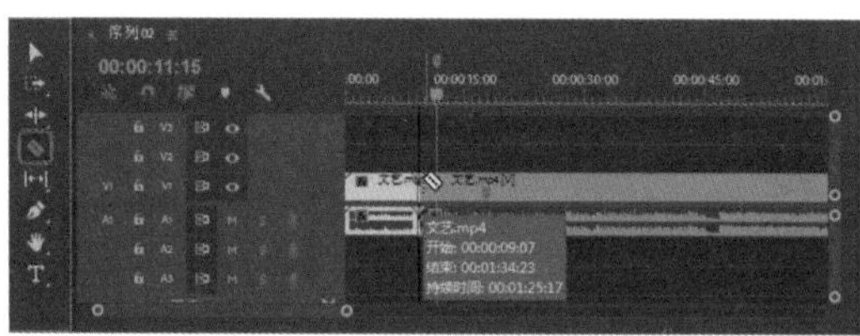


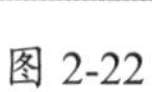
图 2-22

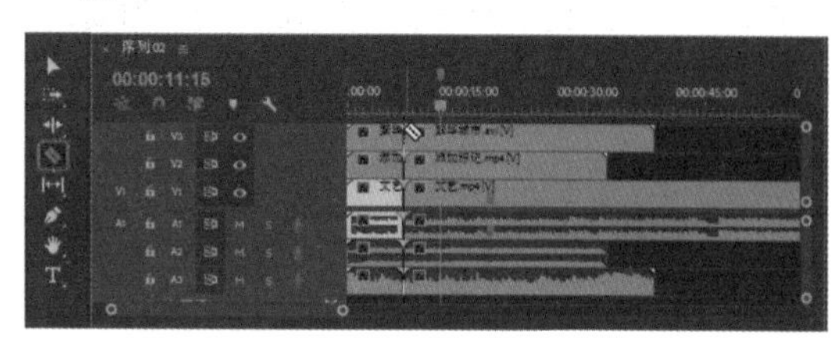


图 2-23

### 2.2.2 插入和覆盖素材

用户可以选择插入和覆盖素材，将【源】监视器面板或者【节目】监视器窗口中的影片插入到序列中。在插入素材时，可以锁定其他轨道上的素材，以避免引起不必要的变动。锁定轨道非常有用，例如，可以在影片中插入一个视频素材而不改变音频轨道。

【插入】按钮和【覆盖】按钮可以将【源】监视器面板中的片段直接置入序列中的时间标记点位置的当前轨道中。

1. 插入素材

使用【插入】按钮置入片段时，凡是处于时间标记线之后（包括部分处于时间指示器之后）的素材都会向后推移。如果时间标记点位于目标轨道中的素材之上，插入的新素材会把原有素材分为两段，直接插在其中，原素材的后半部分将会向后推移，接在新素材之后。

使用【插入】按钮插入素材的方法如下。

（1）在【源】监视器面板中选中要插入到序列中的素材，并为其设置入点和出点。

（2）在【节目】监视器面板或序列中将编辑标示线移动到需要插入的时间标记点处，如图 2-24 所示。

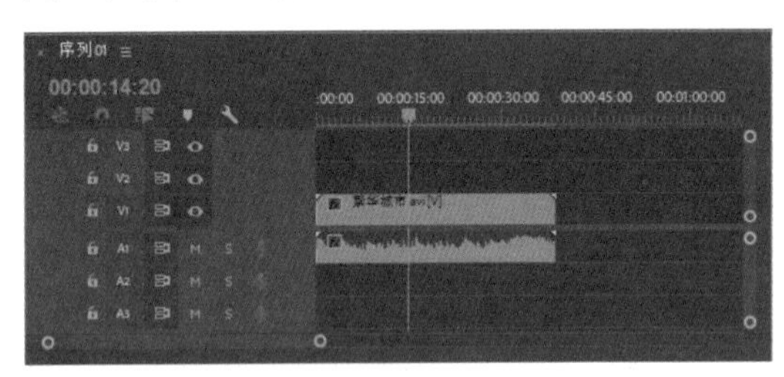


图 2-24

（3）在【源】监视器面板中单击【插入】按钮，将选择的素材插入到序列中编辑标示线后面。此时插入的新素材会直接插在其中，把原有素材分为两段，原素材的后半部分将会向后推移，接在新素材之后，这样素材的长度就会增长，如图 2-25 所示。

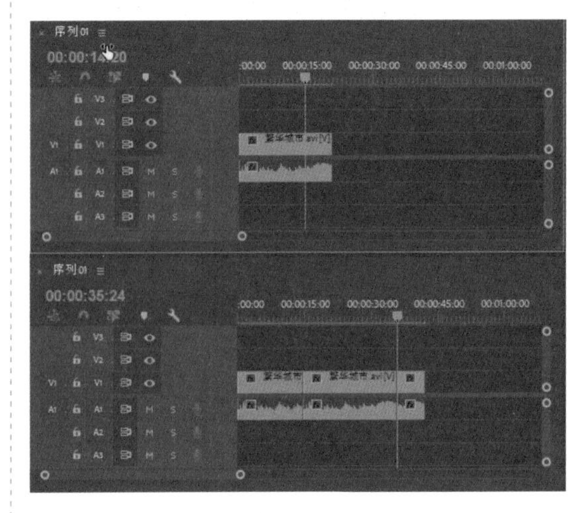


图 2-25

2. 覆盖素材

使用【覆盖】按钮插入素材的方法如下。

（1） 在【项目】窗口中选择插入影片的素材，并将其在【源】监视器面板中打开，然后为其设置入点和出点，如图 2-26 所示。

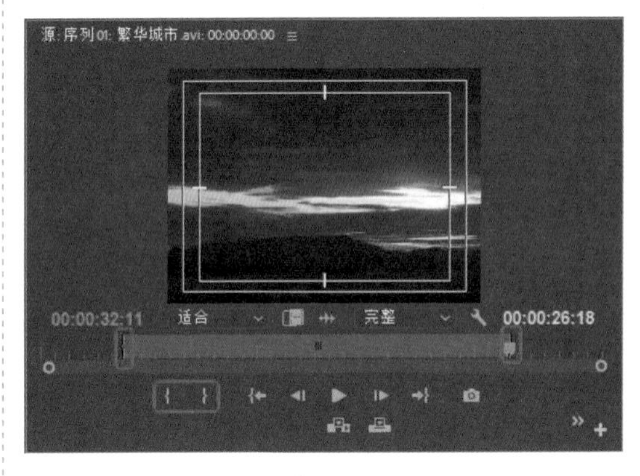


图 2-26

（2）在【项目】窗口中将当前时间设置为需要覆盖素材的位置。

（3）在【源】监视器面板中单击【覆盖】按钮，加入的新素材在编辑标示线处覆盖原有素材，素材总长度保持不变，如图 2-27 所示。

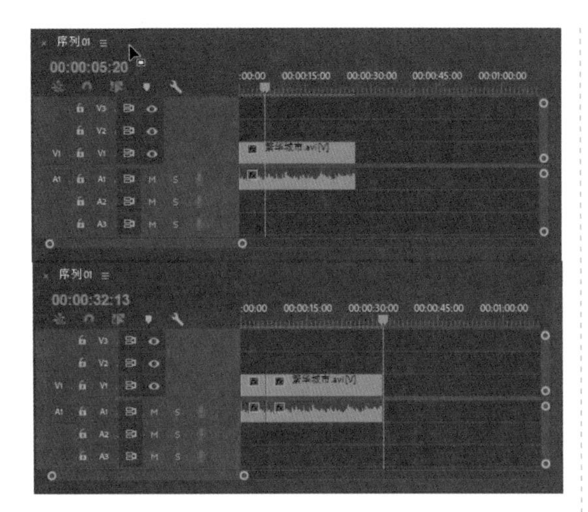

图 2-27

## 2.2.3 提升和提取删除

使用【提升】按钮和【提取】按钮可以在【序列】窗口的选定轨道上删除指定的一段节目。

### 1. 提升删除

使用【提升】按钮对影片进行删除修改时，只会删除目标轨道中选定范围内的素材片段，对其前、后的素材，以及其他轨道上素材的位置都不会产生影响。

使用【提升】按钮删除素材的方法如下。

（1）在【节目】监视器面板中为素材需要提升的部分设置入点、出点。设置的入点和出点同时显示在序列的时间标尺上，如图 2-28 所示。

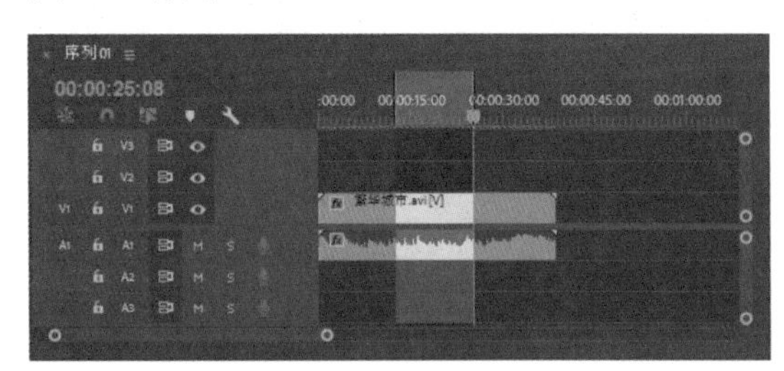

图 2-28

（2）在【节目】【监视器】面板中单击【提升】按钮，入点和出点之间的素材即被删除。删除后的区域留下空白，如图 2-29 所示。

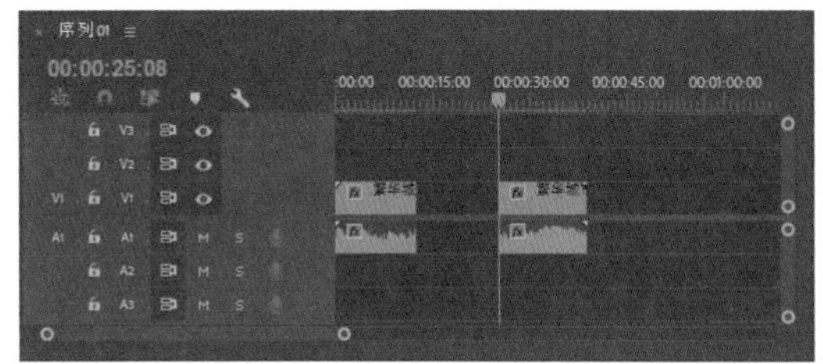

图 2-29

### 2. 提取删除

使用【提取】按钮对影片进行删除修改，不但会删除目标选择栏中指定的目标轨道中指定的片段，还会将其后的素材前移，填补空缺。而且，对于其他未锁定轨道中位于该选择范围之内的片段也一并删除，并将其后面的所有素材前移，填补空缺。

使用【提取】按钮删除素材的方法如下。

（1）在【节目】监视器面板中为素材需要删除的部分设置入点、出点。设置的入点和出点同时也显示在序列的时间标尺上。

（2）设置完成后，在【项目】窗口中单击【提取】按钮，入点和出点之间的素材被删除，其后的素材将自动前移，填补空缺，如图 2-30 所示。

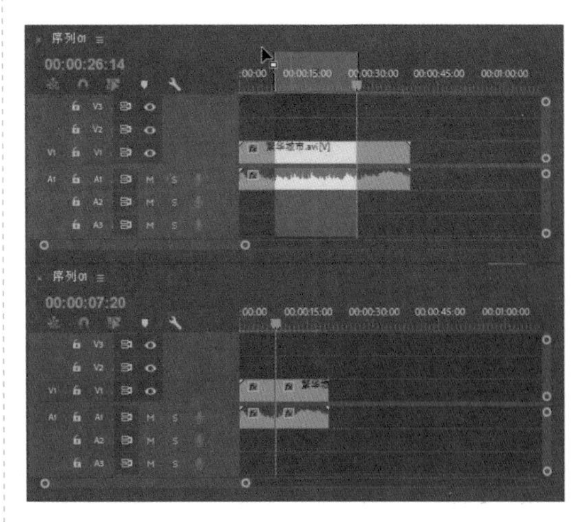

图 2-30

### 2.2.4 分离和链接素材

在编辑工作中，经常需要将【序列】面板中的视、音频链接素材的视频和音频分离。用户可以完全打断或者暂时释放链接素材的链接关系并重新放置其各部分。当然，很多时候也需要将各自独立的视频和音频链接在一起，作为一个整体进行调整。

为素材建立链接的方法如下。

（1）在序列中框选要进行链接的视频和音频片段。

（2）右击，在弹出的快捷菜单中选择【链接】命令，如图 2-31 所示，视频和音频就能被链接在一起，选择其中的一项即可将其全部选择，如图 2-32 所示。

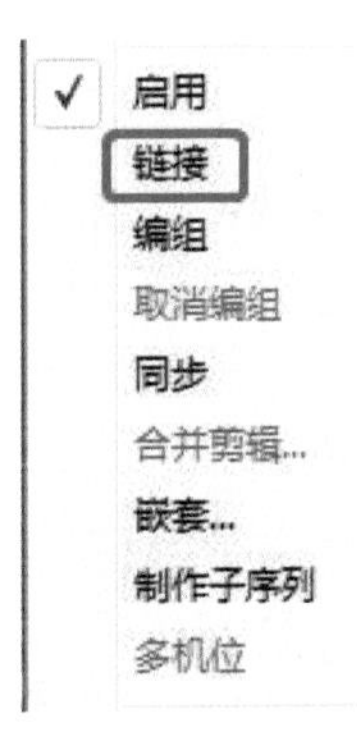


图 2-31

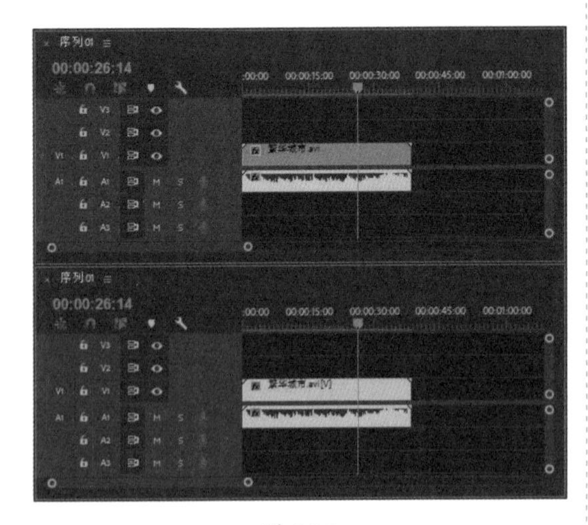

图 2-32

分离素材的方法如下。

（1）在序列中选择视音频链接的素材。

（2）右击，在弹出的快捷菜单中选择【取消链接】命令，即可分离素材的音频和视频部分，如图 2-33 所示。

图 2-33

链接在一起的素材被断开后，如果分别移动音频和视频部分，使其错位，然后再链接在一起，系统会在片段上标记警告，并标识错位的时间，如图 2-34 所示。负值表示向前偏移，正值表示向后偏移。

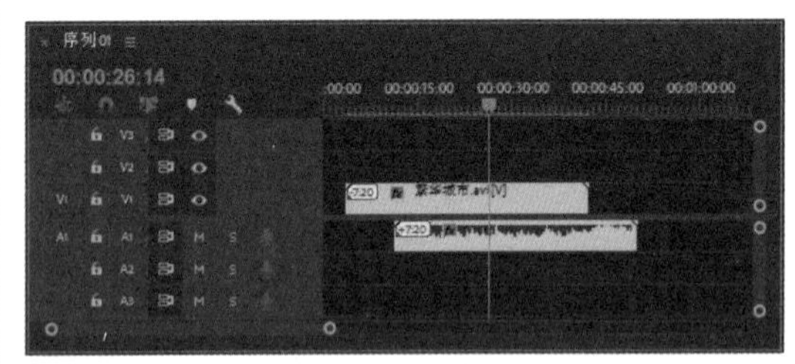

图 2-34

## 2.3　Premiere Pro 2023 中的编组和嵌套

在编辑工作中，经常需要对多个素材整体进行操作，这时候，使用【编组】命令，可以将多个片段组合为一个整体进行移动、复制等操作。

建立编组素材的方法如下。

（1）在序列中框选要编组的素材。

（2）按住 Shift 键，选择素材，也可以选择多个素材。

（3）在选定的素材上右击，选择弹出的快捷菜单中的【编组】命令，选定的素材即被编组，如图 2-35 所示。

图 2-35

（4）素材编组后，在进行移动、复制等操作的时候，就会作为一个整体来对待。

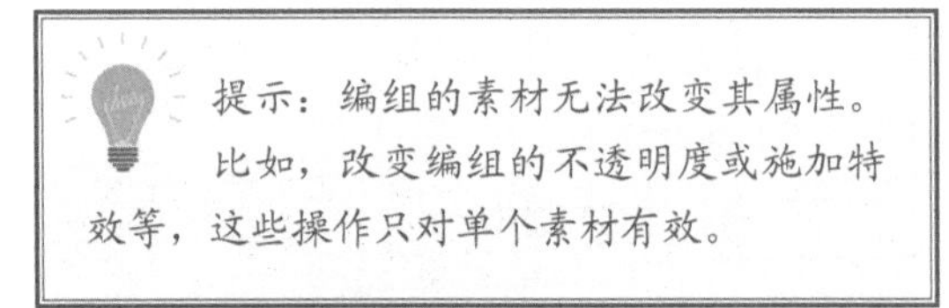


如果要取消编组效果，可以右击编组对象，在弹出的快捷菜单中选择【取消链接】命令即可，如图 2-36 所示。

图 2-36

在 Premiere Pro 2023 中引入了合成的嵌套概念，可以将一个序列嵌套到另外一个序列中，作为一整段素材使用。对嵌套素材的源序列进行修改，会影响到嵌套素材；而对嵌套素材的修改则不会影响到其源序列。使用嵌套可以完成普通剪辑无法完成的复杂工作，并且可以在很大程度上提高工作效率。例如，进行多个素材的重复切换和特效混用。建立嵌套素材的方法如下。

（1）首先，节目中必须有至少两个序列存在，在【时间轴】面板中切换到要加入嵌套的目标序列，如“最终动画”，如图 2-37 所示。

（2）在【项目】面板中选择产生嵌套的序列，例如建筑过渡动画、标题动画，然后按住鼠标左键，将建筑过渡动画、标题动画拖曳到最终动画的轨道上即可，如图 2-38 所示。

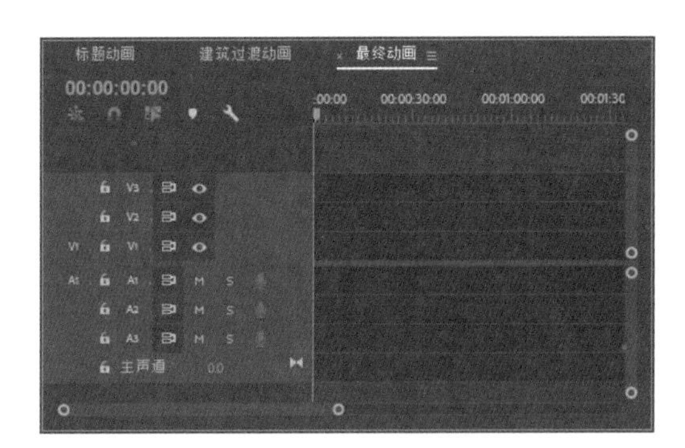


图 2-37

提示：不能将一个没有剪辑的空序列作为嵌套素材使用。

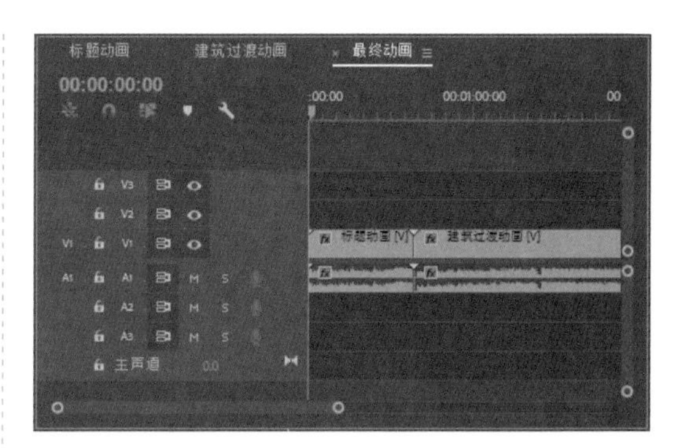


图 2-38

双击嵌套素材，可以直接回到其源序列中进行编辑。

嵌套可以反复进行。处理多级嵌套素材时，需要大量的处理时间和内存。

## 2.4　使用 Premiere Pro 2023 创建新元素

在 Premiere Pro 2023 中除了使用导入的素材外，还可以建立一些新素材元素。下面进行详细讲解。

### 2.4.1　通用倒计时片头

倒计时片头通常用于影片开始前的倒计时准备。Premiere Pro 2023 为用户提供了现成的倒计时片头，用户可以非常便捷地创建一个标准的倒计时素材，并可以在 Premiere Pro 2023 中随时对其进行修改。

创建倒计时素材的方法如下。

（1）在【项目】窗口中单击【新建项】按钮，在弹出的快捷菜单中选择【通用倒计时片头】命令，如图 2-39 所示。在弹出的【新建通用倒计时片头】对话框中单击【确定】按钮，弹出【通用倒计时设置】对话框，在该对话框中进行设置，如图 2-40 所示。

- 【擦除颜色】：用于擦除颜色。播放倒计时影片的时候，指示线会不停地围绕圆心转动，在指示线转换方向之后的颜色为当前划扫颜色。
- 【背景色】：用于设置背景颜色。指示线转换方向之前的颜色为当前背景颜色。
- 【线条颜色】：用于设置指示线颜色。固定十字及转动的指示线的颜色由该项设定。
- 【目标颜色】：用于设置准星颜色。指定圆形的准星颜色。

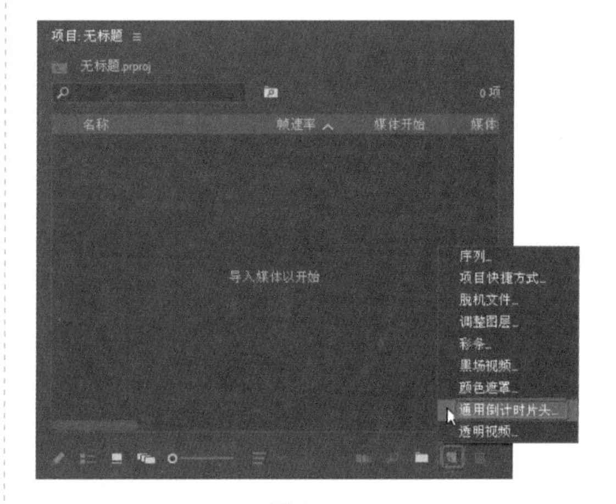


图 2-39

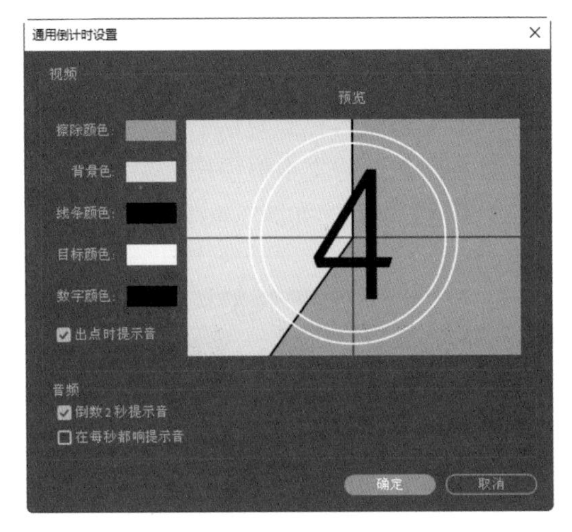


图 2-40

- 【数字颜色】：用于设置数字颜色。指定倒计时影片 8、7、6、5、4 等数字的颜色。
- 【出点时提示音】：在倒计时出点时发出的提示音。
- 【倒数 2 秒提示音】：2 秒点是提示标志。在显示“2”的时候发声。
- 【在每秒都响提示音】：每秒提示标志，在每一秒钟开始的时候发声。

（2）设置完毕后，单击【确定】按钮，Premiere Pro 2023 会自动将该段倒计时影片加入到【项目】窗口中。

用户可在【项目】窗口或序列中双击倒计时素材，随时打开【倒计时导向设置】窗口进行修改。

## 2.4.2 彩条测试卡和黑场视频

下面讲解彩条测试卡和黑场视频的创建方法。

### 1. 彩条测试卡

Premiere Pro 2023 可以为影片在开始前加入一段彩条。

在【项目】窗口中单击【新建项】按钮 ，在弹出快捷菜单中选择【彩条】命令，弹出【新建色条和色调】对话框，根据需要设置参数，如图 2-41 所示，设置完成后单击【确定】按钮即可创建彩条。

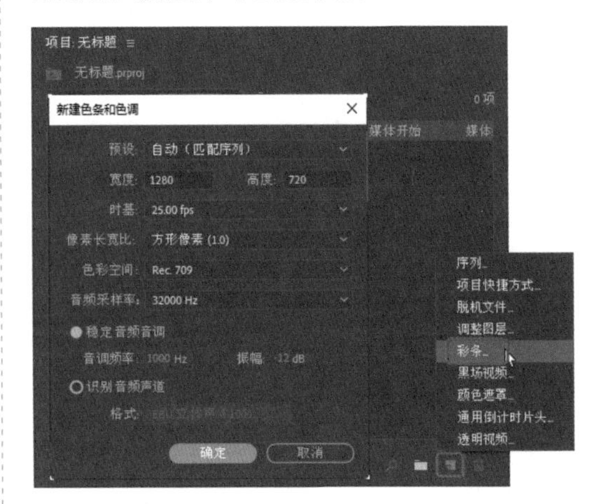


图 2-41

### 2. 黑场视频

Premiere Pro 2023 可以在影片中创建一段黑场。

在【项目】窗口的空白处右击，在弹出的快捷菜单中选择【新建项目】|【黑场视频】命令，如图 2-42 所示，即可创建黑场。

图 2-42

## 2.4.3 彩色遮罩

Premiere Pro 2023 还可以为影片创建一个颜色蒙版。用户可以将颜色蒙版当作背景，也可以利用【透明度】命令来设定与它相关的色彩的透明性。

创建颜色蒙版的方法如下。

（1）在【项目】窗口的空白处右击，在弹出的快捷菜单中选择【新建项目】|【颜色遮罩】命令，如图 2-43 所示，弹出【新建颜色遮罩】对话框，保持默认设置，如图 2-44 所示。

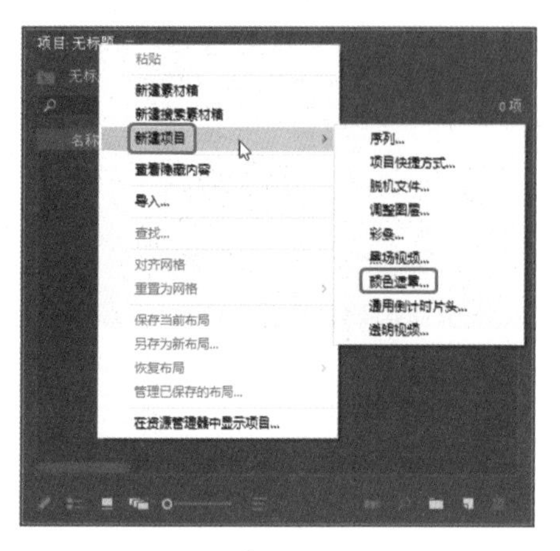


图 2-43

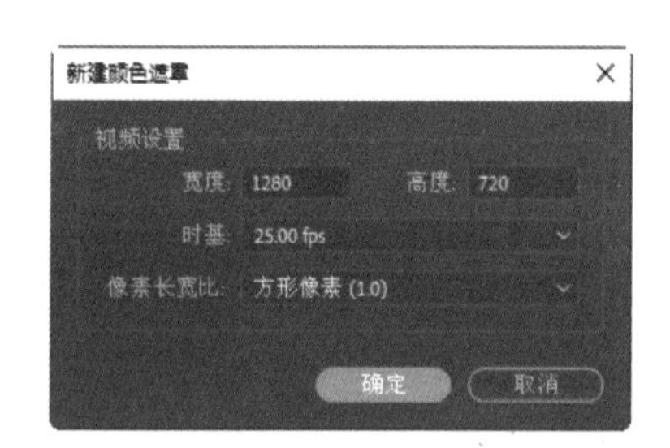


图 2-44

（2）单击【确定】按钮，弹出【拾色器】对话框，如图 2-45 所示。在该对话框中选择所需要的颜色，单击【确定】按钮。这时会弹出一个【选择名称】对话框，在【选择新遮罩的名称】下的文本框中输入名称，然后单击【确定】按钮，如图 2-46 所示。

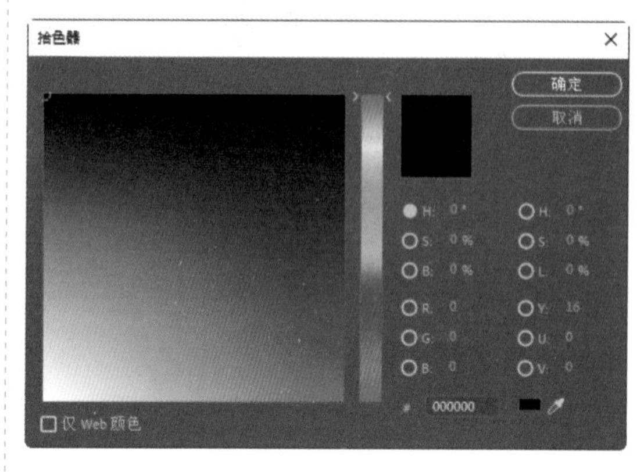


图 2-45

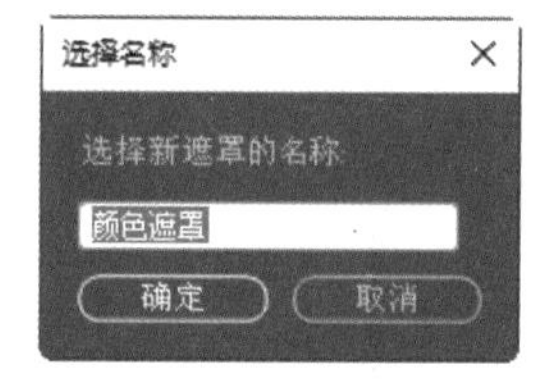


图 2-46

提示：用户可在【项目】窗口或【序列】窗口双击色彩蒙版，随时打开【颜色拾取】对话框进行修改。

## 2.5 上机练习

下面通过制作电视暂停效果、镜头的快播和慢播效果讲解影视剪辑技术。

### 2.5.1 电视暂停效果

下面介绍如何制作电视彩条信号效果，该案例通过在【项目】面板中新建 HD 彩条来实现节目暂停效果，最终效果如图 2-47 所示。

扫码看视频

图 2-47

（1）运行 Premiere Pro 2023 软件，新建项目和序列。按 Ctrl+N 组合键，在【新建序列】对话框中选择 DV-24P 下的【标准 48kHz】选项，如图 2-48 所示，使用默认的序列名称即可，单击【确定】按钮。

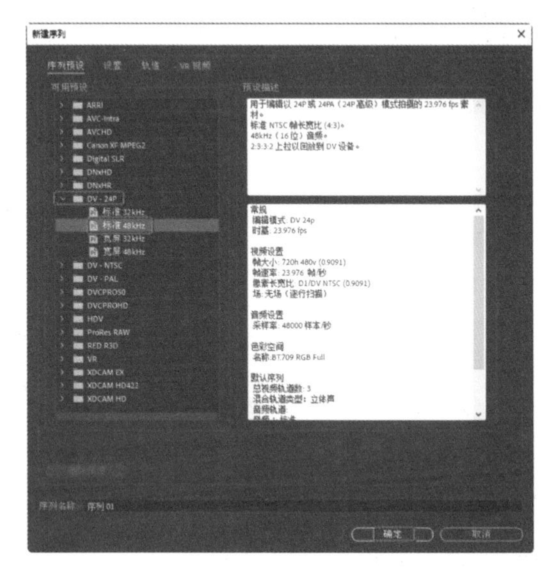


图 2-48

（2）导入“素材 \Cha02\ 电视节目暂停效果 .jpg”素材文件，按住鼠标将其拖曳至 V1 轨道中，并选中该对象，在【效果控件】面板中将【位置】设置为 420.0、240.0，将【缩放】设置 40.0，如图 2-49 所示。

图 2-49

（3）在【序列】窗口中选中该对象并右击，在弹出的快捷菜单中选择【速度 / 持续时间】命令，在弹出的对话框中将【持续时间】设置为 00:00:15:00，如图 2-50 所示。

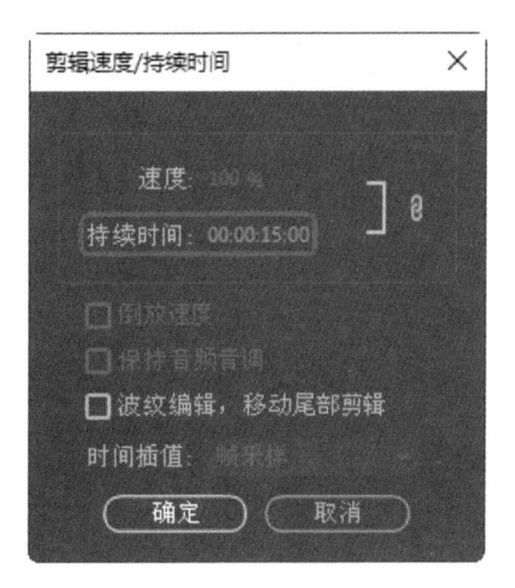


图 2-50

（4）设置完成后单击【确定】按钮，即可改变持续时间。在【项目】窗口中右击，在弹出的【新建 HD 彩条】快捷菜单中选择【新建项目】|【彩条】命令，在弹出的对话框中将【宽度】和【高度】分别设置为 68、36，如图 2-51 所示。

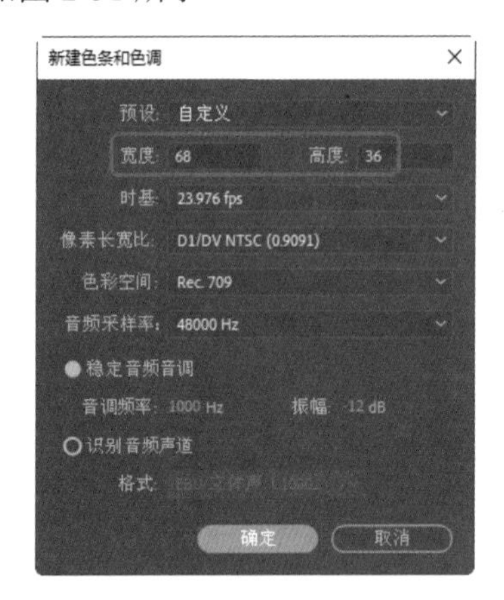


图 2-51

（5）设置完成后单击【确定】按钮，按住鼠标将创建的彩条拖曳至 V2 轨道中，并将其【持续时间】设置为 00:00:15:00，如图 2-52 所示。

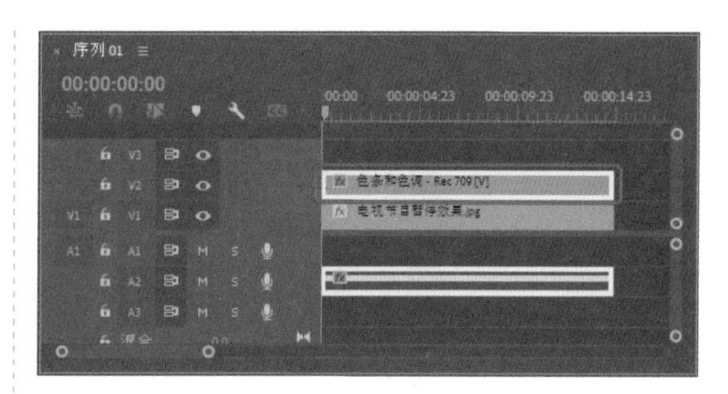


图 2-52

（6）确认该对象处于选中状态，在【效果控件】面板中将【位置】设置为 463.0、204.0，取消选中【等比缩放】复选框，将【缩放高度】设置为 389.0，将【缩放宽度】设置为 377.0，如图 2-53 所示。

图 2-53

（7）将当前时间设置为 00:00:00:00，在【效果控件】面板中将【不透明度】设置为 0.0%，单击左侧的【切换动画】按钮，如图 2-54 所示。

图 2-54

（8）将当前时间设置为 00:00:00:05，将【不透明度】设置为 100.0%，如图 2-55 所示。

图 2-55

## 2.5.2　镜头的快播和慢播效果

扫码看视频

下面将介绍如何实现镜头的快播和慢播效果，其中主要对素材进行裁剪，然后再通过设置速度 / 持续时间实现最终动画效果，最终效果如图 2-56 所示。

图 2-56

（1）新建项目文档，新建标准 48kHz 序列文件，导入“素材 \Cha02\ 视频 .mp4”素材文件，将素材文件拖曳至【序列】面板的 V1 轨道中。弹出【剪辑不匹配警告】对话框，单击【保持现有设置】按钮。选中“视频 .mp4”素材文件，并将其拖曳至 V1 轨道中，如图 2-57 所示。

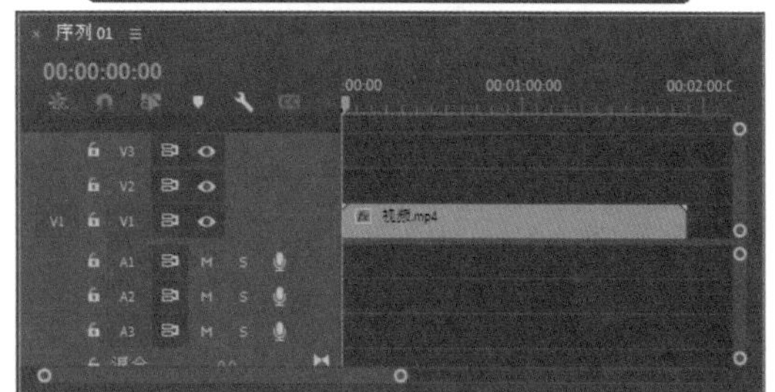


图 2-57

（2）在【效果控件】面板中将【缩放】设置为 80.0，如图 2-58 所示。

图 2-58

（3）将当前时间设置为 00:00:35:18，在【工具】面板中单击【剃刀工具】，在编辑标识线处对素材文件进行切割，切割后的效果如图 2-59 所示。

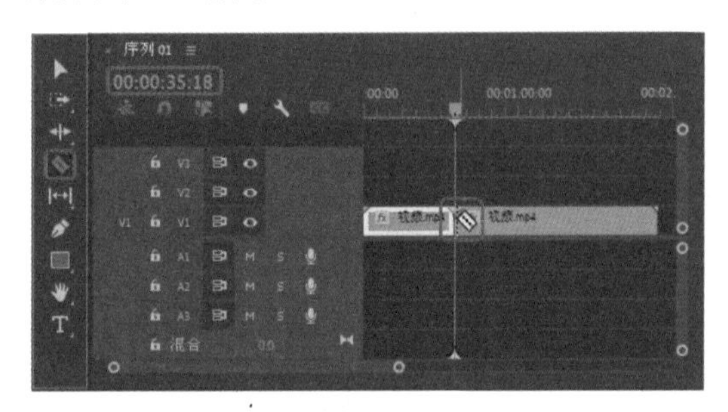


图 2-59

（4）选择【选择工具】，确认该轨道中的第一个对象处于选中状态，右击鼠标，在弹出的快捷菜单中选择【速度 / 持续时间】命令，在弹出的对话框中将【速度】设置为 200%，如图 2-60 所示。

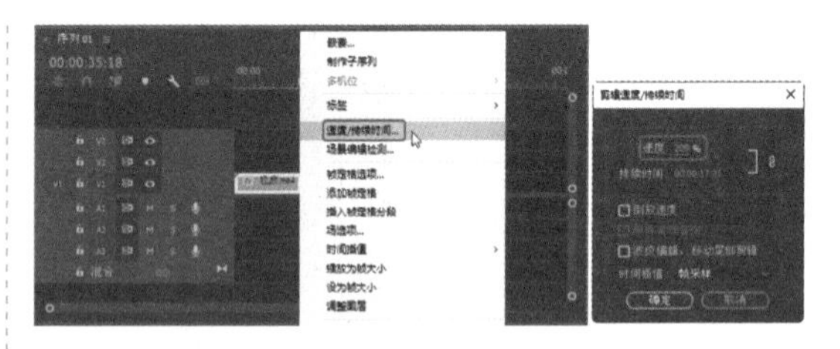

图 2-60

（5）设置完成后，单击【确定】按钮。选择该轨道中的第二个对象，按住鼠标左键将其拖曳至第一个对象的结尾处，并在该对象上右击，在弹出的快捷菜单中选择【速度 / 持续时间】命令，在弹出的对话框中将【速度】设置为 30%，如图 2-61 所示。

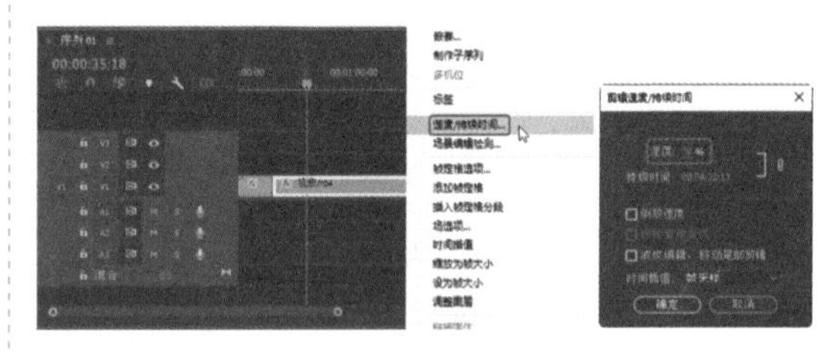

图 2-61

（6）设置完成后，单击【确定】按钮，即可完成对选中对象的更改，效果如图 2-62 所示。

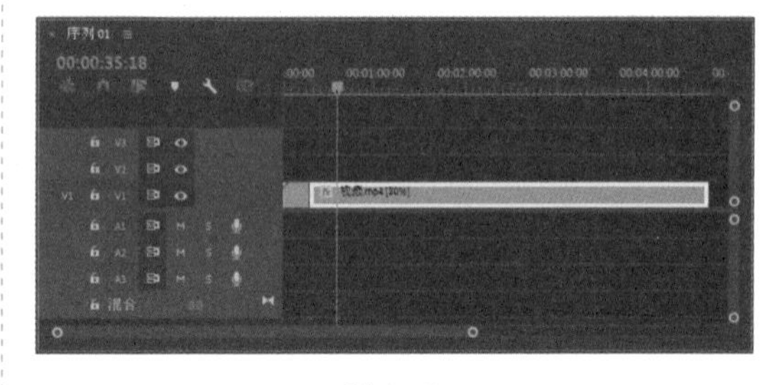


图 2-62

# 第3章

# 视频过渡的应用

一部电影或一个电视节目是由很多镜头组成的，镜头之间组合显示的变化被称为过渡。本章将介绍如何为视频的片段与片段之间添加过渡。

## 3.1 转场特技设置

对于 Premiere Pro 2023 提供的过滤效果类型，还可以对它们的效果进行设置，以使最终的显示效果更加丰富多彩。在设置过渡对话框时，我们可以设置每一个过渡的多种参数，从而改变过渡的方向、开始和结束帧的显示，以及边缘效果等。

### 3.1.1 使用镜头过渡

视频镜头过渡效果在影视制作中比较常用，镜头过渡效果可以使两段不同的视频之间产生各式各样的过渡效果，如图 3-1 所示。下面我们通过【立方体旋转】这一过渡特效来讲解一下镜头过渡效果的操作步骤。

图 3-1

（1）启动软件，新建项目，在【项目】面板中右击鼠标，在弹出的快捷菜单中选择【导入】命令，在【项目】面板的空白处双击，在弹出的【导入】对话框中选择“素材 \Cha03\001.jpg、002.jpg”素材文件，如图 3-2 所示。

图 3-2

（2）单击【打开】按钮，在菜单栏中选择【文件】|【新建】|【序列】命令，如图 3-3 所示。

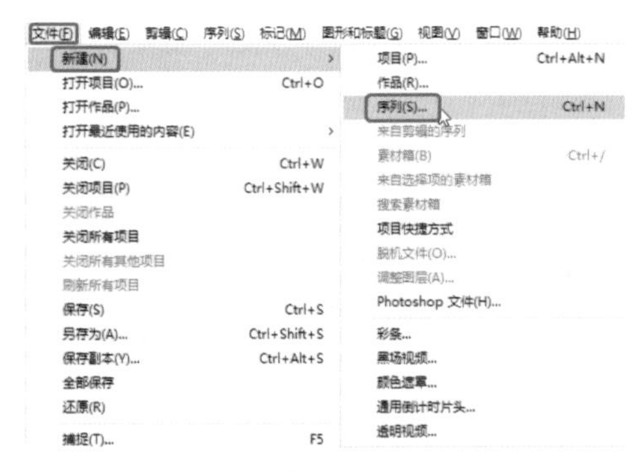

图 3-3

（3）在弹出的【新建序列】对话框中，使用默认设置，然后单击【确定】按钮，如图 3-4 所示。

图 3-4

（4）在【项目】面板中选择导入的素材文件，将素材拖曳至【序列】面板的 V1 轨道中，如图 3-5 所示。

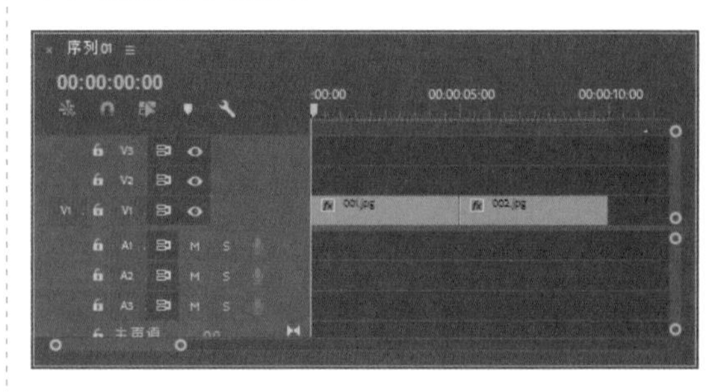

图 3-5

（5）确定当前时间为 00:00:00:00，选中“001.jpg”素材文件，切换到【效果控件】面板，将【缩放】设置为 132.0，如图 3-6 所示。

图 3-6

（6）将当前时间设置为 00:00:05:00，选中“002.jpg”素材文件，切换到【效果控件】面板，将【缩放】设置为 53.0，如图 3-7 所示。

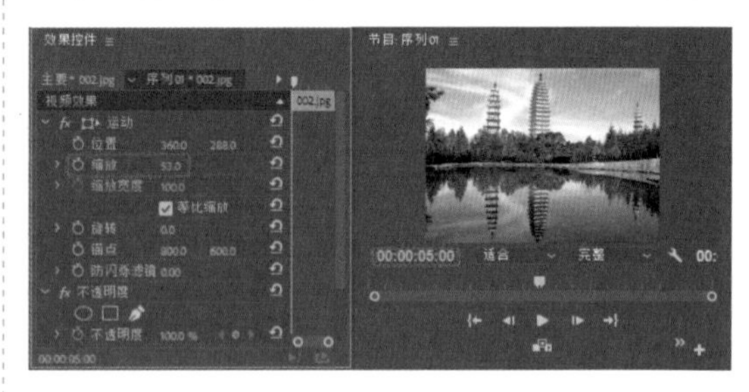

图 3-7

（7）在【效果】面板中打开【视频过渡】文件夹，搜索【立方体旋转】选项，如图 3-8 所示。

（8）将该特效拖曳至两个素材之间，如图 3-9 所示。

图 3-8

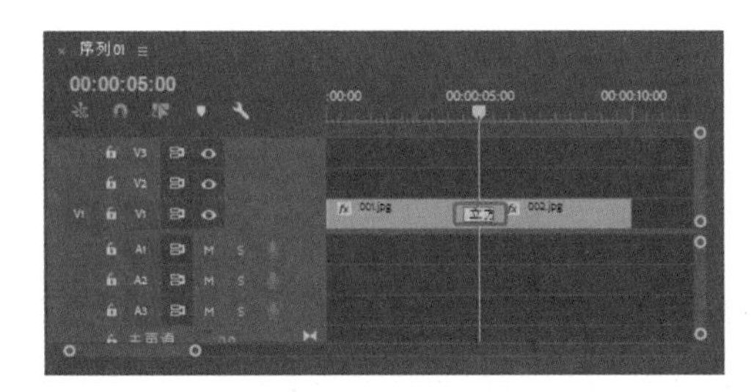

图 3-9

（9）按空格键进行播放，效果如图 3-10 所示。

图 3-10

为影片添加过渡后，可以改变过渡的长度。最简单的方法是在序列中选中过渡拖动过渡的边缘即可，如图 3-11 所示。还可以在【效果控件】面板中对过渡进一步的调整，双击过渡即可打开【设置过渡持续时间】对话框，如图 3-12 所示。

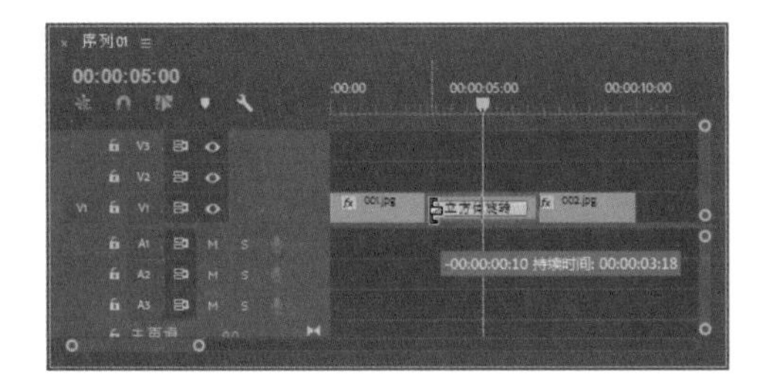

图 3-11

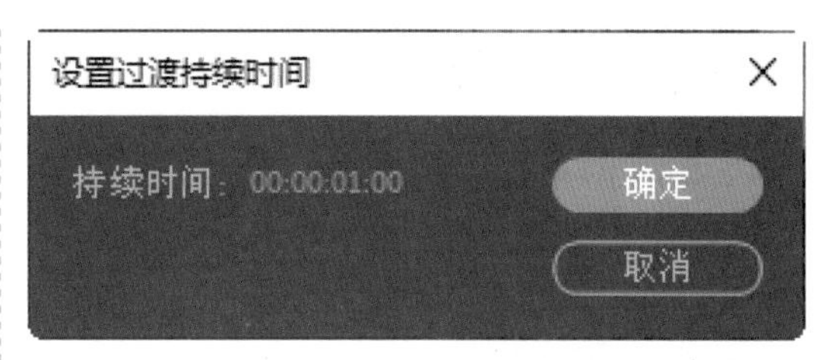


图 3-12

## 3.1.2 调整过渡区域

首先看看右侧的时间轴区域，在这里可以设置过渡的持续时间和对齐，如图 3-13 所示。在两段影片间加入过渡后，时间轴上会有一个重叠区域，这个重叠区域就是发生过渡的范围。同时【序列】面板中只显示入点和出点之间的影片不同，在【效果控件】面板的时间轴中，会显示影片的完全长度。边角带有小三角即表示影片结束。这样设置的好处是可以随时修改影片参与过渡的位置。

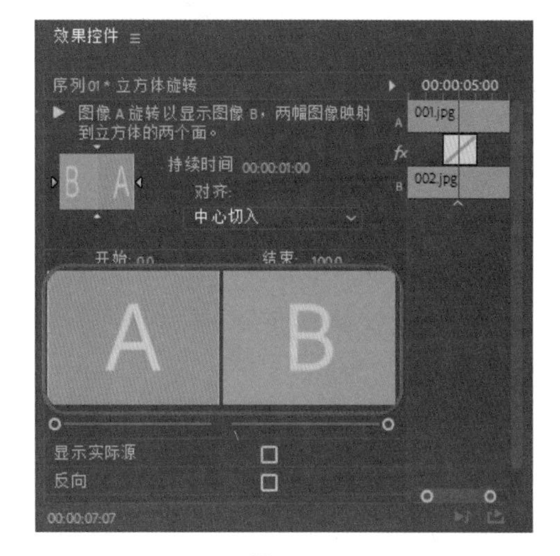


图 3-13

将时间标示点移动到影片上，按住鼠标左键拖动，即可移动影片的位置，改变过渡的影响区域。

将时间标记点移动到过渡中线上拖动，可以改变过渡位置，如图 3-14 所示。还可以将过渡游标移动到过渡上拖动改变位置，如图 3-15 所示。

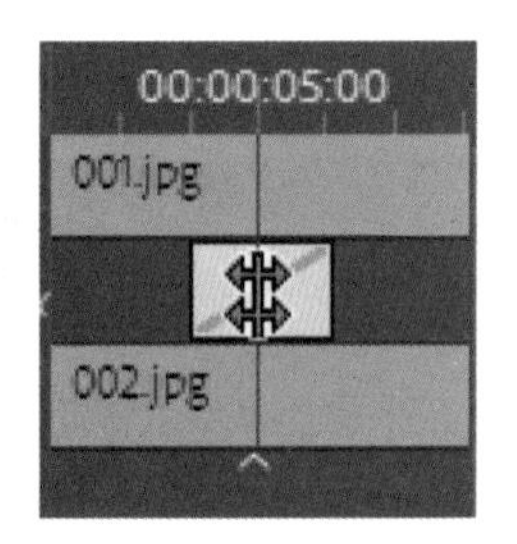

图 3-14

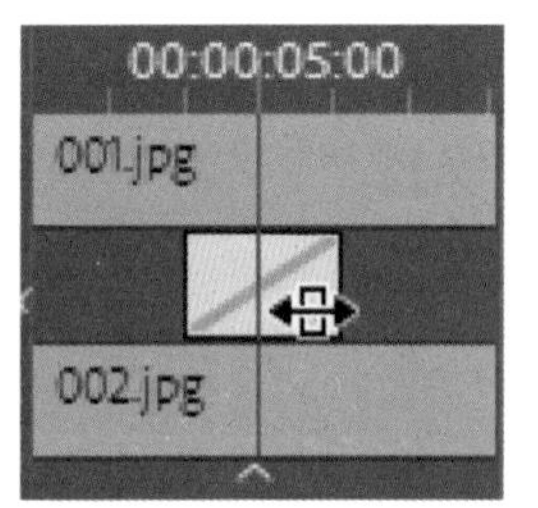

图 3-15

在左边的【对齐】下拉列表框中提供了几种过渡对齐方式。

- 【中心切入】：在两段影片之间加入过渡，如图 3-16 所示。

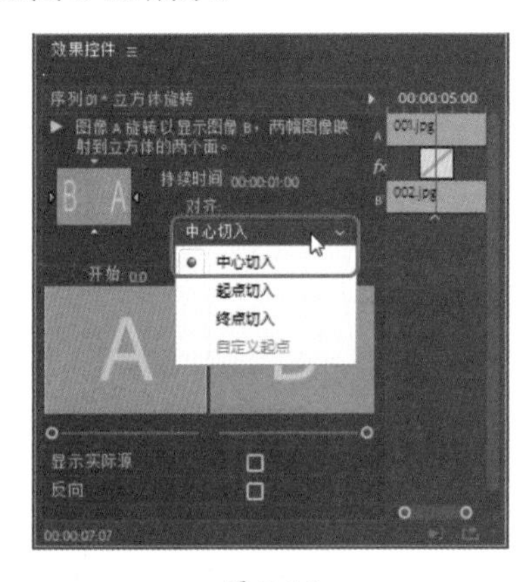

图 3-16

- 【起点切入】：以片段 B 的入点位置为准建立过渡，如图 3-17 所示。加入过渡时，直接将过渡拖动到片段 B 的入点即为【开始于切点】模式。

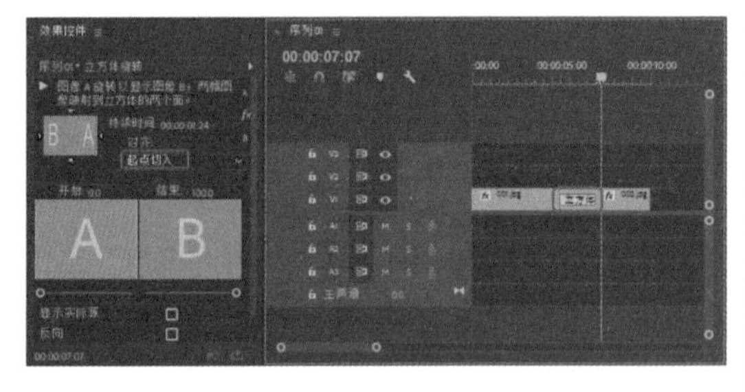

图 3-17

- 【终点切点】：以片段 A 的出点位置为准建立过渡，如图 3-18 所示。加入过渡时，直接将过渡拖动到片段 A 的出点为【结束于切点】模式。

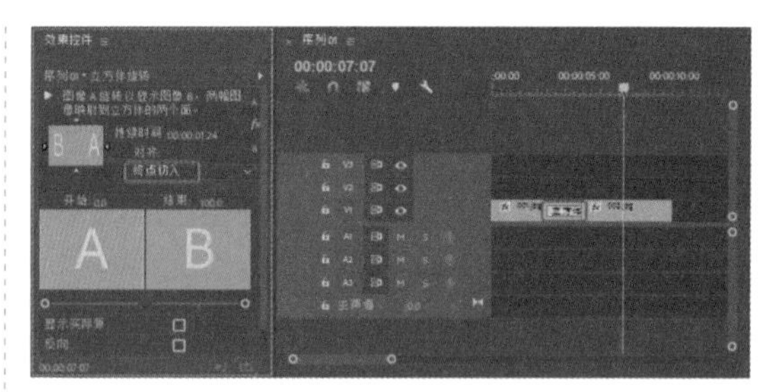

图 3-18

只有通过拖曳方式才可以设置自定义起点。将鼠标指针移动到过渡边缘，当鼠标指针变为“ ”形状时，拖动可以改变过渡的长度，如图 3-19 所示。

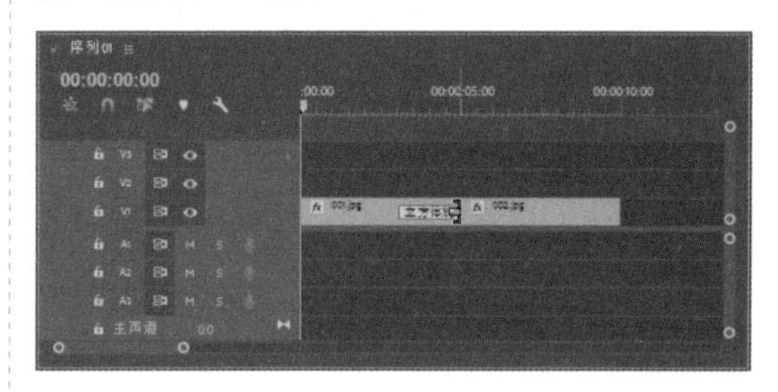

图 3-19

在调整过渡区域的时候，【节目】监视器面板中会分别显示过渡影片的出点和入点画面，如图 3-20 所示，方便观察调节效果。

图 3-20

## 3.1.3 改变切换设置

使用【效果控件】面板可以改变时间线上的切换设置，包括切换的中心点、起点和终点的值、持续时间及对齐方式，如图 3-21 所示。

默认情况下，切换都是从 A 到 B 完成的。要改变切换的开始和结束状态，可拖动【开始】

和【结束】滑块。按住Shift键并拖动滑条可以使开始和结束滑条以相同数值变化，如图3-22所示。

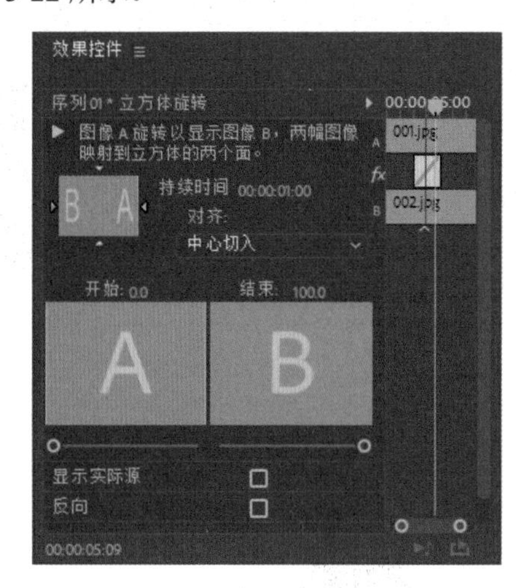

图 3-21

按住Shift键可以同时移动起点和终点滑块。例如，可以设置起点和终点的大小都是50%，这样切换的整个过程显示的都是50%的过渡效果。

图 3-22

## 3.2 高级转场效果

Premiere Pro 2023提供了很多种典型的过渡效果，它们按照不同的类型放在不同的分类夹中。用鼠标单击分类夹展开分类夹，从选择不同的视频过渡特效，再次单击分类夹可以将分类夹折叠起来。

### 3.2.1 过时

视频过渡效果，在【过时】文件夹中包含三个运动效果的场景切换。

1.【立方体旋转】过渡效果

【立方体旋转】过渡效果可以使图像A旋转以显示图像B，两幅图像映射到立方体的两个面，如图3-23所示。

（1）新建项目和DV-PAL制式的标准48kHz的序列文件，在【项目】面板中空白处双击鼠标，弹出【导入】对话框，打开“素材\Cha03\003.jpg、004.jpg”素材文件，单击【打开】按钮即可导入素材，将导入后的素材，拖入【序列】面板中的视频轨道V1中，如图3-24所示。

图 3-23

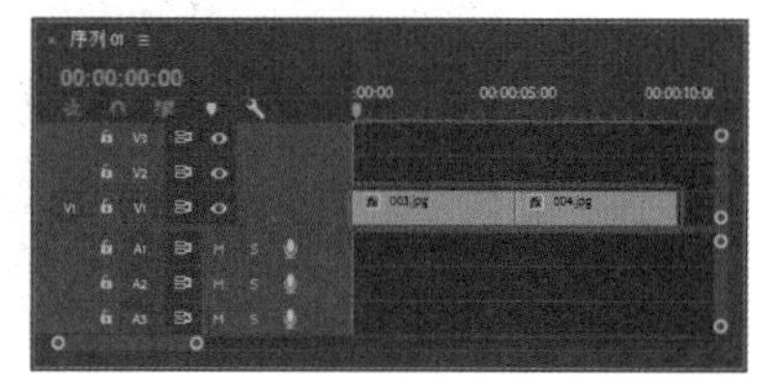

图 3-24

（2）确定当前时间为 00:00:00:00，选中“003.jpg”素材文件，切换到【效果控件】面板，将【缩放】设置为 80.0，如图 3-25 所示。

图 3-25

（3）将当前时间设置为 00:00:05:00，选中“004.jpg”素材文件，切换到【效果控件】面板，将【缩放】设置为 94.0，如图 3-26 所示。

图 3-26

（4）切换到【效果】面板，打开【视频过渡】文件夹，选择【过时】下的【立方体旋转】过渡特效，如图 3-27 所示。

图 3-27

（5）将其拖曳至【序列】面板中两个素材之间，如图 3-28 所示。

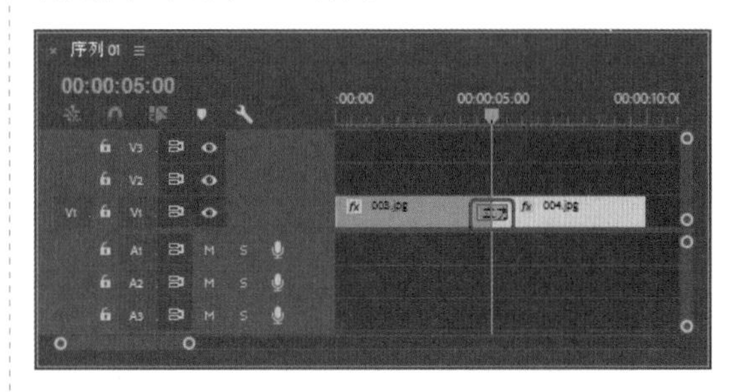

图 3-28

2.【翻转】过渡效果

【翻转】过渡效果使图像 A 翻转到所选颜色后，显示图像 B，如图 3-29 所示。

图 3-29

（1）新建项目和 DV-PAL 制式的标准 48kHz 的序列文件，在【项目】面板的空白处双击，在弹出的【导入】对话框中，打开“素材\Cha03\005.jpg、006.jpg”素材文件，单击【打开】按钮即可导入素材。将导入的素材拖曳至【序列】面板的 V1 轨道中，如图 3-30 所示。

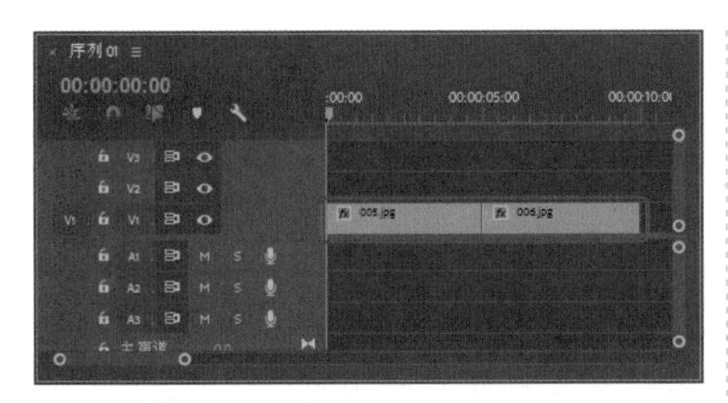


图 3-30

（2）选中“005.jpg”素材文件，确定当前时间为 00:00:00:00，切换到【效果控件】面板，【缩放】设置为 80.0，如图 3-31 所示。

图 3-31

（3）将当前时间设置为 00:00:05:00，选中“006.jpg”素材文件，切换到【效果控件】面板，将【缩放】设置为 80.0，如图 3-32 所示。

图 3-32

（4）切换到【效果】面板，打开【视频过渡】文件夹，选择【过时】下的【翻转】选项，如图 3-33 所示。

图 3-33

（5）将其拖曳至【序列】面板中的素材上。如图 3-34 所示。

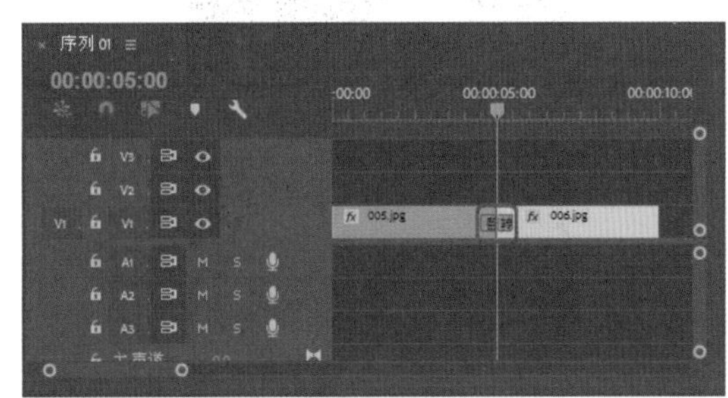


图 3-34

（6）切换到【效果控件】面板，单击【自定义】按钮，打开【翻转设置】对话框，将【带】设置为 5，将【填充颜色】设置为 109、243、255，单击【确定】按钮，如图 3-35 所示。

图 3-35

提示：【翻转】选项的参数：
【带】：用来输入翻转的图像数量。
【填充颜色】：设置空白区域颜色。

### 3. 【渐变擦除】切换效果

【渐变擦除】过渡效果按照用户选定图像的渐变柔和擦除，如图 3-36 所示。

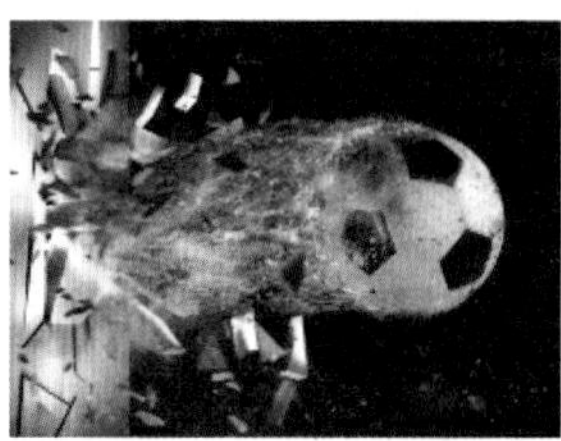

图 3-36

（1）新建项目和 DV-PAL 制式的标准 48kHz 的序列文件，在【项目】面板中空白处双击鼠标，弹出【导入】对话框，打开“素材 \Cha03\007.jpg、008.jpg”素材文件，单击【打开】按钮即可导入素材，将导入后的素材拖至【序列】面板中的视频轨道 V1 中，确定选中“007.jpg”素材文件，确定当前时间为 00:00:00:00，切换到【效果控件】面板中将【缩放】设置为 90，如图 3-37 所示。

（2）确定选中“008.jpg”素材文件，确定当前时间为 00:00:05:00，切换到【效果控件】面板中将【缩放】设置为 110，如图 3-38 所示。

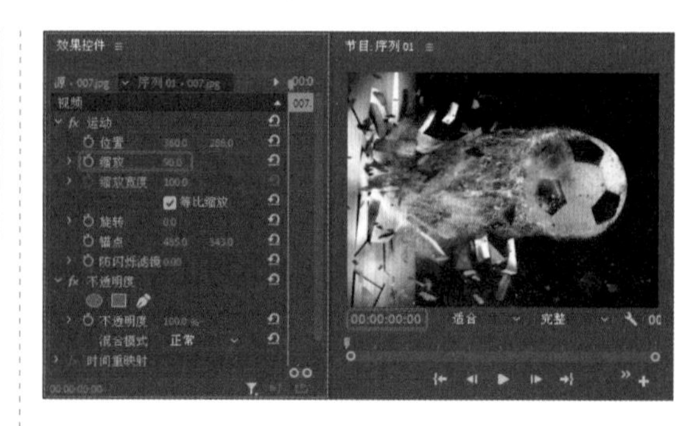

图 3-37

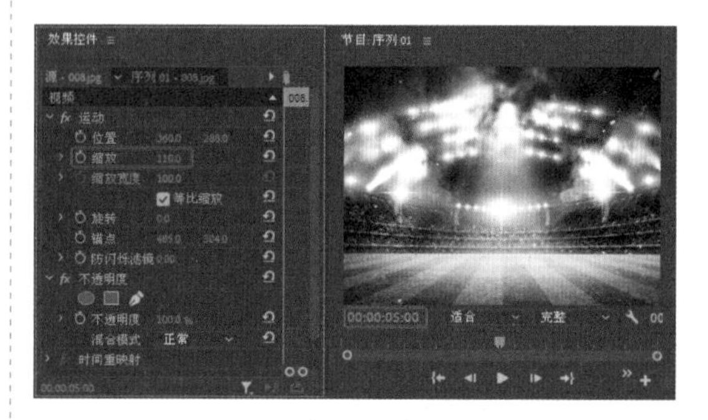

图 3-38

（3）切换到【效果】面板打开【视频过渡】文件夹，选择【过时】下的【渐变擦除】过渡效果，如图 3-39 所示。

图 3-39

（4）将其拖至【序列】面板中两个素材之间，弹出【渐变擦除设置】对话框，在弹出的对话框中单击【选择图像】按钮，如图 3-40 所示。

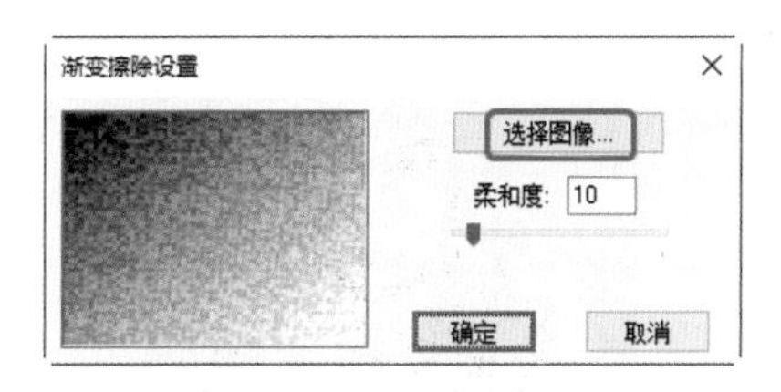


图 3-40

（5）弹出【打开】对话框，在弹出的对话框中选择“素材\Cha03\A01.jpg”素材文件，单击【打开】按钮，如图 3-41 所示。

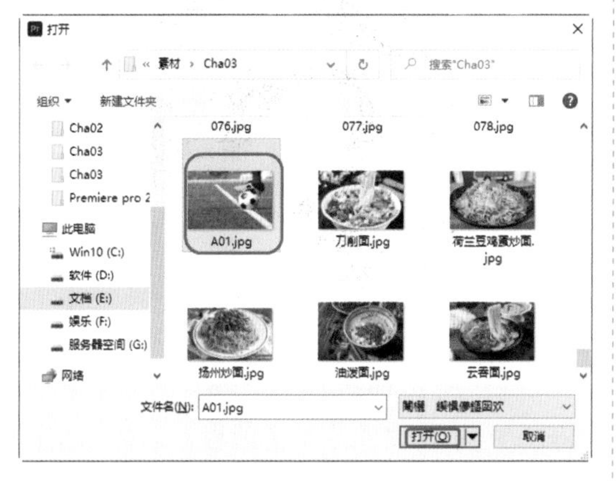


图 3-41

（6）返回到【渐变擦除设置】对话框，将【柔和度】设置为 15，单击【确定】按钮，如图 3-42 所示。即可将其添加到两个素材之间。

图 3-42

## 3.2.2 划像

本节将详细讲解【划像】特效，其中包括【交叉划像】、【圆划像】、【盒形划像】和【菱形划像】切换效果。

### 1.【交叉划像】切换效果

【交叉划像】过渡效果：打开交叉形状擦除，以显示图像 A 下面的图像 B，效果如图 3-43 所示。

图 3-43

（1）新建项目和 DV-PAL 制式的标准 48kHz 的序列文件，在【项目】面板的空白处双击，弹出【导入】对话框，选择“素材\Cha03\009.jpg、010.jpg”素材文件，单击【打开】按钮即可导入素材。将导入的素材文件拖曳至【序列】面板的 V1 轨道中，确定选中“009.jpg”素材文件，确定当前时间为 00:00:00:00，切换到【效果控件】面板，将【缩放】设置为 75.0，如图 3-44 所示。

图 3-44

（2）确定选中“010.jpg”素材文件，确定当前时间为00:00:05:00，切换到【效果控件】面板，将【缩放】设置为65.0，如图3-45所示。

图 3-45

（3）切换到【效果】面板，打开【视频过渡】文件夹，选择【划像】下的【交叉划像】过渡效果，如图3-46所示。

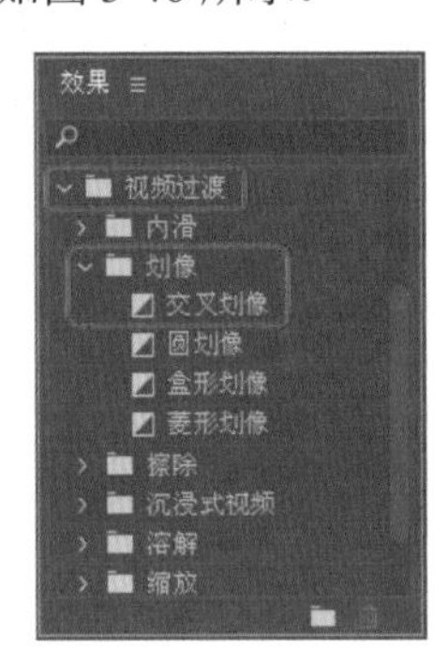


图 3-46

（4）将其拖曳至【序列】面板中两个素材之间，如图3-47所示。

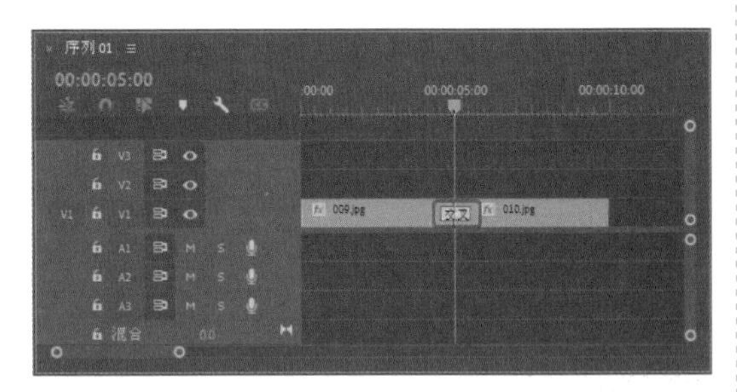


图 3-47

2.【圆划像】切换效果

【圆划像】过渡效果产生一个圆形的效果，如图3-48所示。

图 3-48

（1）新建项目和DV-PAL制式的标准48kHz的序列文件，在【项目】面板的空白处双击，弹出【导入】对话框，打开“素材\Cha03\011.jpg、012.jpg”素材文件，单击【打开】按钮即可导入素材。将导入的素材拖曳至【序列】面板的V1轨道中，确定选中“011.jpg”素材文件，确定当前时间为00:00:00:00，切换到【效果控件】面板，将【缩放】设置为125.0，如图3-49所示。

图 3-49

（2）确定选中“012.jpg”素材文件，确定当前时间为00:00:05:00，切换到【效果控件】面板，将【位置】设置为360.0、351.0，将【缩放】设置为310.0，如图3-50所示。

图 3-50

（3）切换到【效果】面板，打开【视频过渡】文件夹，选择【划像】下的【圆划像】过渡效果，如图3-51所示。

图 3-51

（4）将其拖曳至【序列】面板中两个素材之间，如图3-52所示。

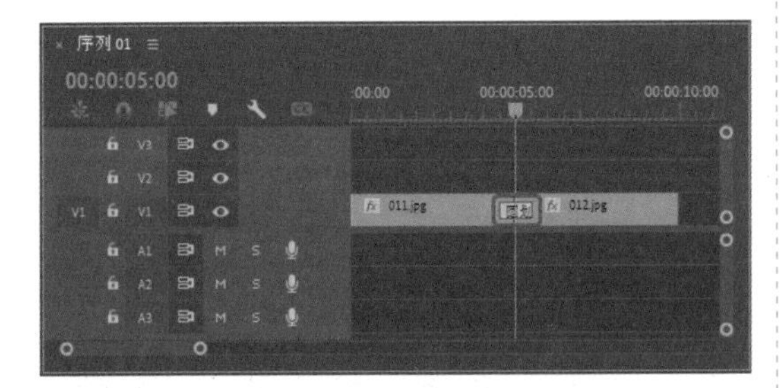


图 3-52

3.【盒形划像】切换效果

【盒形划像】过渡效果：打开矩形擦除，以显示图像A下面的图像B，效果如图3-53所示。

图 3-53

（1）新建项目和DV-PAL制式的标准48kHz的序列文件，在【项目】面板的空白处双击，弹出【导入】对话框，选择“素材\Cha03\013.jpg、014.jpg”素材文件，单击【打开】按钮即可导入素材。将导入的素材拖曳【序列】面板的V1轨道中，确定选中“013.jpg”素材文件，确定当前时间为00:00:00:00，切换到【效果控件】面板，将【缩放】设置为85.0，如图3-54所示。

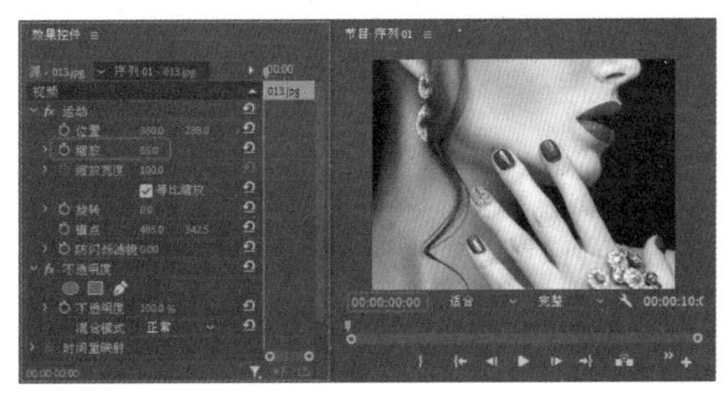

图 3-54

（2）确定选中“014.jpg”素材文件，确定当前时间为00:00:05:00，切换到【效果控件】面板，将【缩放】设置为82.0，如图3-55所示。

图 3-55

（3）切换到【效果】面板，打开【视频过渡】文件夹，选择【划像】下的【盒形划像】过渡效果，如图 3-56 所示。

图 3-56

（4）将其拖曳至【序列】面板中两个素材之间，如图 3-57 所示。

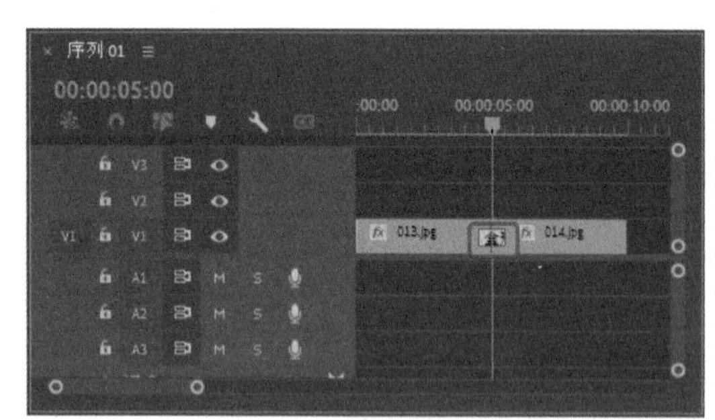


图 3-57

4.【菱形划像】切换效果

【菱形划像】过渡效果：打开菱形擦除，以显示图像 A 下面的图像 B，效果如图 3-58 所示。

图 3-58

（1）新建项目和 DV-PAL 制式的标准 48kHz 的序列文件，在【项目】面板的空白处双击，弹出【导入】对话框，选择“素材\Cha03\015.jpg、016.jpg”素材文件，单击【打开】按钮即可导入素材。将导入的素材拖曳至【序列】面板的 V1 轨道中，确定选中“015.jpg”素材文件，确定当前时间为 00:00:00:00，切换到【效果控件】面板，将【缩放】设置为 15.0，如图 3-59 所示。

图 3-59

（2）确定选中“016.jpg”素材文件，确定当前时间为 00:00:05:00，切换到【效果控件】面板，将【缩放】设置为 90.0，如图 3-60 所示。

图 3-60

（3）切换到【效果】面板，打开【视频过渡】文件夹，选择【划像】下的【菱形划像】过渡效果，如图 3-61 所示。

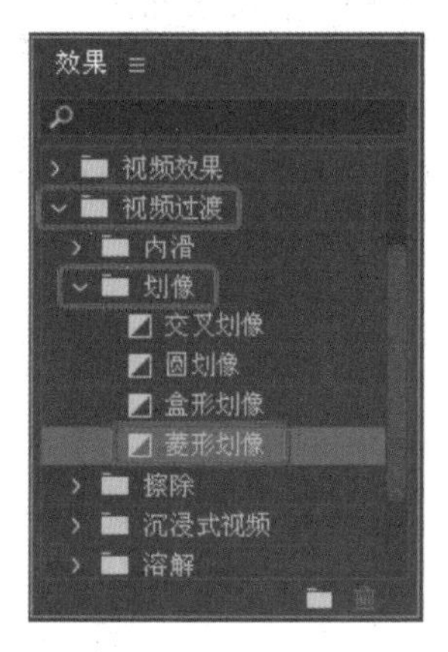


图 3-61

（4）将其拖曳至【序列】面板中两个素材之间，如图 3-62 所示。

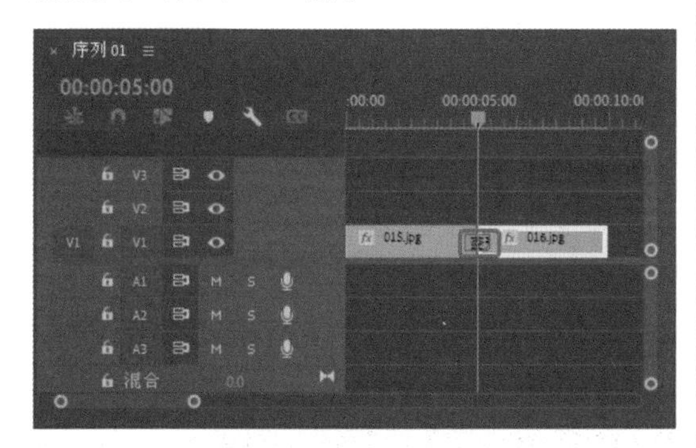


图 3-62

## 3.2.3　擦除

本节将详细讲解【擦除】转场特效，包括 16 个以擦除方式过渡的切换视频效果。

### 1.【划出】切换效果

【划出】过渡效果使图像 B 逐渐扫过图像 A，效果如图 3-63 所示。

图 3-63

（1）新建项目和 DV-PAL 制式的标准 48kHz 的序列文件，在【项目】面板的空白处双击，弹出【导入】对话框，选择“素材\Cha03\017.jpg、018.jpg”素材文件，单击【打开】按钮即可导入素材。将导入的素材拖曳【序列】面板的 V1 轨道中，确定选中“017.jpg”素材文件，确定当前时间为 00:00:00:00，切换到【效果控件】面板，将【缩放】设置为 47.0，如图 3-64 所示。

图 3-64

（2）确定选中“018.jpg”素材文件，确定当前时间为00:00:05:00，切换到【效果控件】面板，将【缩放】设置为55.0，如图3-65所示。

图 3-65

（3）切换到【效果】面板，打开【视频过渡】文件夹，选择【擦除】下的【划出】过渡效果，如图3-66所示。

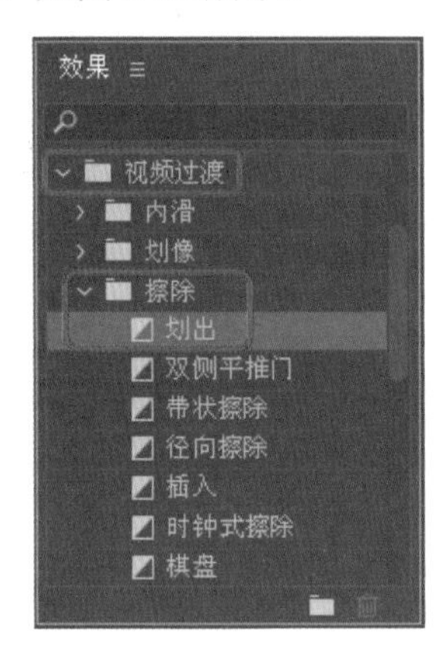


图 3-66

（4）将其拖曳至【序列】面板中两个素材之间，如图3-67所示。

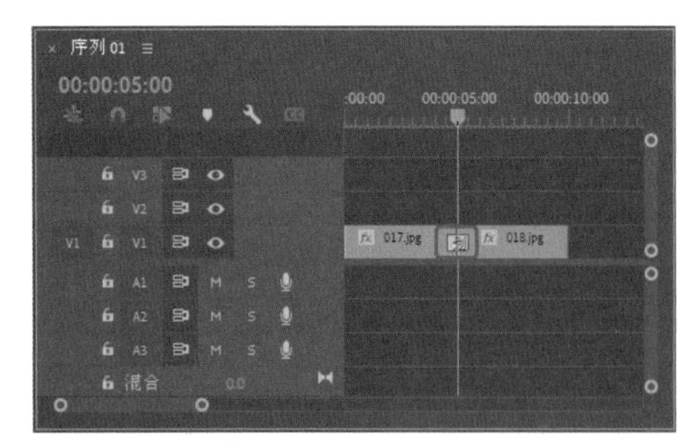


图 3-67

2.【双侧平推门】切换效果

【双侧平推门】过渡效果使图像A以开、关门的方式过渡转换到图像B，效果如图3-68所示。

图 3-68

（1）新建项目和DV-PAL制式的标准48kHz的序列文件，在【项目】面板的空白处双击，弹出【导入】对话框，打开“素材\Cha03\019.jpg、020.jpg”素材文件，单击【打开】按钮即可导入素材。将导入的素材拖曳【序列】面板的V1视频轨道中，确定选中“019.jpg”素材文件，确定当前时间为00:00:00:00，切换到【效果控件】面板，将【缩放】设置为50.0，如图3-69所示。

图 3-69

（2）确定选中“020.jpg”素材文件，确定当前时间为 00:00:05:00，切换到【效果控件】面板，将【缩放】设置为 60，如图 3-70 所示。

图 3-70

（3）切换到【效果】面板，打开【视频过渡】文件夹，选择【擦除】下的【双侧平推门】过渡效果，如图 3-71 所示。

图 3-71

（4）将其拖曳至【序列】面板中两个素材之间，如图 3-72 所示。

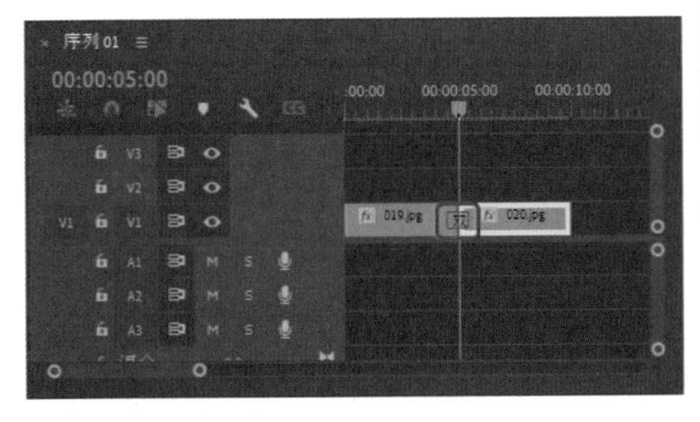


图 3-72

3.【带状擦除】切换效果

【带状擦除】过渡效果使图像 B 在水平、垂直或对角线方向上呈条形扫除图像 A，逐渐显示，效果如图 3-73 所示。

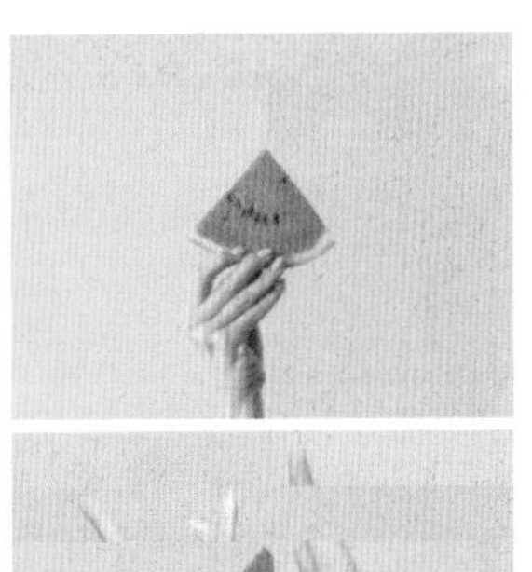

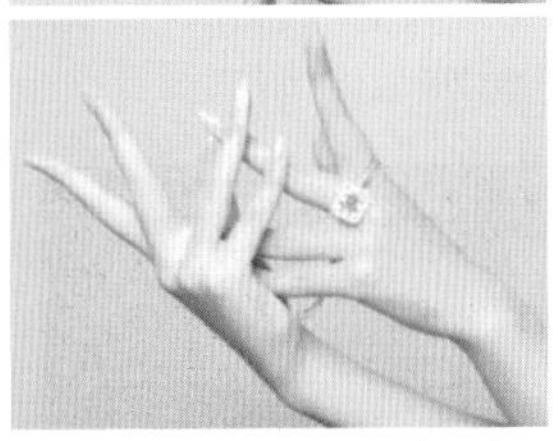

图 3-73

（1）新建项目和 DV-PAL 制式的标准 48kHz 的序列文件，在【项目】面板的空白处双击，弹出【导入】对话框，打开“素材\Cha03\021.jpg、022.jpg”素材文件，单击【打开】按钮即可导入素材。将导入的素材拖曳【序列】面板的 V1 视频轨道中，确定选中“021.jpg”素材文件，确定当前时间为 00:00:00:00，切换到【效果控件】面板，将【缩放】设置为 25.0，如图 3-74 所示。

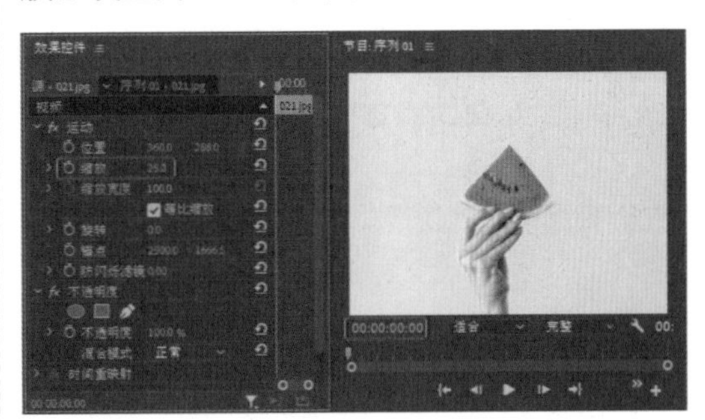

图 3-74

（2）确定选中“022.jpg”素材文件，确定当前时间为00:00:05:00，切换到【效果控件】面板，将【缩放】设置为170.0，如图3-75所示。

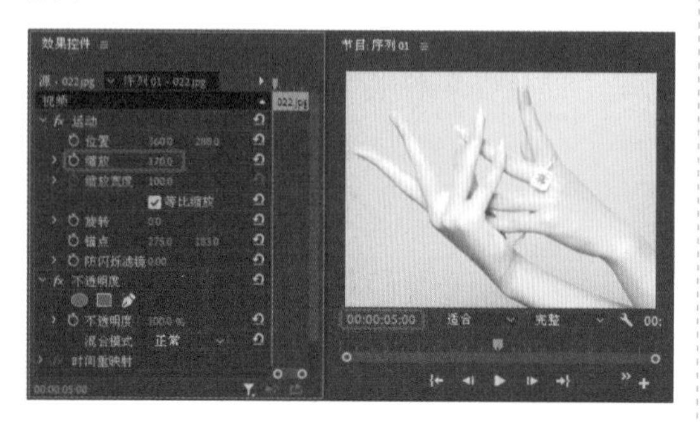

图 3-75

（3）切换到【效果】面板，打开【视频过渡】文件夹，选择【擦除】下的【带状擦除】过渡效果，如图3-76所示。

图 3-76

（4）将其拖曳至【序列】面板中两个素材之间，如图3-77所示。

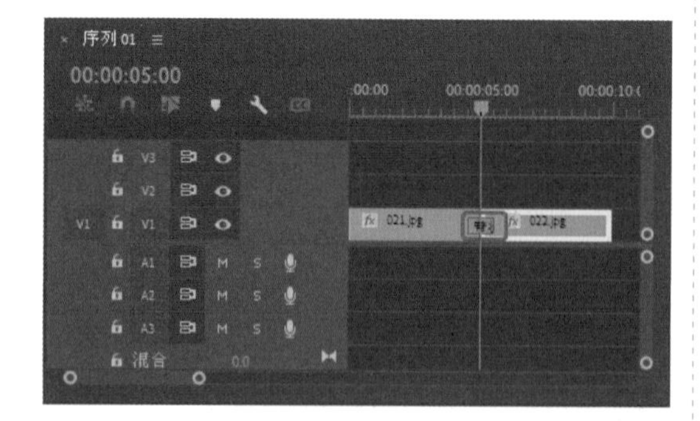


图 3-77

4.【径向擦除】切换效果

【径向擦除】过渡效果使图像B从图像A的一角扫入画面，效果如图3-78所示。

图 3-78

（1）新建项目和DV-PAL制式的标准48kHz的序列文件，在【项目】面板的空白处双击，弹出【导入】对话框，打开“素材\Cha03\023.jpg、024.jpg”素材文件，单击【打开】按钮即可导入素材。将导入的素材拖曳至【序列】面板的V1视频轨道中，确定选中“023.jpg”素材文件，确定当前时间为00:00:00:00，切换到【效果控件】面板，将【缩放】设置为20.0，如图3-79所示。

图 3-79

（2）确定选中“024.jpg”素材文件，确定当前时间为 00:00:05:00，切换到【效果控件】面板，将【缩放】设置为 65.0，如图 3-80 所示。

图 3-80

（3）切换到【效果】面板，打开【视频过渡】文件夹，选择【擦除】下的【径向擦除】过渡效果，如图 3-81 所示。

图 3-81

（4）将其拖曳至【序列】面板中两个素材之间，如图 3-82 所示。

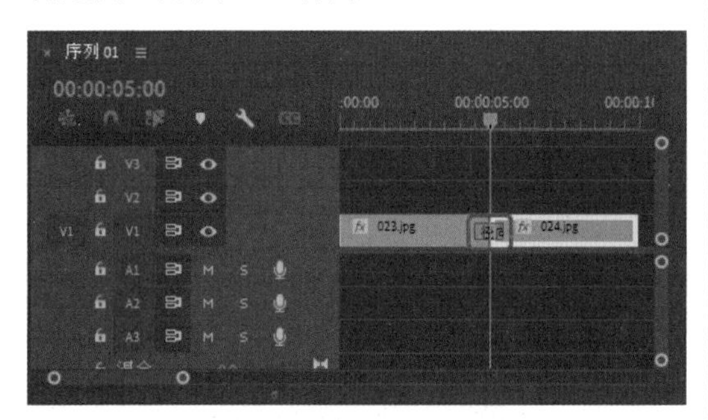

图 3-82

5.【插入】切换效果

【插入】过渡效果：斜角擦除以显示图像 A 下面的图像 B，如图 3-83 所示。

图 3-83

（1）新建项目和 DV-PAL 制式的标准 48kHz 的序列文件，在【项目】面板的空白处双击，弹出【导入】对话框，打开“素材\Cha03\025.jpg、026.jpg”素材文件，单击【打开】按钮即可导入素材。将导入的素材拖曳至【序列】面板的 V1 视频轨道中，确定选中“025.jpg”素材文件，确定当前时间为 00:00:00:00，切换到【效果控件】面板，将【缩放】设置为 130.0，如图 3-84 所示。

图 3-84

（2）确定选中“026.jpg”素材文件，确定当前时间为00:00:05:00，切换到【效果控件】面板，将【缩放】设置为75.0，如图3-85所示。

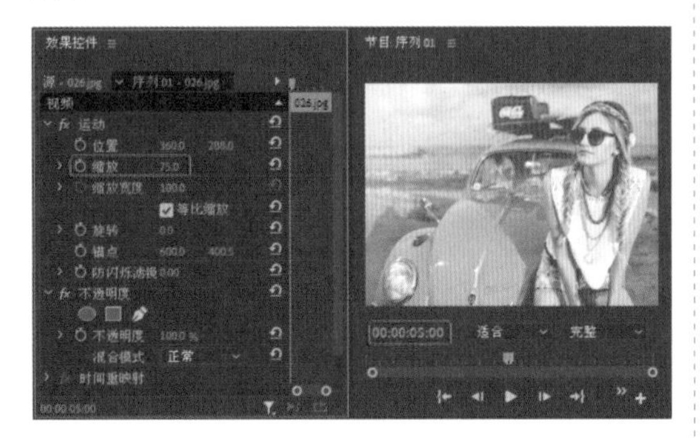

图 3-85

（3）切换到【效果】面板，打开【视频过渡】文件夹，选择【擦除】下的【插入】过渡效果，如图3-86所示。

图 3-86

（4）将其拖曳至【序列】面板中两个素材之间，如图3-87所示。

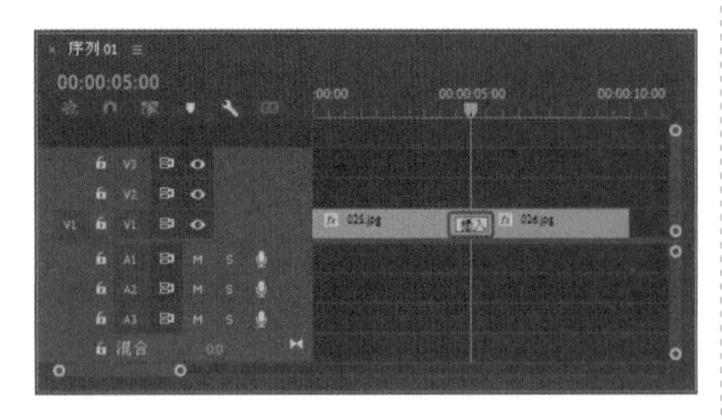

图 3-87

6. 【时钟式擦除】切换效果

【时钟式擦除】过渡效果：使图像A以时钟放置方式过渡到图像B，效果如图3-88所示。

图 3-88

（1）新建项目和DV-PAL制式的标准48kHz的序列文件，在【项目】面板的空白处双击鼠标，弹出【导入】对话框，打开“素材\Cha03\027.jpg、028.jpg”素材文件，单击【打开】按钮即可导入素材。将导入的素材拖曳至【序列】面板的V1视频轨道中，确定选中“027.jpg”素材文件，确定当前时间为00:00:00:00，切换到【效果控件】面板，将【位置】设置为299.0、288.0，将【缩放】设置为55.0，如图3-89所示。

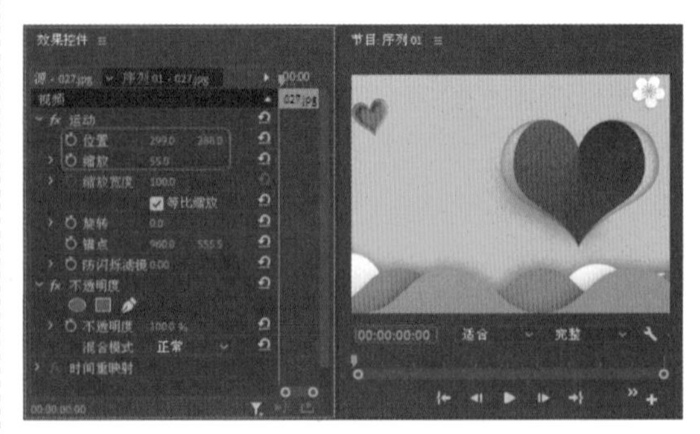

图 3-89

（2）确定选中“028.jpg”素材文件，确定当前时间为00:00:05:00，切换到【效果控件】面板，将【缩放】设置为50.0，如图3-90所示。

图 3-90

（3）切换到【效果】面板，打开【视频过渡】文件夹，选择【擦除】下的【时钟式擦除】过渡效果，如图3-91所示。

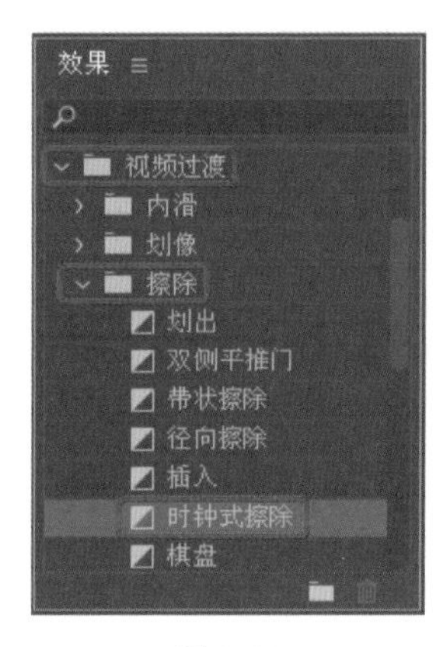


图 3-91

（4）将其拖曳至【序列】面板中两个素材之间，如图3-92所示。

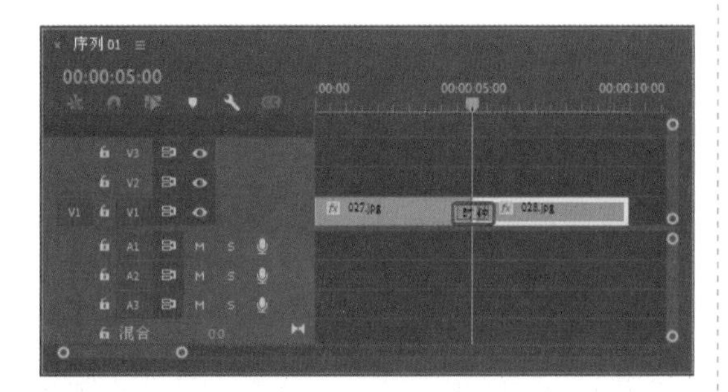

图 3-92

7.【棋盘擦除】切换效果

【棋盘擦除】过渡效果：棋盘内显示图像A下面的图像B，效果如图3-93所示。

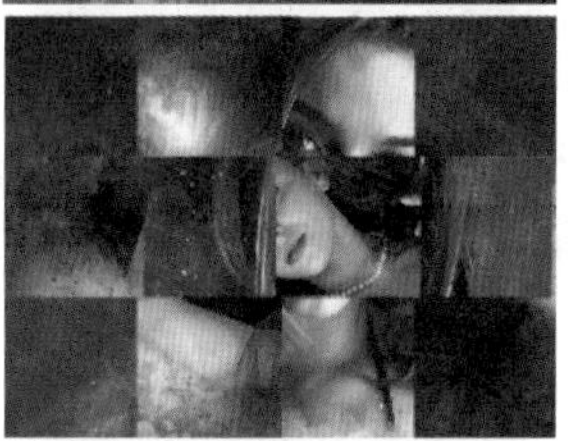

图 3-93

（1）新建项目和DV-PAL制式的标准48kHz的序列文件，在【项目】面板的空白处双击，弹出【导入】对话框，打开“素材\Cha03\029.jpg、030.jpg”素材文件，单击【打开】按钮即可导入素材。将导入的素材拖至【序列】面板的V1视频轨道中，确定选中“029.jpg”素材文件，确定当前时间为00:00:00:00，切换到【效果控件】面板，将【缩放】设置为90.0，如图3-94所示。

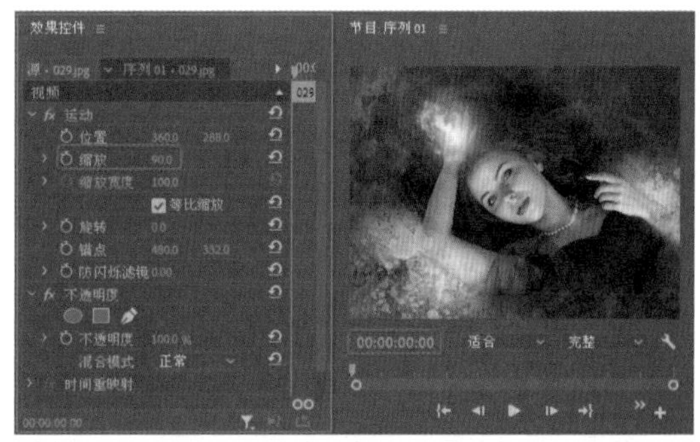

图 3-94

（2）确定选中“030.jpg”素材文件，确定当前时间为00:00:05:00，切换到【效果控件】面板，将【缩放】设置为48.0，如图3-95所示。

图 3-95

（3）切换到【效果】面板，打开【视频过渡】文件夹，选择【擦除】下的【棋盘擦除】过渡效果，如图3-96所示。

图 3-96

（4）将其拖曳至【序列】面板中两个素材之间，如图3-97所示。

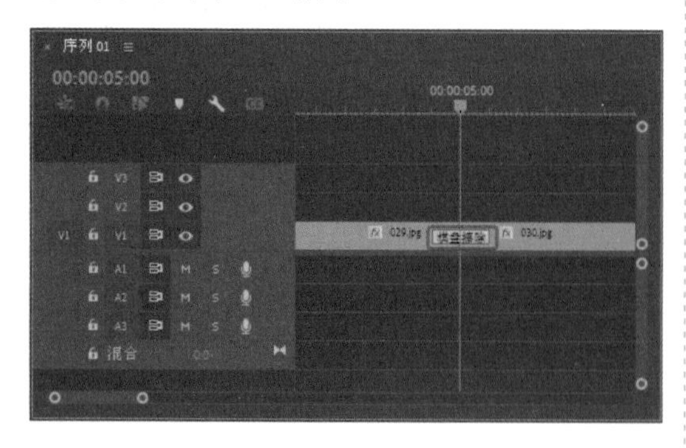

图 3-97

8.【棋盘】切换效果

【棋盘】过渡效果：使图像A以棋盘消失的方式过渡到图像B，效果如图3-98所示。

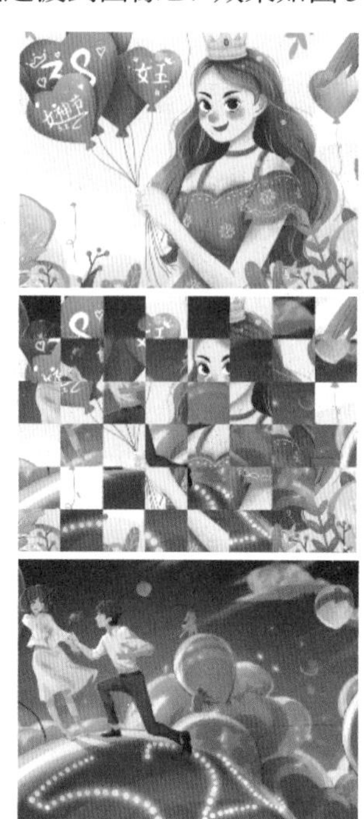

图 3-98

（1）新建项目和DV-PAL制式的标准48kHz的序列文件，在【项目】面板的空白处双击，弹出【导入】对话框，打开“素材\Cha03\031.jpg、032.jpg”素材文件，单击【打开】按钮即可导入素材。将导入的素材拖曳至【序列】面板的V1视频轨道中，确定选中“031.jpg”素材文件，确定当前时间为00:00:00:00，切换到【效果控件】面板，将【缩放】设置为22.0，如图3-99所示。

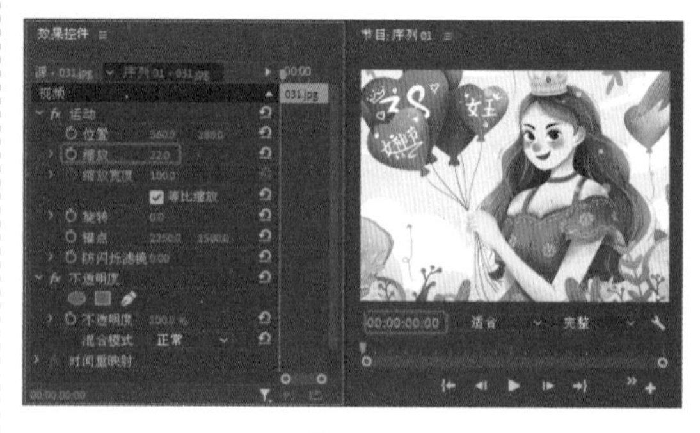

图 3-99

（2）确定选中“032.jpg”素材文件，确定当前时间为00:00:05:00，切换到【效果控件】面板，将【缩放】设置为51.0，如图3-100所示。

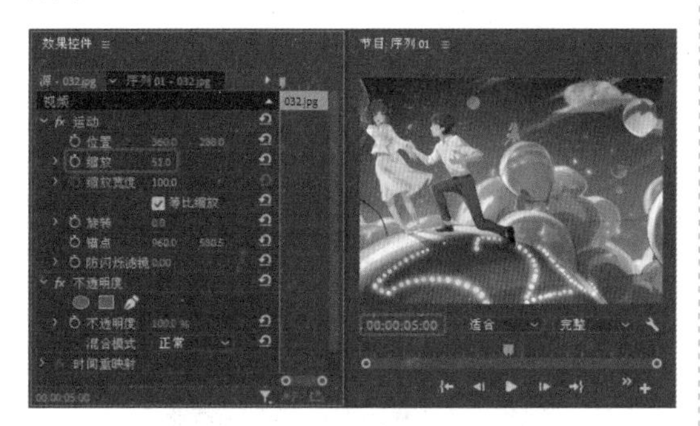

图 3-100

（3）切换到【效果】面板，打开【视频过渡】文件夹，选择【擦除】下的【棋盘】过渡效果，如图3-101所示。

图 3-101

（4）将其拖曳至【序列】面板中两个素材之间，如图3-102所示。

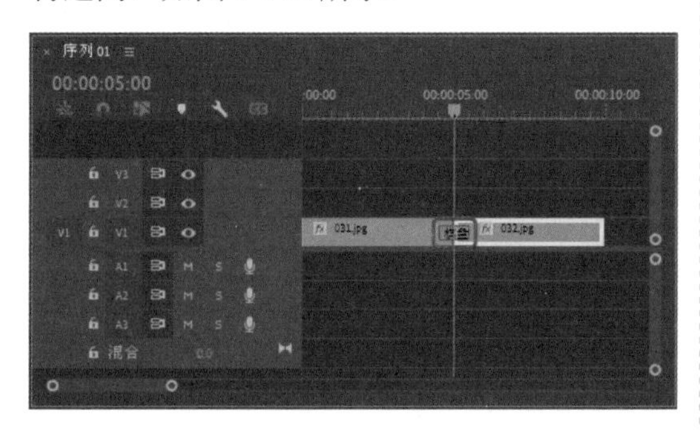

图 3-102

9.【楔形擦除】切换效果

【楔形擦除】过渡效果：从图像A的中心开始擦除，以显示图像B，效果如图3-103所示。

图 3-103

（1）新建项目和DV-PAL制式的宽屏48kHz的序列文件，在【项目】面板的空白处双击，弹出【导入】对话框，打开“素材\Cha03\033.jpg、034.jpg”素材文件，单击【打开】按钮即可导入素材。将导入的素材拖曳至【序列】面板的V1视频轨道中，确定选中“033.jpg”素材文件，确定当前时间为00:00:00:00，切换到【效果控件】面板，将【缩放】设置为55.0，如图3-104所示。

图 3-104

（2）确定选中“034.jpg”素材文件，确定当前时间为00:00:05:00，切换到【效果控件】面板，将【缩放】设置为55.0，如图3-105所示。

图 3-105

（3）切换到【效果】面板，打开【视频过渡】文件夹，选择【擦除】下的【楔形擦除】过渡效果，如图3-106所示。

图 3-106

（4）将其拖曳至【序列】面板中两个素材之间，如图3-107所示。

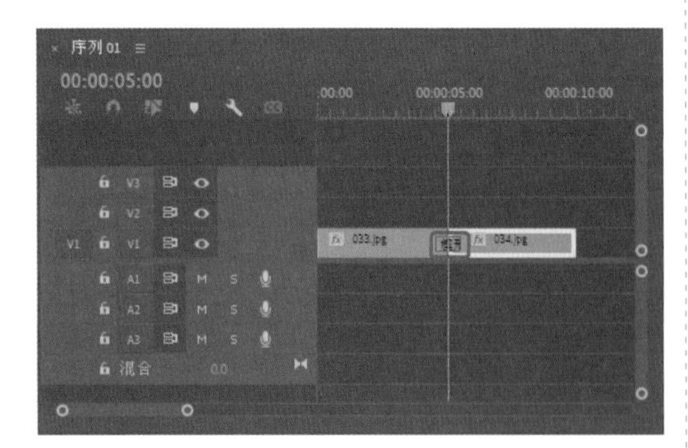


图 3-107

10.【随机擦除】切换效果

【随机擦除】过渡效果：使图像B从图像A的一边随机出现扫走图像A，效果如图3-108所示。

图 3-108

（1）新建项目和DV-PAL制式的标准48kHz的序列文件，在【项目】面板的空白处双击，弹出【导入】对话框，打开“素材\Cha03\035.jpg、036.jpg”素材文件，单击【打开】按钮即可导入素材。将导入的素材拖曳至【序列】面板的V1视频轨道中，确定当前时间为00:00:00:00，选择“035.jpg”素材文件，切换到【效果控件】面板，将【缩放】设置为120.0，如图3-109所示。

（2）确定选中“036.jpg”素材文件，确定当前时间为00:00:05:00，切换到【效果控件】面板，将【缩放】设置为118.0，如图3-110所示。

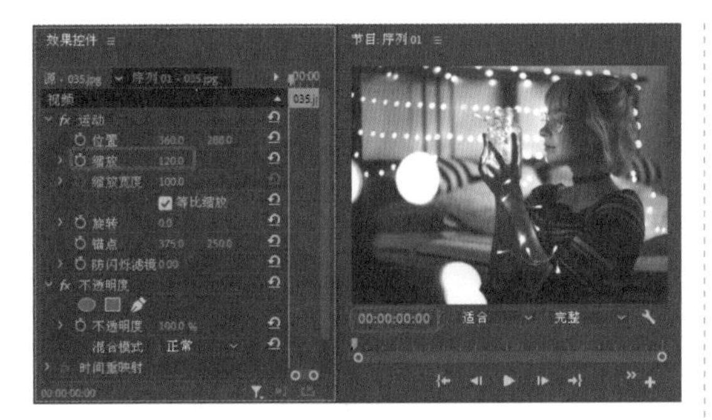

图 3-109

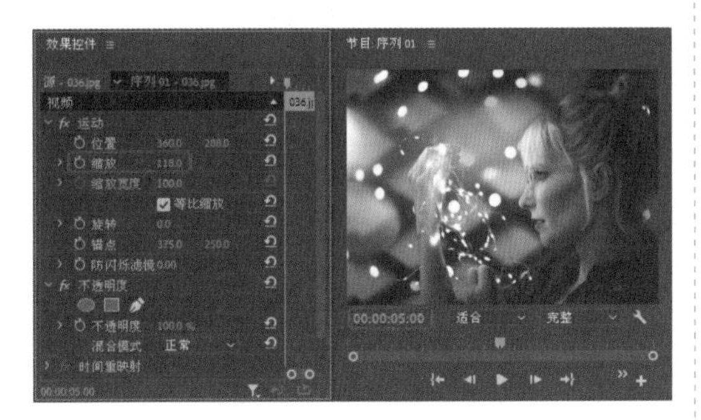

图 3-110

（3）切换到【效果】面板，打开【视频过渡】文件夹，选择【擦除】下的【随机擦除】过渡效果，然后将其拖曳至【序列】面板中两个素材之间，如图 3-111 所示。

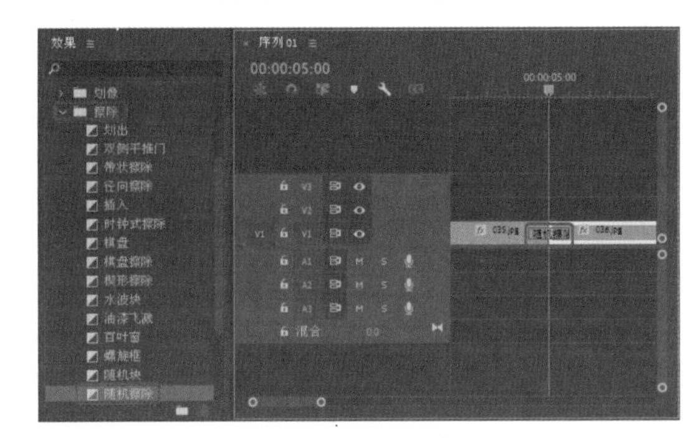

图 3-111

11.【水波块】切换效果

【水波块】过渡效果：来回进行块擦除以显示图像 A 下面的图像 B，效果如图 3-112 所示。

图 3-112

（1）新建项目和 DV-PAL 制式的标准 48kHz 的序列文件，在【项目】面板的空白处双击，弹出【导入】对话框，打开“素材\Cha03\037.jpg、038.jpg”素材文件，单击【打开】按钮即可导入素材。将导入的素材拖曳至【序列】面板的 V1 视频轨道中，确定选中“037.jpg”素材文件，确定当前时间为 00:00:00:00，切换到【效果控件】面板，将【缩放】设置为 50.0，如图 3-113 所示。

图 3-113

（2）确定选中“038.jpg”素材文件，确定当前时间为00:00:05:00，切换到【效果控件】面板，将【缩放】设置为70.0，如图3-114所示。

图 3-114

（3）切换到【效果】面板，打开【视频过渡】文件夹，选择【擦除】下的【水波块】过渡效果，如图3-115所示。

图 3-115

（4）将其拖曳至【序列】面板中两个素材之间，如图3-116所示。

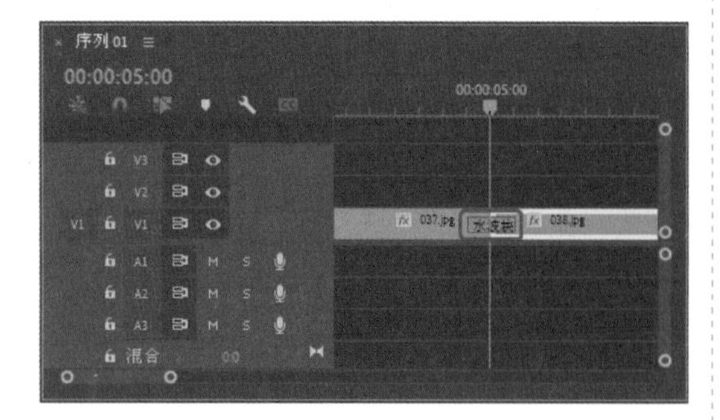


图 3-116

12. 【油漆飞溅】切换效果

【油漆飞溅】过渡效果：【油漆】飞溅，以显示图像A下面的图像B，效果如图3-117所示。

图 3-117

（1）新建项目和DV-PAL制式的标准48kHz的序列文件，在【项目】面板的空白处双击，弹出【导入】对话框，打开“素材\Cha03\039.jpg、040.jpg”素材文件，单击【打开】按钮即可导入素材。将导入的素材拖曳至【序列】面板的V1视频轨道中，确定选中“039.jpg”素材文件，确定当前时间为00:00:00:00，切换到【效果控件】面板，将【缩放】设置为125.0，如图3-118所示。

图 3-118

（2）确定选中“040.jpg”素材文件，确定当前时间为 00:00:05:00，切换到【效果控件】面板，将【缩放】设置为 20.0，如图 3-119 所示。

图 3-119

（3）切换到【效果】面板，打开【视频过渡】文件夹，选择【擦除】下的【油漆飞溅】过渡效果，如图 3-120 所示。

图 3-120

（4）将其拖曳至【序列】面板中两个素材之间，如图 3-121 所示。

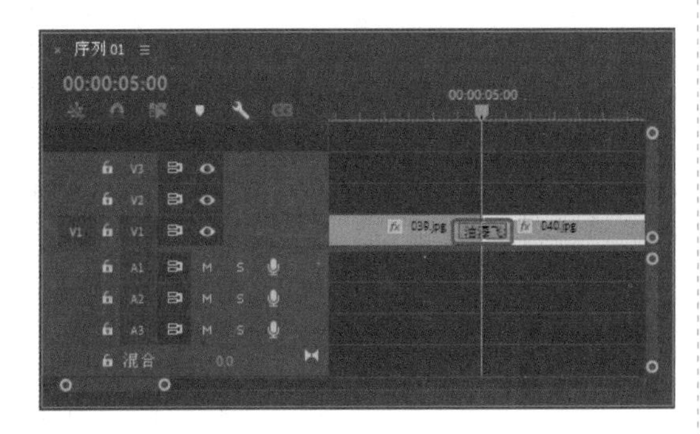


图 3-121

13.【百叶窗】切换效果

【百叶窗】过渡效果：水平擦除以显示图像 A 下面的图像 B，类似于百叶窗，效果如图 3-122 所示。

图 3-122

（1）新建项目和 DV-PAL 制式的标准 48kHz 的序列文件，在【项目】面板的空白处双击，弹出【导入】对话框，打开“素材\Cha03\041.jpg、042.jpg”素材文件，单击【打开】按钮即可导入素材。将导入的素材拖曳至【序列】面板的 V1 视频轨道中，确定选中“041.jpg”素材文件，确定当前时间为 00:00:00:00，切换到【效果控件】面板，将【缩放】设置为 20.0，如图 3-123 所示。

图 3-123

（2）确定选中“042.jpg”素材文件，确定当前时间为00:00:05:00，切换到【效果控件】面板，将【缩放】设置为18.0，如图3-124所示。

图 3-124

（3）切换到【效果】面板，打开【视频过渡】文件夹，选择【擦除】下的【百叶窗】过渡效果，如图3-125所示。

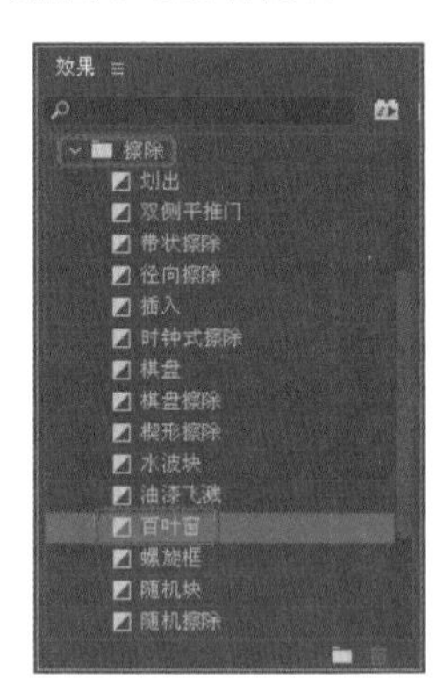


图 3-125

（4）将其拖曳至【序列】面板中两个素材之间，如图3-126所示。

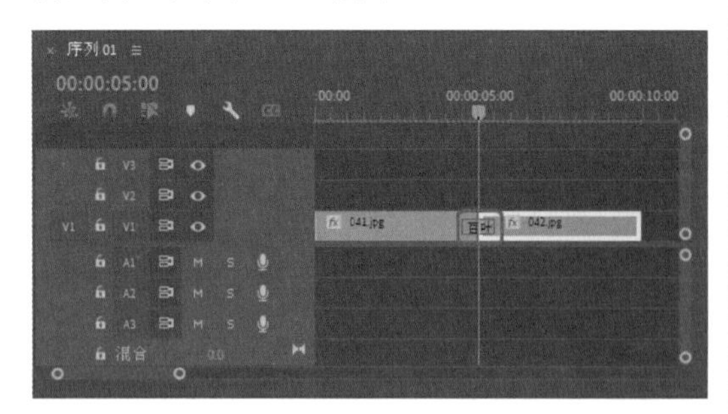

图 3-126

14. 【风车】切换效果

【风车】过渡效果：从图像A的中心进行多次扫掠擦除，以显示图像B，效果如图3-127所示。

图 3-127

（1）新建项目和DV-PAL制式的标准48kHz的序列文件，在【项目】面板的空白处双击，弹出【导入】对话框，打开“素材\Cha03\043.jpg、044.jpg”素材文件，单击【打开】按钮即可导入素材。将导入的素材拖曳至【序列】面板的V1视频轨道中，确定选中“043.jpg”素材文件，确定当前时间为00:00:00:00，切换到【效果控件】面板，将【缩放】设置为60.0，如图3-128所示。

图 3-128

（2）确定选中“044.jpg”素材文件，确定当前时间为00:00:05:00，切换到【效果控件】面板，将【缩放】设置为25.0，如图 3-129 所示。

图 3-129

（3）切换到【效果】面板，打开【视频过渡】文件夹，选择【擦除】下的【风车】过渡效果，如图 3-130 所示。

图 3-130

（4）将其拖曳至【序列】面板中两个素材之间，如图 3-131 所示。

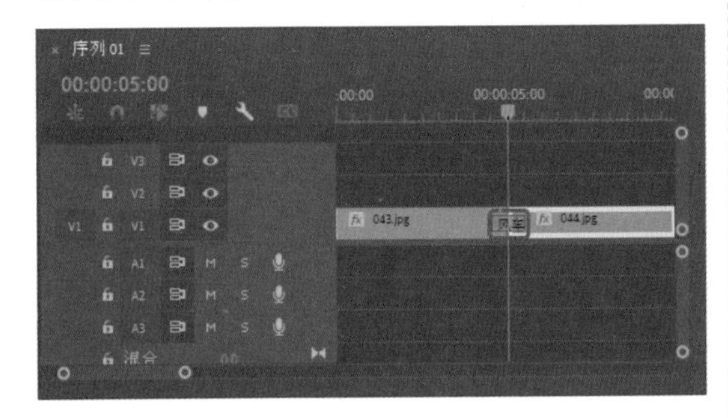


图 3-131

15. 【螺旋框】切换效果

【螺旋框】过渡效果：以螺旋框形状擦除，以显示图像 A 下面的图像 B，效果如图 3-132 所示。

图 3-132

（1）新建项目和 DV-PAL 制式的标准 48kHz 的序列文件，在【项目】面板的空白处双击，弹出【导入】对话框，打开“素材\Cha03\045.jpg、046.jpg”素材文件，单击【打开】按钮即可导入素材。将导入的素材拖曳至【序列】面板的 V1 视频轨道中，确定选中“045.jpg”素材文件，确定当前时间为00:00:00:00，切换到【效果控件】面板，将【缩放】设置为 50.0，如图 3-133 所示。

图 3-133

（2）确定选中“046.jpg”素材文件，确定当前时间为 00:00:05:00，切换到【效果控件】面板，将【缩放】设置为 52.0，如图 3-134 所示。

图 3-134

（3）切换到【效果】面板，打开【视频过渡】文件夹，选择【擦除】下的【螺旋框】过渡效果，如图 3-135 所示。

图 3-135

（4）将其拖曳至【序列】面板中两个素材之间。如图 3-136 所示。

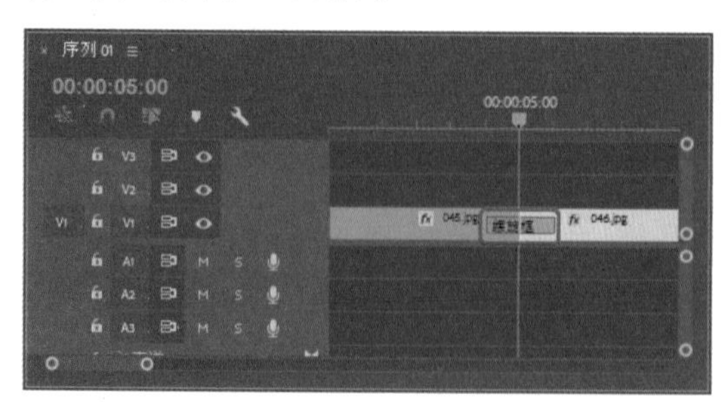


图 3-136

16.【随机块】切换效果

【随机块】过渡效果：出现随机块，以显示图像 A 下面的图像 B，效果如图 3-137 所示。

图 3-137

（1）新建项目和 DV-PAL 制式的标准 48kHz 的序列文件，在【项目】面板的空白处双击，弹出【导入】对话框，打开“素材\Cha03\047.jpg、048.jpg”素材文件，单击【打开】按钮即可导入素材。将导入的素材拖曳至【序列】面板的 V1 视频轨道中，确定选中“047.jpg”素材文件，确定当前时间为 00:00:00:00，切换到【效果控件】面板，将【缩放】设置为 55.0，如图 3-138 所示。

图 3-138

（2）确定选中“048.jpg”素材文件，确定当前时间为 00:00:05:00，切换到【效果控件】面板，将【缩放】设置为 50.0，如图 3-139 所示。

图 3-139

（3）切换到【效果】面板，打开【视频过渡】文件夹，选择【擦除】下的【随机块】过渡效果，如图 3-140 所示。

图 3-140

（4）将其拖曳至【序列】面板中两个素材之间，如图 3-141 所示。

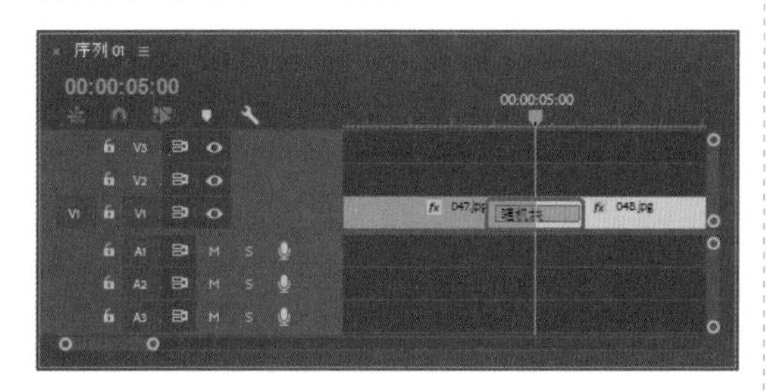

图 3-141

## 3.2.4　溶解

本节将详细讲解【溶解】转场特效，其中包括 MorphCut、【交叉溶解】、【胶片溶解】、【非叠加溶解】、【叠加溶解】、【白场过渡】、【黑场过渡】特效。

### 1. Morph Cut 切换效果

Morph Cut 是 Premiere Pro 中的一种视频过渡，通过在原声摘要之间平滑跳切，帮助您创建更加完美的访谈，效果如图 3-142 所示。其操作步骤如下。

图 3-142

（1）新建项目文件，在菜单栏中选择【文件】|【新建】|【序列】命令，在弹出的对话框中选择 DV-PAL|【宽屏 48kHz】选项，单击【确定】按钮，如图 3-143 所示。

图 3-143

（2）在【项目】面板的空白处双击，弹出【导入】对话框，打开“素材\Cha03\049.jpg、050.jpg”素材文件，单击【打开】按钮即可导入素材，如图 3-144 所示。

图 3-144

（3）将导入的素材拖曳到【序列】面板的视频轨道中，选中“049.jpg”素材文件，将当前时间设置为 00:00:00:00，将【缩放】设置为 32.0，如图 3-145 所示。

图 3-145

（4）选中“050.jpg”素材文件，将当前时间设置为 00:00:05:00，将【缩放】设置为 120.0，如图 3-146 所示。

图 3-146

（5）在【效果】面板中选择【视频过渡】|【溶解】|MorphCut 特效，然后将其拖曳至【序列】面板中两个素材之间，如图 3-147 所示。

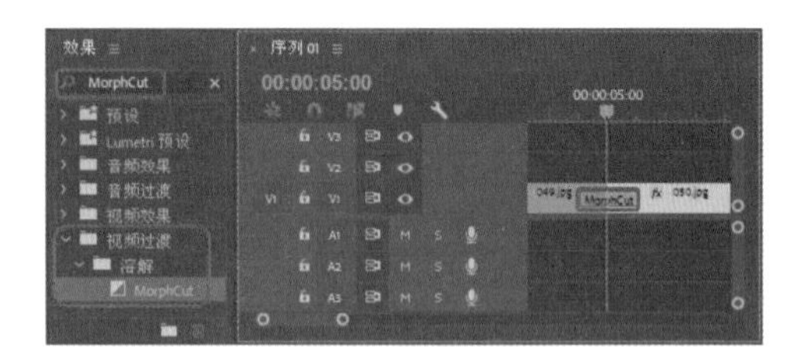

图 3-147

2.【交叉溶解】切换效果

【交叉溶解】特效可使两个素材溶解转换，即前一个素材逐渐消失的同时后一个素材逐渐显示，如图 3-148 所示。其操作步骤如下。

图 3-148

（1）新建项目文件，在菜单栏中选择【文件】|【新建】|【序列】命令，在弹出的对话框中选择 DV-PAL|【标准 48kHz】选项，单击【确定】按钮，如图 3-149 所示。

（2）在【项目】面板的空白处双击，弹出【导入】对话框，打开“素材\Cha03\051.jpg、052.jpg”素材文件，单击【打开】按钮即可导入素材，如图 3-150 所示。

图 3-149

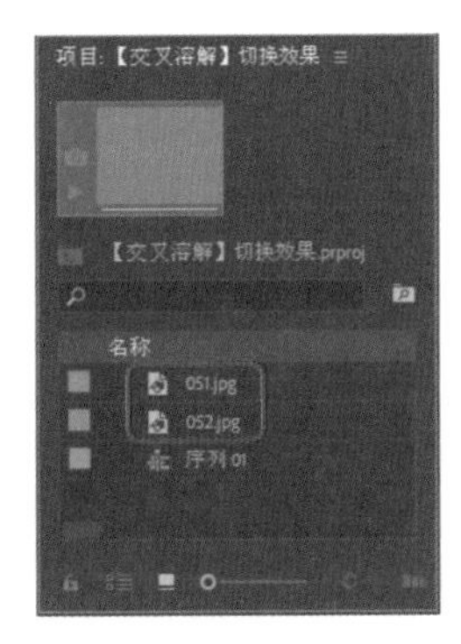


图 3-150

（3）将导入的素材拖入【序列】面板的视频轨道中，选中“051.jpg”素材文件，将当前时间设置为 00:00:00:00，将【缩放】设置为 54.0，如图 3-151 所示。

图 3-151

（4）选中“052.jpg”素材文件，将当前时间设置为 00:00:05:00，将【缩放】设置为 172.0，如图 3-152 所示。

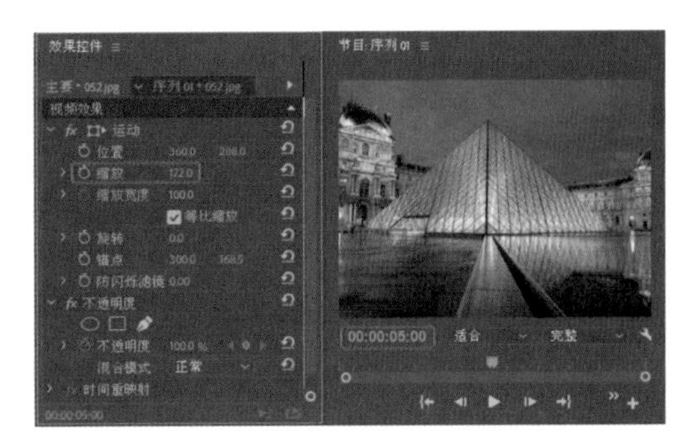

图 3-152

（5）切换到【效果】面板，打开【视频过渡】文件夹，选择【溶解】下的【交叉溶解】过渡效果，将其拖曳至【序列】面板中两个素材之间，如图 3-153 所示。

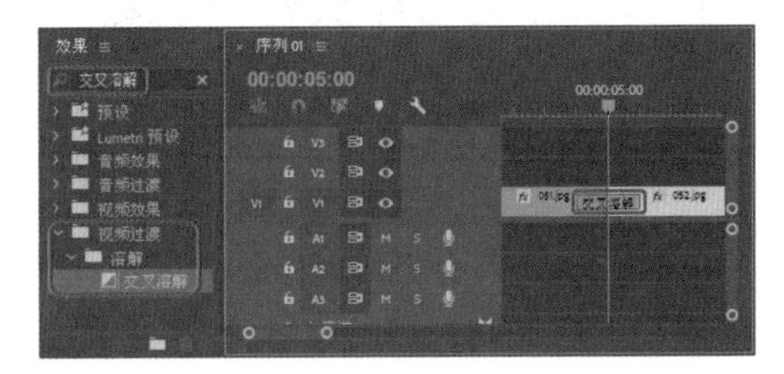

图 3-153

### 3.【胶片溶解】切换效果

【胶片溶解】过渡效果：使素材产生胶片朦胧的效果并切换至另一个素材，效果如图 3-154 所示。其操作步骤如下。

图 3-154

（1）新建项目和DV-PAL制式的标准48kHz的序列文件，在【项目】面板的空白处双击，弹出【导入】对话框，打开“素材\Cha03\053.jpg、054.jpg”素材文件，单击【打开】按钮即可导入素材。将导入的素材，拖曳到【序列】面板的视频轨道中，选中“053.jpg”素材文件，将当前时间设置为00:00:00:00，将【缩放】设置为50.0，如图3-155所示。

图 3-155

（2）选中“054.jpg”素材文件，将当前时间设置为00:00:05:00，将【缩放】设置为46.0，如图3-156所示。

图 3-156

（3）切换到【效果】面板，打开【视频过渡】文件夹，选择【溶解】下的【胶片溶解】过渡效果，将其拖曳至【序列】面板中两个素材之间，如图3-157所示。

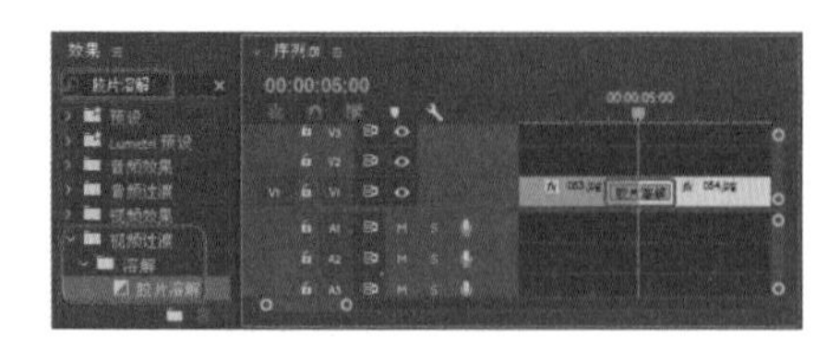

图 3-157

4.【非叠加溶解】切换效果

【非叠加溶解】过渡效果：图像A的明亮度映射到图像B，效果如图3-158所示。其操作步骤如下。

图 3-158

（1）新建项目和DV-PAL制式的标准48kHz的序列文件，在【项目】面板的空白处双击，弹出【导入】对话框，打开“素材\Cha03\055.jpg、056.jpg”素材文件，单击【打开】按钮即可导入素材。将导入的素材拖曳到【序列】面板的视频轨道中，选中“055.jpg”素材文件，将当前时间设置为00:00:00:00，将【缩放】设置为120.0，如图3-159所示。

图 3-159

（2）选中【056.jpg】素材文件，将当前时间设置为00:00:05:00，将【缩放】设置为

60，如图3-160所示。

图 3-160

（3）切换到【效果】面板打开【视频过渡】文件夹，选择【溶解】下的【非叠加溶解】过渡效果，将其拖至【序列】面板两个素材之间。如图3-161所示。

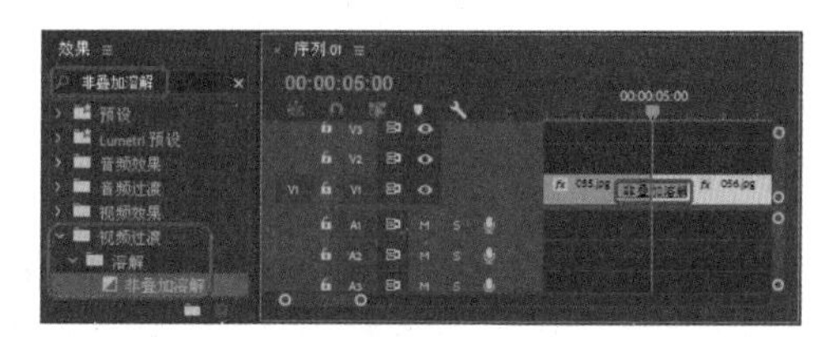

图 3-161

5.【叠加溶解】切换效果

【叠加溶解】过渡效果：图像A渐隐于图像B，效果如图3-162所示。其操作步骤如下。

图 3-162

（1）新建项目和DV-PAL制式的标准48kHz的序列文件，在【项目】面板的空白处双击，弹出【导入】对话框，打开“素材\Cha03\061.jpg、062.jpg”素材文件，单击【打开】按钮即可导入素材。将导入的素材拖曳到【序列】面板的视频轨道中，选中“061.jpg”素材文件，将当前时间设置为00:00:00:00，将【缩放】设置为50.0，如图3-163所示。

图 3-163

（2）选中“062 .jpg”素材文件，将当前时间设置为00:00:05:00，将【缩放】设置为45.0，如图3-164所示。

图 3-164

（3）切换到【效果】面板，打开【视频过渡】文件夹，选择【溶解】下的【叠加溶解】过渡效果，将其拖曳至【序列】面板中两个素材之间，如图3-165所示。

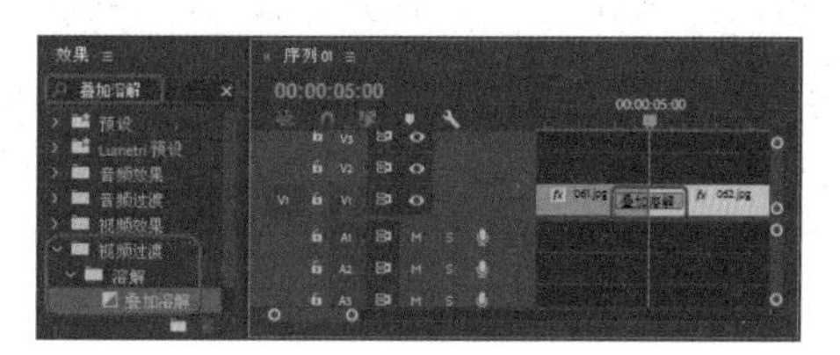

图 3-165

6.【白场过渡】切换效果

【白场过渡】过渡效果与【黑场过渡】过渡效果很相似，它可以使前一个素材逐渐变白，一个素材由白逐渐显示，效果如图 3-166 所示。其操作步骤如下。

图 3-166

（1）新建项目和 DV-PAL 制式的标准 48kHz 的序列文件，在【项目】面板的空白处双击，弹出【导入】对话框，打开“素材 \Cha03\057.jpg、058.jpg”素材文件，单击【打开】按钮即可导入素材。将导入的素材拖曳到【序列】面板的视频轨道中，选中“057.jpg”素材文件，将当前时间设置为 00:00:00:00，将【缩放】设置为 45.0，如图 3-167 所示。

图 3-167

（2）选中“058.jpg”素材文件，将当前时间设置为 00:00:05:00，将【缩放】设置为 40.0，如图 3-168 所示。

图 3-168

（3）切换到【效果】面板打开【视频过渡】文件夹，选择【溶解】下的【白场过渡】过渡效果，将其拖至【序列】面板两个素材之间。如图 3-169 所示。

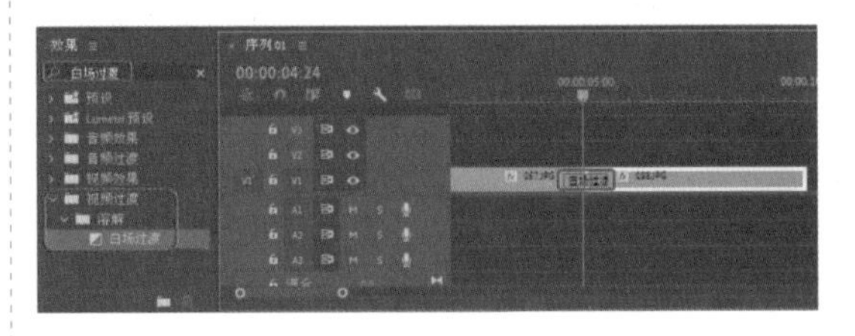

图 3-169

7.【黑场过渡】切换效果

【黑场过渡】过渡效果使前一个素材逐渐变黑，后一个素材由黑逐渐显示，效果如图 3-170 所示。其操作步骤如下。

（1）新建项目和 DV-PAL 制式的标准 48kHz 的序列文件，在【项目】面板的空白处双击，弹出【导入】对话框，打开“素材 \Cha03\059.jpg、060.jpg”素材文件，单击【打开】按钮即可导入素材。将导入的素材拖曳到【序列】面板的视频轨道中，选中“059.jpg”素材文件，将当前时间设置为 00:00:00:00，将【缩放】设置为 48.0，如图 3-171 所示。

图 3-170

图 3-171

（2）选中“060.jpg”素材文件，将当前时间设置为00:00:05:00，将【缩放】设置为40.0，如图 3-172 所示。

图 3-172

（3）切换到【效果】面板，打开【视频过渡】文件夹，选择【溶解】下的【黑场过渡】过渡效果，将其拖曳至【序列】面板中两个素材之间，如图 3-173 所示。

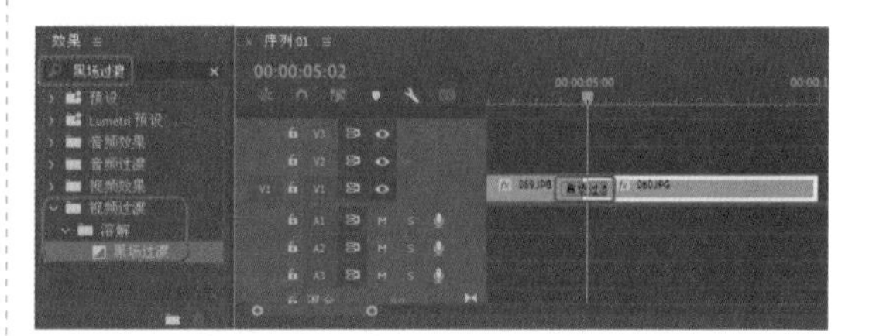

图 3-173

## 3.2.5 内滑

在【内滑】文件夹中共包括六种视频过渡效果，即【中心拆分】、【带状内滑】、【拆分】、【推】、【内滑】、【急摇】。

### 1.【中心拆分】切换效果

【中心拆分】过渡效果：图像 A 分成四部分，并内滑到角落以显示图像 B，效果如图 3-174 所示。其操作步骤如下。

图 3-174

（1）新建项目和 DV-PAL 制式的标准 48kHz 的序列文件，在【项目】面板的空白处双击，弹出【导入】对话框，打开“素材\Cha03\063.jpg、064.jpg”素材文件，单击【打开】按钮即可导入素材。将导入的素材拖曳到【序列】面板的视频轨道中，如图 3-175 所示。

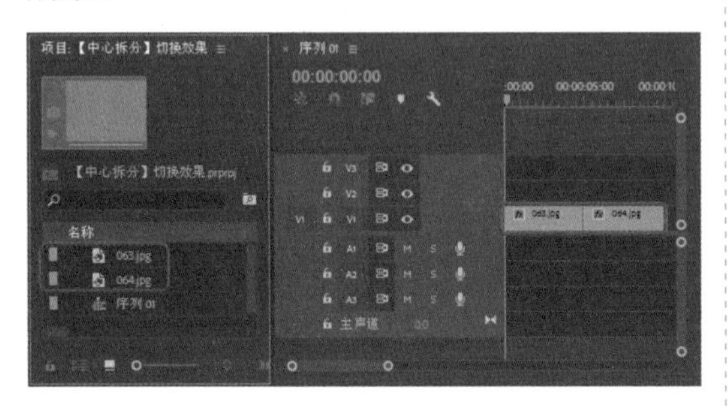

图 3-175

（2）切换到【效果】面板，打开【视频过渡】文件夹，选择【内滑】下的【中心拆分】过渡效果，如图 3-176 所示。

图 3-176

（3）将其拖曳至【序列】面板中两个素材之间，如图 3-177 所示。

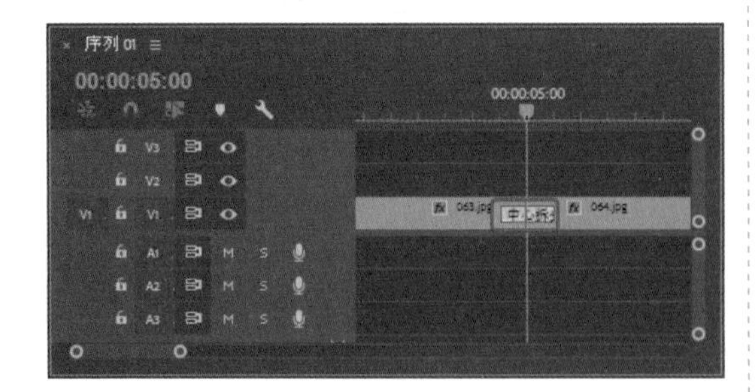


图 3-177

2.【带状内滑】切换效果

【带状内滑】过渡效果：图像 B 在水平、垂直或对角线方向上以条形滑入，逐渐覆盖图像 A，效果如图 3-178 所示。其操作步骤如下。

图 3-178

（1）新建项目和 DV-PAL 制式的标准 48kHz 的序列文件，在【项目】面板的空白处双击，弹出【导入】对话框，打开“素材\Cha03\065.jpg、066.jpg”素材文件，单击【打开】按钮即可导入素材。将导入的素材拖曳到【序列】面板的视频轨道中，选中“065.jpg”素材文件，将当前时间设置为 00:00:00:00，将【缩放】设置为 105.0，如图 3-179 所示。

图 3-179

（2）选中“066.jpg”素材文件，将当前时间设置为 00:00:05:00，将【缩放】设置为 110.0，如图 3-180 所示。

图 3-180

（3）切换到【效果】面板，打开【视频过渡】文件夹，选择【溶解】下的【带状内滑】过渡效果，将其拖曳至【序列】面板中两个素材之间，如图 3-181 所示。

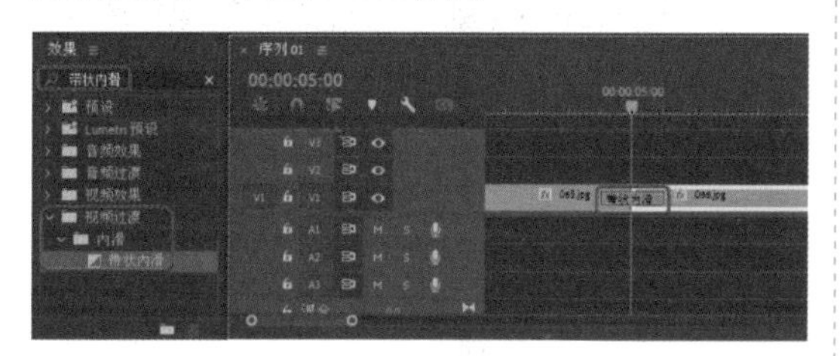

图 3-181

（4）切换到【效果控件】面板，中单击【自定义】按钮，打开【带状内滑设置】对话框，将【带数量】设置为 10，单击【确定】按钮，如图 3-182 所示。

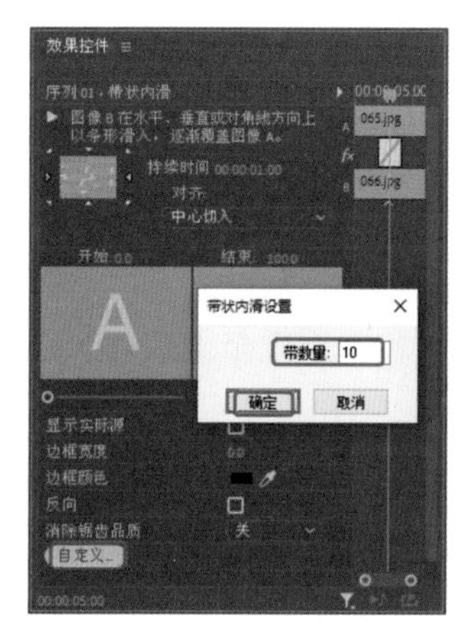

图 3-182

3.【拆分】切换效果

【拆分】过渡效果：图像 A 拆分并内滑到两边，并显示到图像 B。其操作步骤如下。

（1）新建项目和序列文件（DV-PAL 制式的标准 48kHz 文件），导入“素材\Cha03\067.jpg、068.jpg”素材文件，并将其拖曳到【序列】面板的视频轨道中。

（2）切换到【效果】面板，打开【视频过渡】文件夹，选择【内滑】下的【拆分】过渡效果，将其拖曳至【序列】面板中两个素材之间。

（3）按空格键进行播放。其过渡效果如图 3-183 所示。

图 3-183

4.【推】切换效果

【推】过渡效果：图像 B 将图像 A 推到一边，效果如图 3-184 所示。其操作步骤如下。

图 3-184

（1）新建项目和 DV-PAL 制式的标准 48kHz 的序列文件，在【项目】面板的空白处双击，弹出【导入】对话框，打开“素材\Cha03\069.jpg、070.jpg”素材文件，单击【打开】按钮即可导入素材。将导入的素材拖曳到【序列】面板的视频轨道中，如图 3-185 所示。

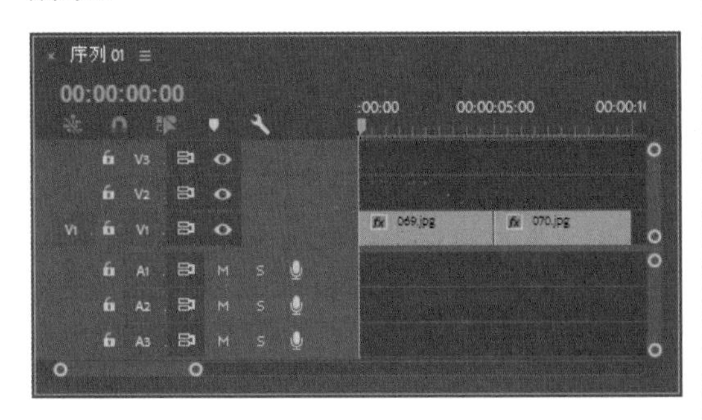


3-185

（2）切换到【效果】面板，打开【视频过渡】文件夹，选择【内滑】下的【推】过渡效果，如图 3-186 所示。

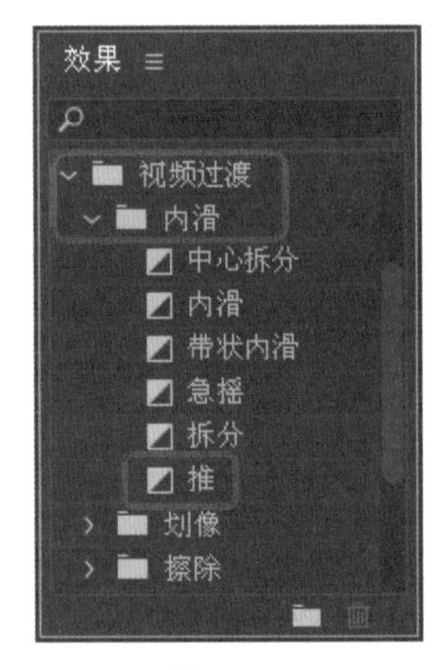


图 3-186

（3）将其拖曳至【序列】面板中两个素材之间，如图 3-187 所示。

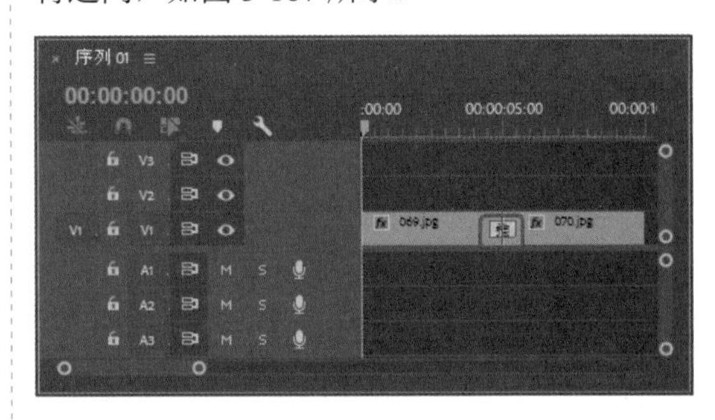


图 3-187

5.【内滑】切换效果

【内滑】过渡效果：图像 B 内滑到图像 A 上面。其操作步骤如下。

（1）新建项目和序列文件（DV-PAL 制式的标准 48kHz 文件），导入“素材\Cha03\071.jpg、072.jpg”素材文件，并将其拖曳到【序列】面板的视频轨道中。

（2）切换到【效果】面板，打开【视频过渡】文件夹，选择【内滑】下的【内滑】过渡效果，将其拖曳至【序列】面板中两个素材之间。

（3）按空格键进行播放。其过渡效果如图 3-188 所示。

图 3-188

6.【急摇】切换效果

【急摇】过渡效果：图像 A 和图像 B 交替闪烁，其操作步骤如下：

（1）新建项目和序列文件，打开“素材\Cha03\071.jpg、072.jpg”素材文件，并将其拖入【序列】面板中的视频轨道。

（2）切换到【效果】面板打开【视频过渡】文件夹，选择【内滑】下的【急摇】过渡效果，将其拖至【序列】面板两个素材之间。

（3）按空格键进行播放，可以观察素材急摇动画。

## 3.2.6 缩放

本节将讲解【缩放】文件夹的【交叉缩放】切换效果的使用。

【交叉缩放】过渡效果：图像 A 放大，图像 B 缩小，效果如图 3-189 所示。

图 3-189

（1）新建项目和 DV-PAL 制式的标准 48kHz 的序列文件，在【项目】面板的空白处双击，弹出【导入】对话框，打开“素材\Cha03\073.jpg、074.jpg”素材文件，单击【打开】按钮即可导入素材。将导入的素材拖曳至【序列】面板的 V1 视频轨道中，确定选中“073.jpg”素材文件，确定当前时间为 00:00:00:00，切换到【效果控件】面板，将【缩放】设置为 35.0，如图 3-190 所示。

图 3-190

（2）确定选中“074.jpg”素材文件，确定当前时间为 00:00:05:00，切换到【效果控件】面板，将【缩放】设置为 32.0，如图 3-191 所示。

（3）切换到【效果】面板，打开【视频过渡】文件夹，选择【缩放】下的【交叉缩放】过渡效果，如图 3-192 所示。

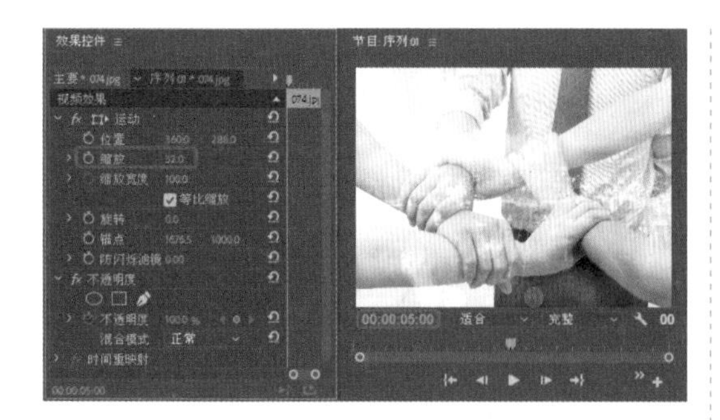

图 3-191

图 3-192

（4）将其拖曳至【序列】面板中两个素材之间，如图 3-193 所示。

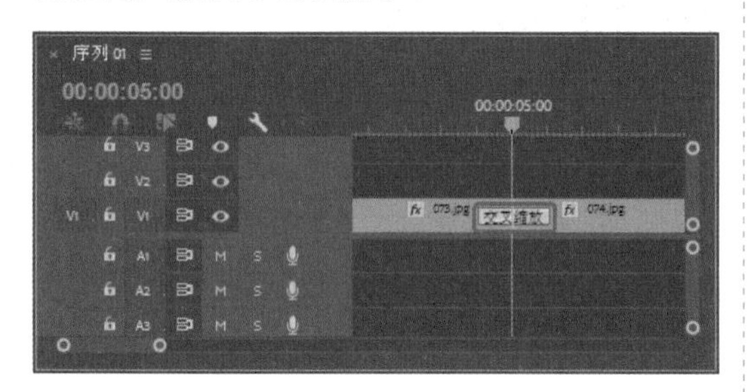


图 3-193

## 3.2.7 页面剥落

本节将讲解【页面剥落】中的转场特效，【页面剥落】文件夹下共包括两个转场特效，分别为【翻页】和【页面剥落】。

### 1.【翻页】切换效果

【翻页】过渡效果和下面的【页面剥落】过渡效果类似，但是素材卷起时，页面剥落部分仍旧是这一素材，如图 3-194 所示。其操作步骤如下。

图 3-194

（1）新建项目和 DV-PAL 制式的标准 48kHz 的序列文件，在【项目】面板的空白处双击，弹出【导入】对话框，打开“素材\Cha03\075.jpg、076.jpg”素材文件，单击【打开】按钮即可导入素材。将导入的素材拖曳至【序列】面板的 V1 视频轨道中，确定选中“075.jpg”素材文件，确定当前时间为 00:00:00:00，切换到【效果控件】面板，将【缩放】设置为 15.0，如图 3-195 所示。

图 3-195

（2）确定选中“076.jpg”素材文件，确定当前时间为 00:00:05:00，切换到【效果控件】面板，将【缩放】设置为 30.0，如图 3-196 所示。

图 3-196

（3）切换到【效果】面板，打开【视频过渡】文件夹，选择【页面剥落】下的【翻页】过渡效果，如图 3-197 所示。

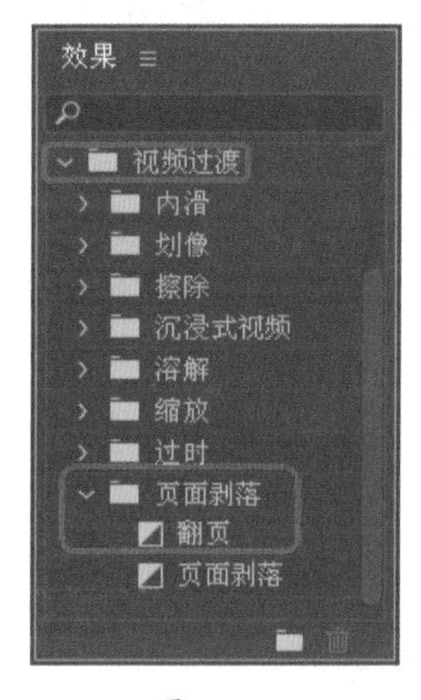


图 3-197

（4）将其拖曳至【序列】面板中两个素材之间，如图 3-198 所示。

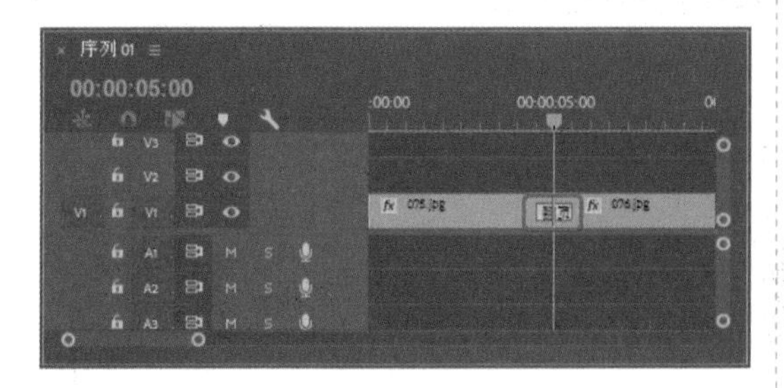


图 3-198

## 2.【页面剥落】切换效果

【页面剥落】过渡效果产生页面剥落转换的效果，如图 3-199 所示。

图 3-199

（1）新建项目和 DV-PAL 制式的标准 48kHz 的序列文件，在【项目】面板的空白处双击，弹出【导入】对话框，打开“素材\Cha03\077.jpg、078.jpg”素材文件，单击【打开】按钮即可导入素材。将导入的素材拖至【序列】面板的 V1 视频轨道中，确定选中“077.jpg”素材文件，确定当前时间为 00:00:00:00，切换到【效果控件】面板，将【缩放】设置为 45.0，如图 3-200 所示。

图 3-200

（2）确定选中“078.jpg”素材文件，确定当前时间为00:00:05:00，切换到【效果控件】面板，将【缩放】设置为18.0，如图3-201所示。

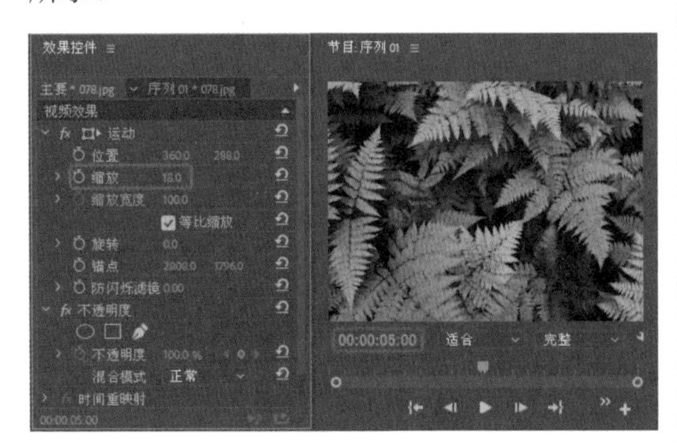

图 3-201

（3）切换到【效果】面板，打开【视频过渡】文件夹，选择【页面剥落】下的【页面剥落】过渡效果，如图3-202所示。

（4）将其拖曳至【序列】面板中两个素材之间，如图3-203所示。

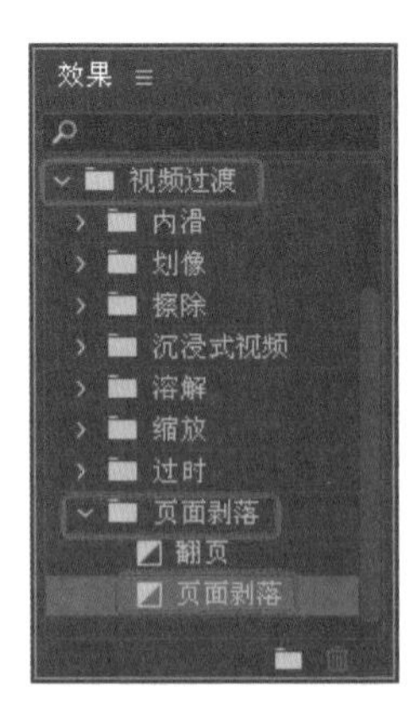


图 3-202

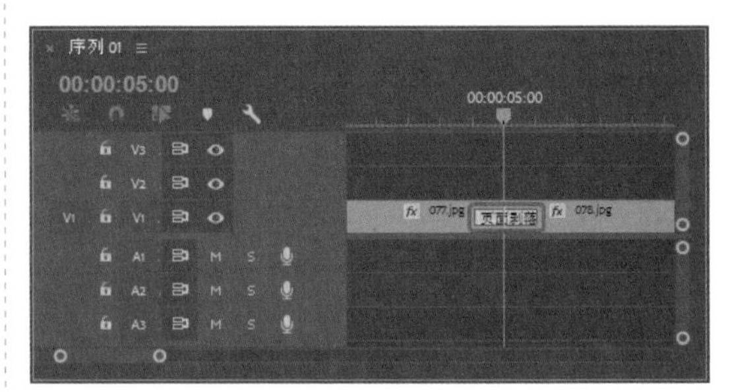


图 3-203

## 3.3 上机练习——百变面条

扫码看视频

下面将讲解如何通过添加过渡特效制作百变面条动画效果，如图3-204所示。

图 3-204

（1）新建项目文件和 DV-PAL 制式的标准 48kHz 的序列文件，在【项目】面板中导入“素材 \Cha03\ 云吞面 .jpg、刀削面 .jpg、扬州炒面 .jpg、油泼面 .jpg、荷兰豆鸡蛋炒面 .jpg”素材文件，如图 3-205 所示。

（2）将当前时间设置为 00:00:00:00，将“云吞面 .jpg”素材文件拖曳至 V1 轨道中，将【缩放】设置为 74.0，如图 3-206 所示。

（3）将当前时间设置为 00:00:05:00，将“刀削面 .jpg”素材拖曳至 V1 轨道中，将【缩放】设置为 110.0，如图 3-207 所示。

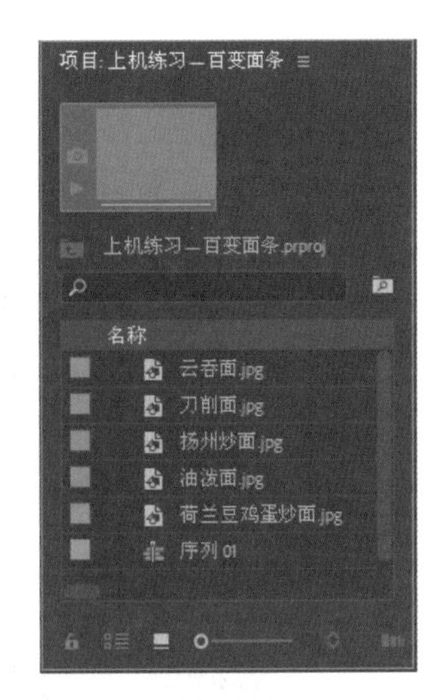


图 3-205

图 3-206

图 3-207

（4）将其余的素材文件拖曳至 V1 轨道中，并分别设置其【缩放】参数，如图 3-208 所示。

图 3-208

（5）在【效果】面板中搜索【带状内滑】特效，将其添加至“云吞面 .jpg”素材文件开始处，如图 3-209 所示。

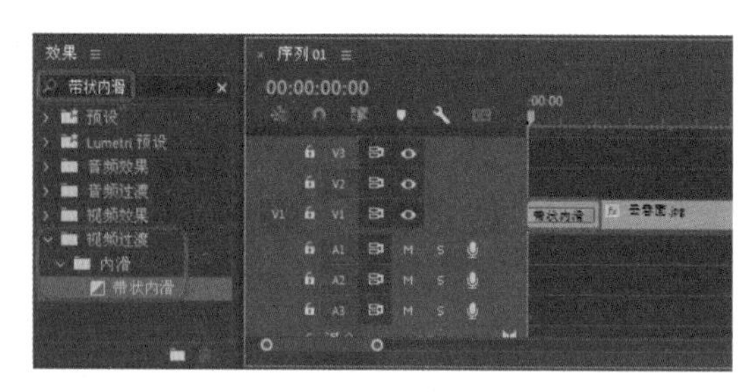

图 3-209

（6）搜索其他的切换特效，添加至 V1 轨道中，如图 3-210 所示。

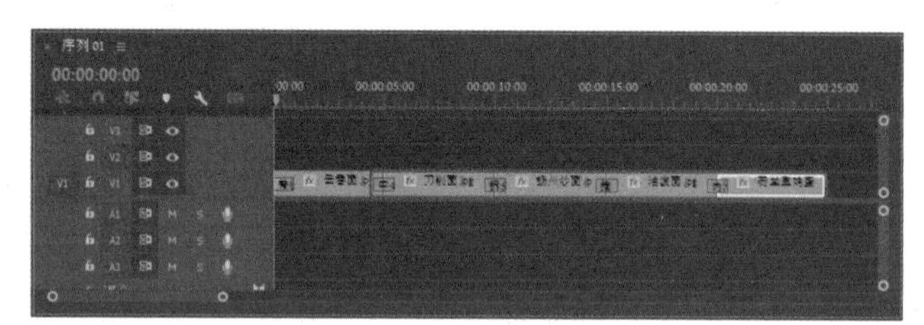

图 3-210

# 视频效果的应用

在影片上添加视频特效对于剪辑人员来说是非常重要的，视频特效对视频的好与坏起着决定性的作用，巧妙地为影片添加各式各样的视频特效可以使影片具有很强的视觉感染力。

## 4.1 使用关键帧控制效果

在动画制作的过程中，关键帧是必不可少的，在 3d Max、Flash 等软件制作的动画中，动画都是由不同的关键帧组成的，为不同的关键帧设置不同的效果可以达到丰富多彩的动画效果。

为了设置动画效果属性，必须激活属性的关键帧，在【效果控件】面板中可以添加并控制关键帧。

任何支持关键帧的效果属性都有【切换动画】按钮，单击该按钮可插入一个动画关键帧。插入关键帧（即激活关键帧）后，就可以添加和调整至素材所需的属性，如图 4-1 所示。

图 4-1

**知识链接：**

使用添加关键帧的方式可以创建动画并控制素材动画效果和音频效果，可通过关键帧查看属性的数值变化，如位置、不透明度等。当为多个关键帧赋予不同的值时，Premiere 会自动计算关键帧之间的值，这个处理过程称为插补。对于大多数标准效果，都可以在素材中设置关键帧。对于固定效果，比如位置和缩放，也可以设置关键帧，使素材产生动画。可以移动、复制或删除关键帧和改变插补的模式。

## 4.2 视频特效与特效操作

本节将详细介绍 Premiere Pro 2023 的视频特效，添加特效后，在【效果控件】面板中选择添加的特效，然后单击特效名称左侧的三角按钮，展开特效参数设置。

### 4.2.1 【变换】视频特效

在【变换】文件夹下，选择变换效果的视频特效。

#### 1. 【垂直翻转】特效

【垂直翻转】特效可以使素材上下翻转，该特效的选项组如图 4-2 所示。添加【垂直翻转】特效后的效果如图 4-3 所示。

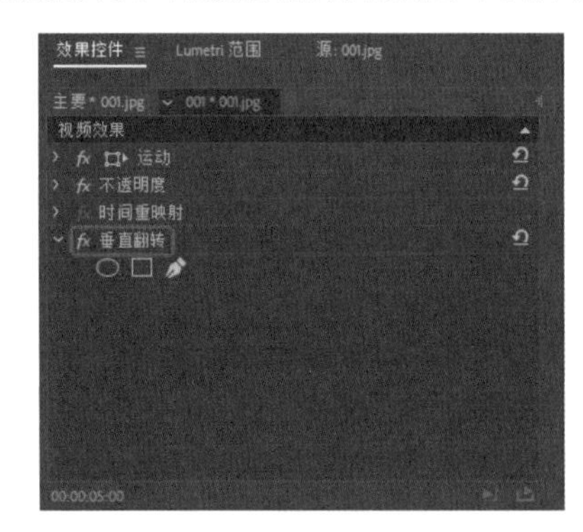


图 4-2

图 4-3

#### 2. 【水平翻转】特效

【水平翻转】特效可以使素材水平翻转，该特效的选项组如图 4-4 所示。添加【水平翻转】特效后的效果如图 4-5 所示。

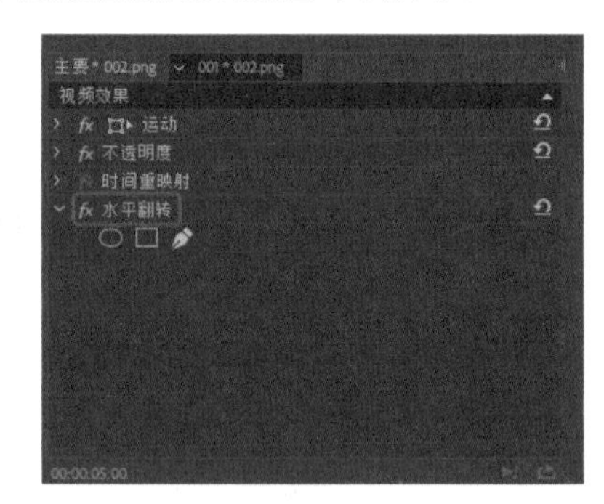


图 4-4

图 4-5

3. 【羽化边缘】特效

【羽化边缘】特效用于对素材片段的边缘进行羽化，该特效的选项组如图 4-6 所示。添加【羽化边缘】特效后的效果如图 4-7 所示。

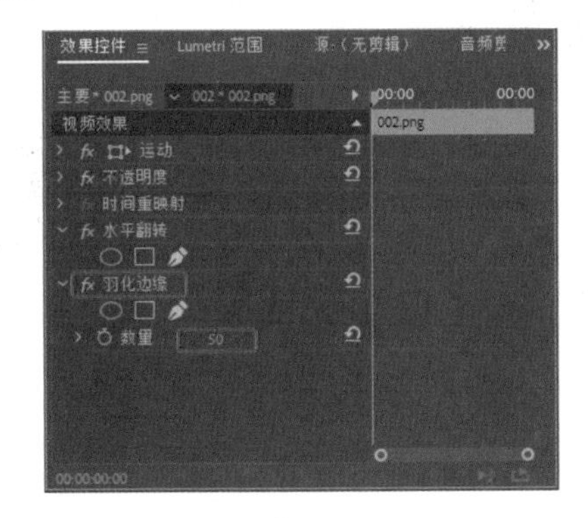


图 4-6

图 4-7

4. 【裁剪】特效

【裁剪】特效可以将素材边缘的像素剪掉，并可以自动将修剪过的素材尺寸变到原始尺寸，使用滑块控制可以修剪素材个别边缘，可以采用像素或图像百分比两种方式计算修剪范围。该特效的选项组如图 4-8 所示。添加【裁剪】特效后的效果如图 4-9 所示。

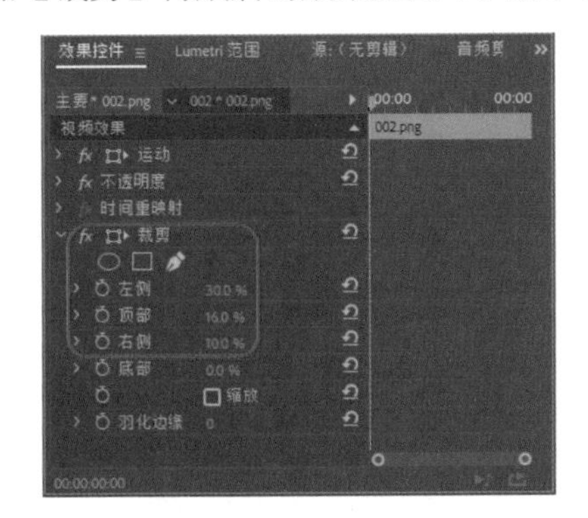


图 4-8

图 4-9

5. 【自动重构】特效

利用【自动重构】，可轻松快捷地调整视频的长宽比，该特效的选项组如图 4-10 所示。效果如图 4-11 所示。

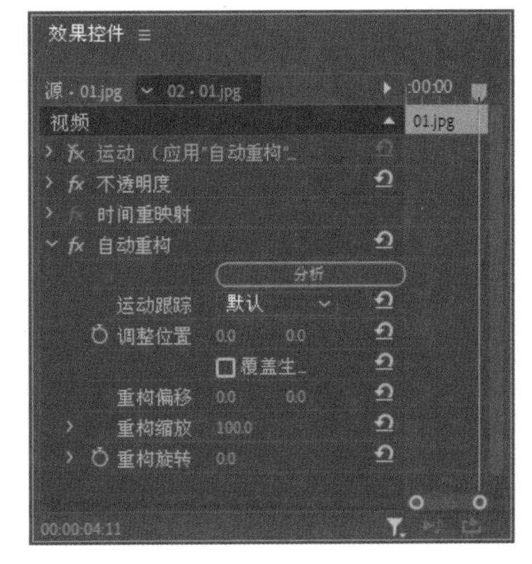


图 4-10

图 4-11

## 4.2.2 【图像控制】视频特效

在【图像控制】文件夹下，共包括 4 项图像色彩效果的视频特技效果。

### 1. Gamma Correction 特效

Gamma Correction 特效可以使素材渐渐变亮或变暗，应用 Gamma Correction 特效的操作如下。

（1）在【项目】面板的空白处双击，弹出【导入】对话框，在该对话框中选择“素材 \Cha04\ 03.jpg”素材文件，单击【打开】按钮即可导入素材，导入素材文件后如图 4-12 所示。

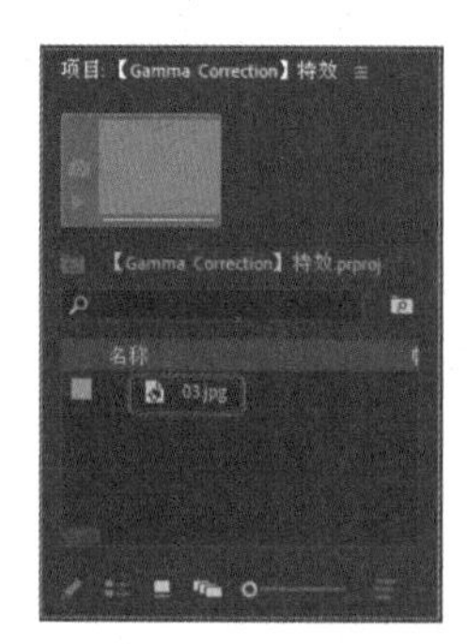


图 4-12

（2）新建 DV-PAL 制式的标准 48kHz 的序列，将导入的“03.jpg”素材图片添加至【序列】面板的 V1 轨道中，在轨道中选择素材图片，将【效果控件】面板的【缩放】设置为 47。打开【效果】面板，选择【效果】|【视频效果】|【图像控制】|Gamma Correction 特效，将其拖曳至 V1 轨道中的素材图片上，在【效果控件】面板中显示 Gamma Correction 选项组，如图 4-13 所示。

图 4-13

（3）将当前时间设置为 00:00:00:00，单击 Gamma 左侧的【切换动画】按钮。将当前时间设置为 00:00:04:00，将 Gamma 设置为 15，如图 4-14 所示。

图 4-14

（4）在【节目】面板中单击▶按钮，观看效果，如图 4-15 所示。

图 4-15

### 2. Color Pass 特效

Color Pass 特效：将素材转变成灰度，除了只保留一个指定的颜色外，使用这个效果可以突出素材的某个特殊区域。

（1）新建 DV-PAL 制式的标准 48kHz 序列，在【项目】面板的空白处双击，弹出【导入】对话框，在该对话框中选择“素材 \Cha04\ 04.jpg”素材文件，单击【打开】按钮，导入素材如图 4-16 所示。

图 4-16

（2）将导入的“04.jpg”素材图片添加至【序列】面板的 V1 轨道中，将【效果控件】面板的【缩放】设置为 50。打开【效果】面板，搜索 Color Pass 特效，将其拖曳至 V1 轨道中的素材图片上，在【效果控件】面板中显示 Color Pass 选项组，如图 4-17 所示。

图 4-17

（3）将 Similarity 设置为 60，如图 4-18 所示。添加完成后的效果如图 4-19 所示。

图 4-18

图 4-19

### 3. Color Replace 特效

Color Replace 特效可以将选择的 Color Replace 成一个新的颜色，且保持不变的灰度级。使用这个效果可以通过选择图像中一个物体的颜色，然后通过调整控制器产生一个不同的颜色，达到改变物体颜色的目的，效果如图 4-20 所示。

图 4-20

（1）新建一个项目文件，在【项目】面板空白处双击鼠标，在弹出的【导入】对话框中导入“素材 \Cha04\ 06.jpg”素材文件，选择完成后，单击【打开】按钮，导入素材文件如图 4-21 所示。

图 4-21

（2）在【项目】面板中选择导入的素材文件，按住鼠标将其拖曳至【序列】面板中。如图 4-22 所示。

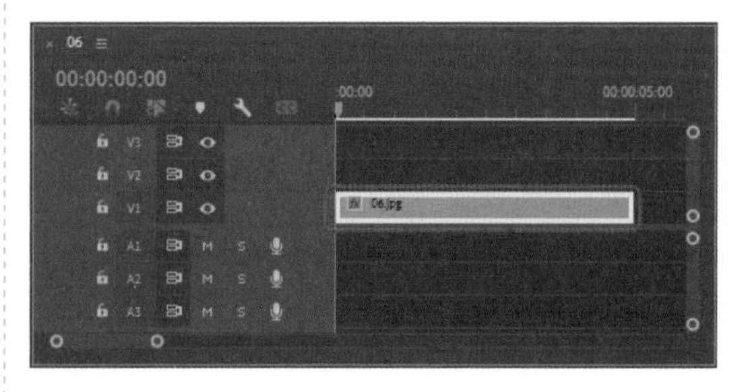


图 4-22

（3）打开【效果】面板，选择【视频效果】|【图像控制】| Color Replace | 特效，如图 4-23 所示。

图 4-23

（4）在【效果控件】面板中，将 Color Replace | Similarity 设置为 49，将 Replace Color 的 RGB 值设置为 0、255、30，如图 4-24 所示。

图 4-24

4.【黑白】特效

【黑白】特效可以将任何彩色素材变成灰度。源素材与添加特效后的对比效果如图 4-25 所示。

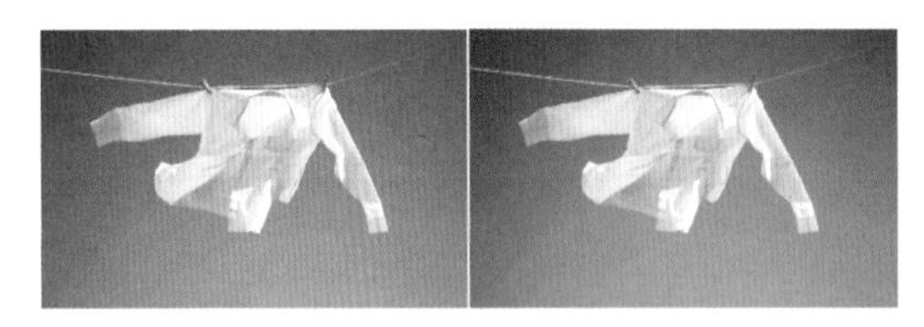

图 4-25

（1）新建一个项目文件，在【项目】面板的空白处双击，在弹出的【导入】对话框中选择“素材 \Cha04\ 07.jpg”素材文件，单击【打开】按钮即可导入素材。在【项目】面板中选择导入的素材文件，按住鼠标将其拖曳至【序列】面板中，如图 4-26 所示。

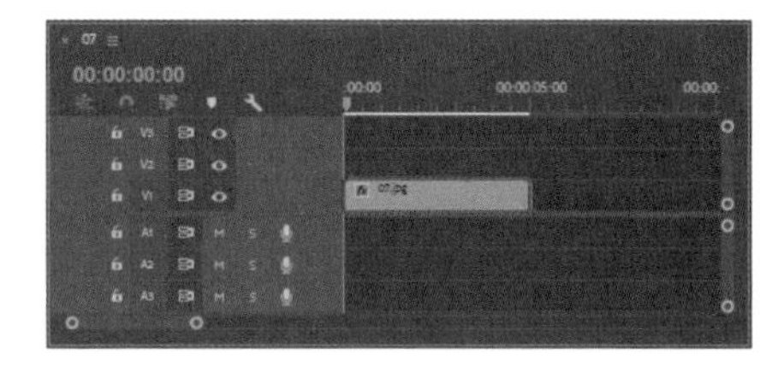

图 4-26

（2）打开【效果】面板，双击【视频效果】|【图像控制】|【黑白】特效，为图片即可添加黑白效果，如图 4-27 所示。

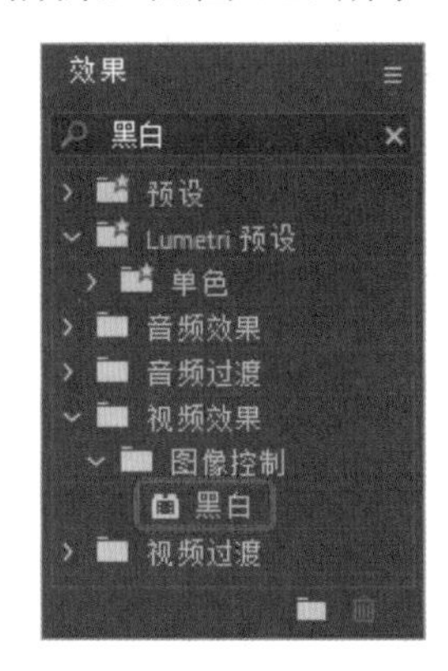


图 4-27

## 4.2.3 【实用程序】视频特效

在【实用程序】视频特效文件夹下，有一项电影转换效果的视频特技效果，即【Cineon 转换器】特效。

【Cineon 转换器】特效，提供一个高度数的 Cineon 图像的颜色转换器，该特效的选项组如图 4-28 所示。添加特效后的效果如图 4-29 所示。

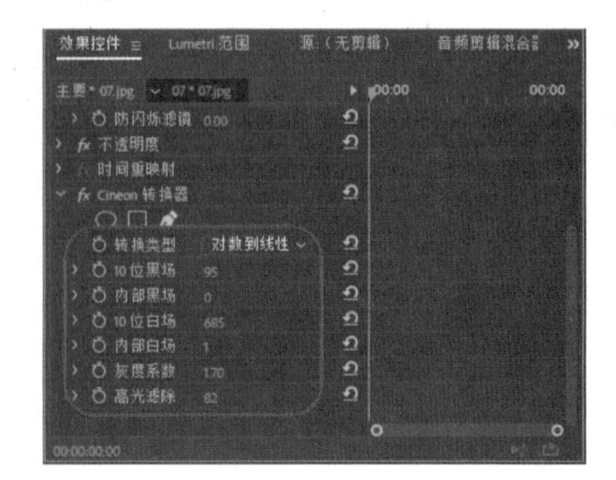

图 4-28

**知识链接：**

- 【Cineon 转换器】特效选项组中各项命令的说明如下。
- 【转换类型】：指定 Cineon 文件如何被转换。
- 【10 位黑场】：为转换为 10 位对数的 Cineon 层指定黑点（最小密度）。
- 【内部黑场】：指定黑点在层中如何使用。
- 【10 位白场】：为转换为 10 位对数的 Cineon 层指定白点（最大密度）。
- 【内部白场】：指定白点在层中如何使用。
- 【灰度系数】：指定中间色调值。
- 【高光滤除】：指定输出值校正高亮区域的亮度。

图 4-29

下面将通过简单的操作步骤来介绍如何使用【Cineon 转换】特效。

（1）导入“07.jpg”素材文件，将其拖曳至【序列】面板中，如图 4-30 所示。

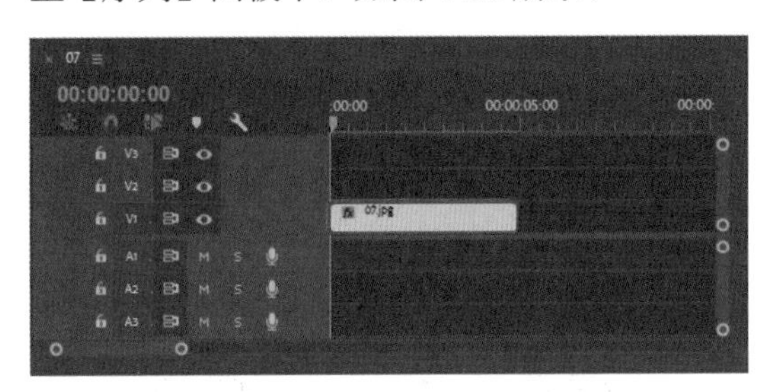


图 4-30

（2）在【效果控件】面板中调整其大小，确认该对象处于选中状态，激活【效果】面板，在【视频特效】文件夹中选择【实用程序】下的【Cineon 转换器】特效，如图 4-31 所示。

（3）双击该特效，为选中的对象添加特效。在【效果控件】面板中将【10 位黑场】设置为 95，将【内部黑场】设置为 0，将【10 位白场】设置为 685，将【内部白场】设置为 1，将【灰度系数】和【高光滤除】分别设置为 1.7、82，如图 4-32 所示。

图 4-31

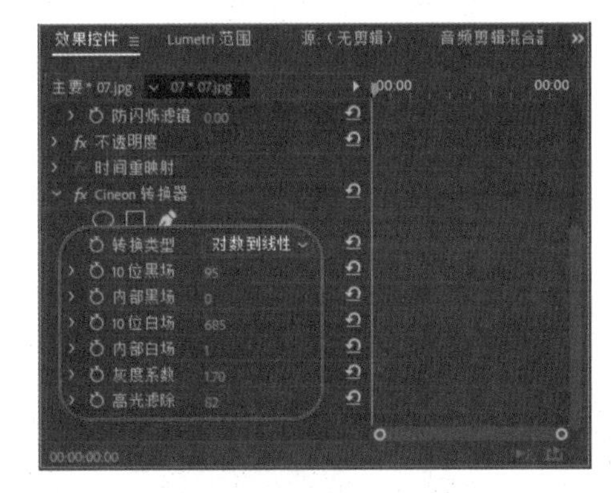


图 4-32

（4）设置完成后，用户可以在【节目】面板中查看效果，添加特效前后的效果如图 4-33 所示。

图 4-33

## 4.2.4 【扭曲】视频特效

在【扭曲】文件夹下，共有 12 项扭曲效果的视频特技效果。

### 1. Lens Distortion 特效

Lens Distortion（镜头畸变）效果能让画面产生镜头畸变的变形，如图 4-34 所示。在【效果控件】面板中可以设置不同的变形效果，如图 4-35 所示。

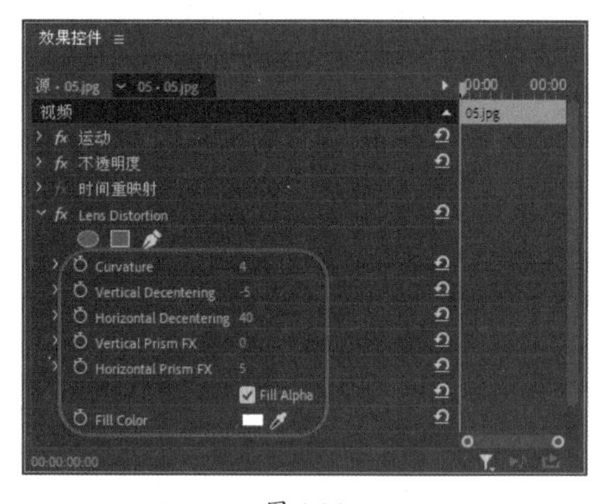


图 4-34

图 4-35

- Curvature（曲率）：用于控制画面变形的程度。
- Vertical Decentering（垂直偏移）：设置变形中心在垂直方位上的位移。
- Horizontal Decentering（水平偏移）：设置变形中心在水平方位上的位移。
- Fill Alpha（填充 Alpha）：默认勾选该选项，在画面变形后用颜色填充空出来的背景。
- Fill Color（填充颜色）：用于设置填充的颜色，默认为白色，如图 4-36 所示。

图 4-36

### 2. 【变形稳定器 VFX】特效

在添加【变形稳定器 VFX】效果之后，会在后台立即开始分析剪辑。当分析开始时，【项目】面板中会显示第一个栏（共两个），指示正在进行分析。当分析完成时，第二个栏会显示正在进行稳定的消息。效果如图 4-37 所示。

图 4-37

（1）导入“08.jpg”素材文件，将其拖曳至【序列】面板中，在【效果控件】面板中调整其大小。确认该对象处于选中状态，激活【效果】面板，在【视频特效】文件夹中选择【扭曲】下的【变形稳定器 VFX】特效，如图 4-38 所示。

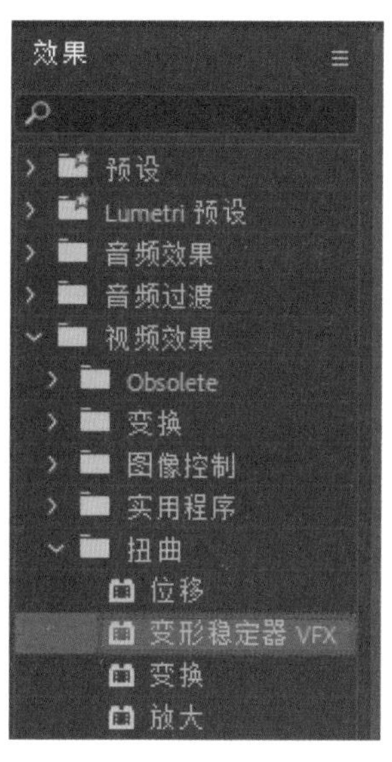


图 4-38

（2）双击该特效，为选中的对象添加特效，改特效的设置选项如图 4-39 所示。

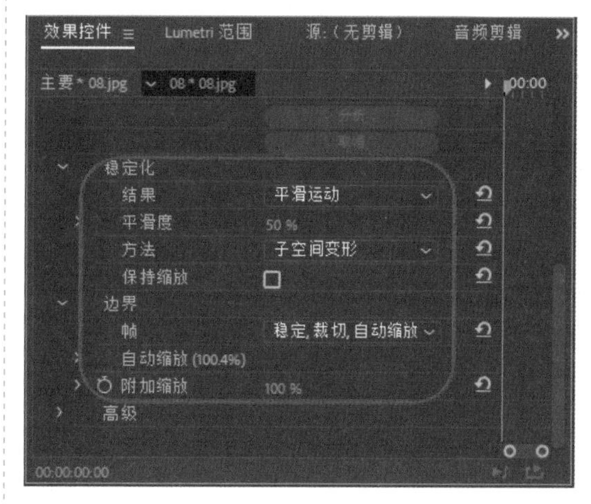


图 4-39

**知识链接：**

【Cineon 转换器】特效选项组中各项命令说明如下。

- 【稳定化】：利用稳定设置，可调整稳定过程。
- 【结果】：控制素材的预期效果（包括【平滑运动】或【不运动】两种）。
  - ◇ 【平滑运动】（默认）：保持原始摄像机的移动，以使其更平滑。选中该选项后，会启用【平滑度】来控制摄像机移动的平滑程度。
  - ◇ 【不运动】：尝试消除拍摄中的所有摄像机运动。选中该选项后，将在【高级】部分中禁用【更少裁切更多平滑】功能。该设置用于主要拍摄对象至少有一部分保持在正在分析的整个范围的帧中的素材。
- 【平滑度】：选择稳定摄像机原运动的程度。值越低越接近摄像机原来的运动，值越高越平滑。如果值在 100 以上，则需要对图像进行更多裁切。该选项在【结果】设置为【平滑运动】时启用。
  - ◇ 【方法】：指定变形稳定器为稳定素材而对其执行的最复杂的操作。
  - ◇ 【位置】：稳定仅基于位置数据，且这是稳定素材的最基本方式。
  - ◇ 【位置、缩放、旋转】：稳定基于位置、缩放及旋转数据。如果没有足够的区域用于跟踪，变形稳定器将选择上个类型（位置）。
- 【透视】：使用将整个帧边角有效固定的稳定类型。如果没有足够的区域用于跟踪，变形稳定器将选择上个类型（位置、缩放、旋转）。
  - ◇ 【子空间变形】（默认）：尝试以不同的方式将帧的各个部分变形以稳定整个帧。如果没有足够的区域用于跟踪，变形稳定器将选择上个类型（透视）。在任何给定帧上使用该方法时，根据跟踪的精度，剪辑中会发生一系列相应的变化。

## 知识链接（续）：

- 【边界】：边界设置调整为被稳定的素材处理边界（移动的边缘）的方式。
- 【帧】：控制边缘在稳定结果中如何显示。可将取景设置为以下内容之一。
  - ◇ 【仅稳定】：显示整个帧，包括运动的边缘。【仅稳定】显示为稳定图像而需要完成的工作量。使用【仅稳定化】将允许用户使用其他方法裁剪素材。选择此选项后，【自动缩放】部分和【更少裁切更多平滑】属性将处于禁用状态。
  - ◇ 【稳定、裁剪】：裁剪运动的边缘而不缩放。【稳定、裁剪】等同于使用【稳定、裁剪、自动缩放】并将【最大缩放】设置为 100%。启用此选项后，【自动缩放】部分将处于禁用状态，但【更少裁切更多平滑】属性仍处于启用状态。
  - ◇ 【稳定、裁剪、自动缩放】（默认）：裁剪运动的边缘，并扩大图像以重新填充帧。自动缩放由【自动缩放】部分的各个属性控制。
  - ◇ 【稳定、人工合成边缘】：使用时间上稍早或稍晚的帧中的内容填充由运动边缘创建的空白区域（通过【高级】部分的【合成输入范围】进行控制）。选择此选项后，【自动缩放】部分和【更少裁切更多平滑】将处于禁用状态。
- 【自动缩放】：显示当前的自动缩放量，并允许用户对自动缩放量设置限制。通过将取景设为【稳定、裁剪、自动缩放】可启用自动缩放。
  - ◇ 【最大缩放】：限制为实现稳定而按比例增加剪辑的最大量。
  - ◇ 【动作安全边距】：如果为非零值，则会在用户预计不可见的图像的边缘周围指定边界。因此，自动缩放不会试图填充它。
- 【附加缩放】：使用与在【变换】选项组下使用【缩放】属性相同的结果放大剪辑，但是避免对图像进行额外的重新取样。
- 【高级】：包括【详细分析】、【果冻效应波纹】、【更少裁切 <_> 更多平滑】、【合成输入范围】、【合成边缘羽化】、【合成边缘裁切】、【隐藏警告栏】选项。
  - ◇ 【详细分析】：当设置为开启时，会让下一个分析阶段执行额外的工作来查找要跟踪的元素。启用该选项时，生成的数据（作为效果的一部分存储在项目中）会更大且速度慢。
  - ◇ 【果冻效应波纹】：稳定器会自动消除与被稳定的果冻效应素材相关的波纹。【自动减小】是默认值。如果素材包含更大的波纹，请使用【增强减小】选项。要使用任一方法，请将【方法】设置为【子空间变形】或【透明】。
  - ◇ 【更少裁切 <_> 更多平滑】：在裁切时，控制当裁切矩形在被稳定的图像上方移动时该裁切矩形的平滑度与缩放之间的折衷。但是，较低值可实现平滑，并且可以查看图像的更多区域。设置为 100% 时，结果与用于手动裁剪的【仅稳定】选项相同。
  - ◇ 【合成输入范围】：由【稳定、人工合成边缘】取景使用，控制合成进程在时间上向后或向前走多远来填充任何缺少的像素。

**知识链接（续）：**

◇ 【合成边缘羽化】：为合成的片段选择羽化量。仅在使用【稳定、人工合成边缘】取景时，才会启用该选项。使用羽化控制可平滑合成像素与原始帧连接在一起的边缘。

◇ 【合成边缘裁切】：当使用【稳定、人工合成边缘】选项时，在将每个帧与其他帧进行组合之前对其边缘进行修剪。使用裁剪控制可剪掉在模拟视频捕获或低质量光学镜头中常见的多余边缘。默认情况下，所有边缘均设为零像素。

◇ 【隐藏警告栏】：如果即使有警告横幅指出必须对素材进行重新分析，用户也不希望对其进行重新分析，则使用此选项。

3.【偏移】特效

【偏移】特效是将原来的图片进行偏移复制，并通过【混合】进行显示图片上的图像，该特效的选项组如图 4-40 所示。添加该特效后的效果如图 4-41 所示。

图 4-40

图 4-41

4.【变换】特效

【变换】特效是对素材应用二维几何转换效果。使用【变换】特效可以沿任何轴向使素材歪斜。该特效的选项组如图 4-42 所示。添加该特效后的效果如图 4-43 所示。

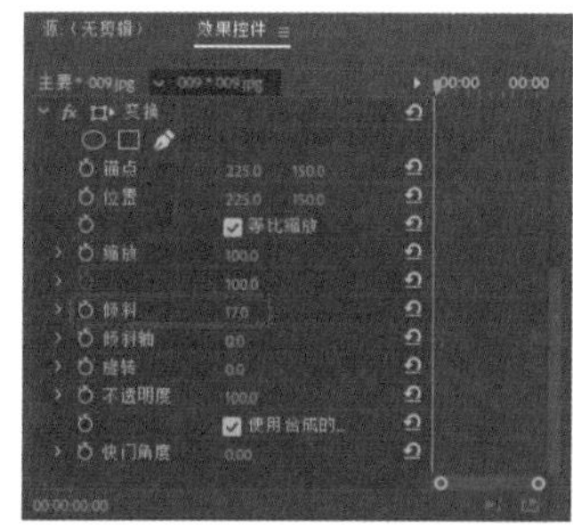

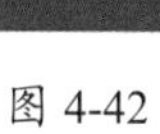

图 4-42

图 4-43

5.【放大】特效

【放大】特效可以将图像使局部呈圆形或方形放大，可以将放大的部分进行羽化、透明等设置。该特效的选项组如图 4-44 所示。添加该特效后的效果如图 4-45 所示。

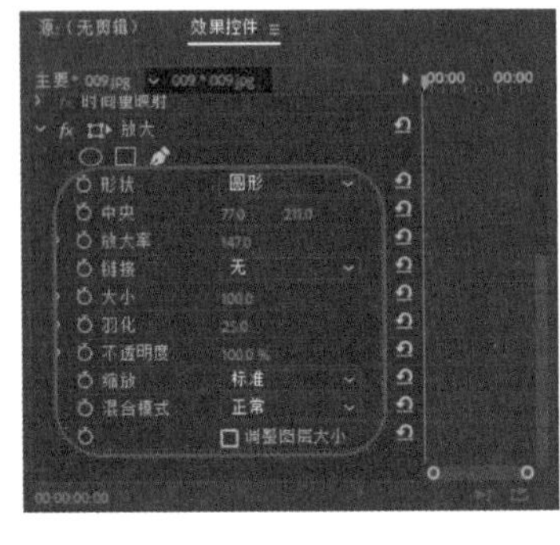


图 4-44

图 4-45

6.【旋转扭曲】特效

【旋转扭曲】特效可以使素材围绕它的中心旋转，形成一个漩涡。该特效的选项组如图 4-46 所示。添加该特效后的效果如图 4-47 所示。

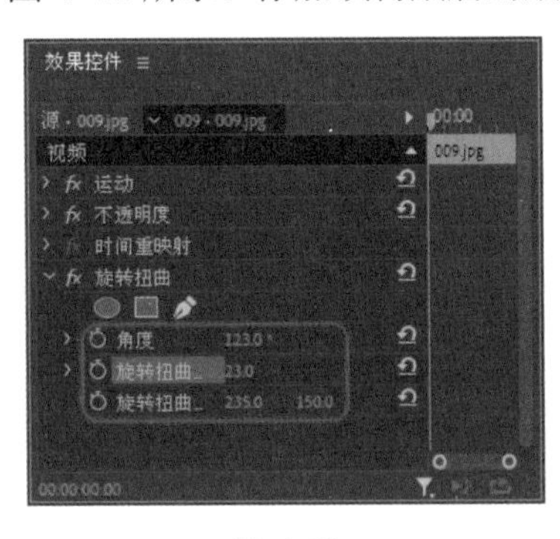

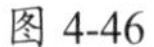
图 4-46

图 4-47

7.【果冻效应修复】特效

DSLR 及其他基于 CMOS 传感器的摄像机都有一个常见问题：在视频的扫描线之间通常有一个延迟时间。由于扫描之间的时间延迟，无法准确地同时记录图像的所有部分，导致果冻效应扭曲，如果摄像机或拍摄对象移动就会发生这些扭曲。

利用 Premiere Pro 中的【果冻效应修复】效果可以清除这些扭曲伪像，其产权说明如下。

- 【果冻效应比率】：指定帧速率（扫描时间）的百分比。DSLR 在 50%~70% 范围内，而 iPhone 接近 100%。调整果冻效应比率，直至扭曲的线变为竖直。
- 【扫描方向】：指定发生果冻效应扫描的方向。大多数摄像机从顶部到底部扫描传感器。对于智能手机，可颠倒或旋转式操作摄像机，这样可能需要不同的扫描方向。
- 【方法】：指示是否使用光流分析和像素运动重定时来生成变形的帧（像素运动），或者是否应该使用稀疏点跟踪及变形方法（变形）。
- 【详细分析】：在变形中执行更详细的点分析。在使用【变形】方法时可用。
- 【像素运动细节】：指定光流矢量场计算的详细程度。在使用【像素移动】方法时可用。

8.【波形变形】特效

【波形变形】特效可以使素材变形为波浪的形状。该特效的选项组如图 4-48 所示。添加特效后的效果如图 4-49 所示。

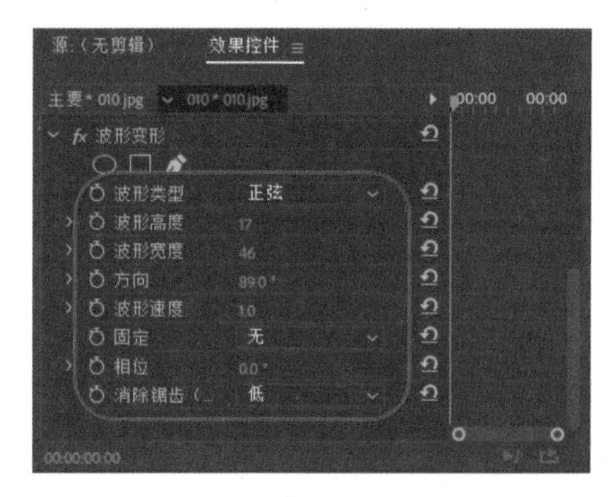


图 4-48

图 4-49

9.【球面化】特效

【球面化】特效将素材包裹在球形上，可以赋予物体和文字三维效果。该特效的选项组如图 4-50 所示。添加特效后的效果如图 4-51 所示。

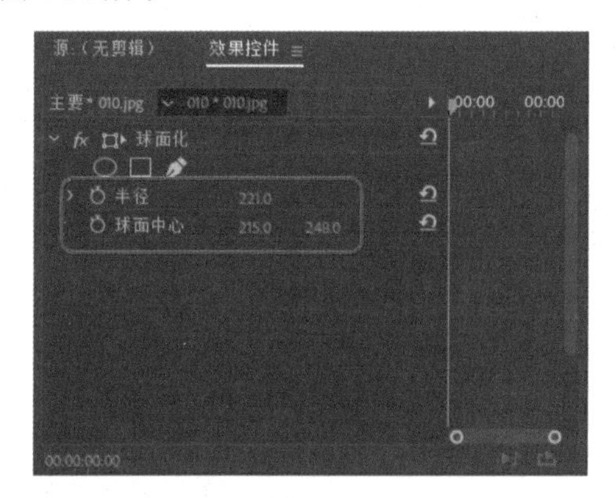


图 4-50

图 4-51

10.【湍流置换】特效

【湍流置换】特效可以使图片中的图像变形，该特效的选项组如图 4-52 所示。添加特效后的效果如图 4-53 所示。

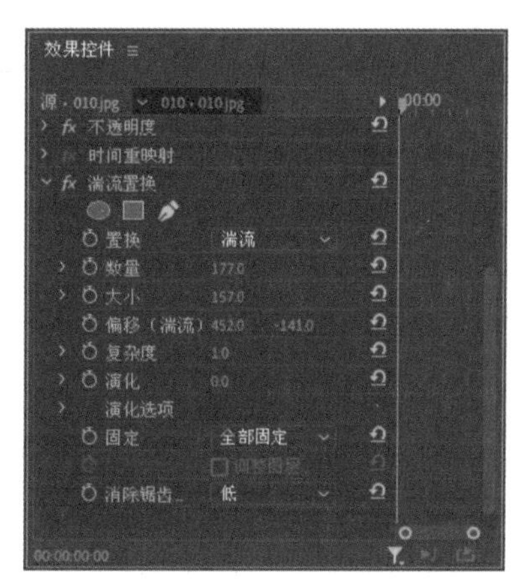


图 4-52

图 4-53

11.【边角定位】特效

【边角定位】特效是通过分别改变一个图像的四个顶点，而使图像产生变形，比如伸展、收缩、歪斜和扭曲，模拟透视或者模仿支点在图层一边的运动。该特效的选项组如图 4-54 所示。添加特效后的效果如图 4-55 所示。

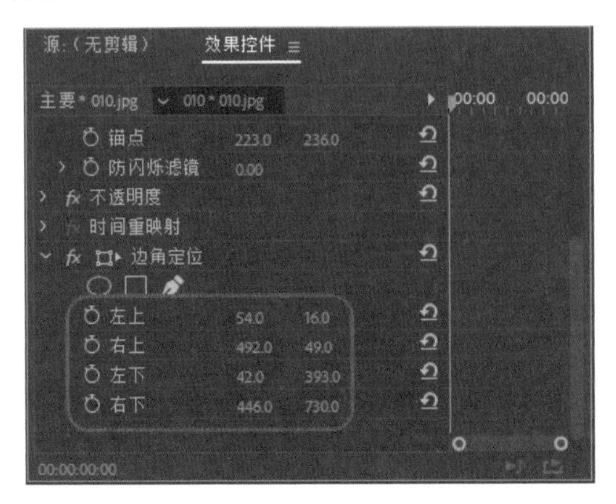


图 4-54

图 4-55

12.【镜像】特效

【镜像】特效用于将图像沿一条线裂开并将其中一边反射到另一边。反射角度决定哪一边被反射到什么位置，可以随时间改变镜像轴线和角度。下面将介绍如何应用【镜像】特效，具体操作步骤如下。

（1）新建一个项目文件，在【项目】面板的空白处双击，在弹出的【导入】对话框中选择“素材 \Cha04\ 011.jpg”素材文件，单击【打开】按钮即可导入素材。在【项目】面板中选择导入的素材文件，如图 4-56 所示。

（2）按住鼠标左键将其拖曳至【序列】面板中，选中该对象并右击，在弹出的快捷菜单中选择【缩放为帧大小】命令，如图 4-57 所示。

图 4-56

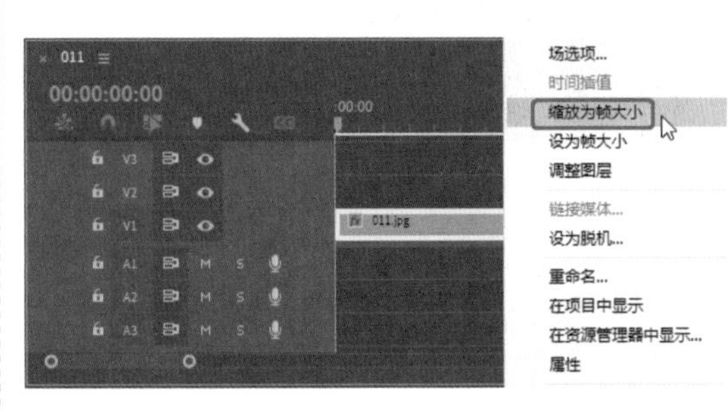


图 4-57

（3）在【效果控件】面板中将【位置】设置为 911、660，将【缩放】设置为 112，如图 4-58 所示。

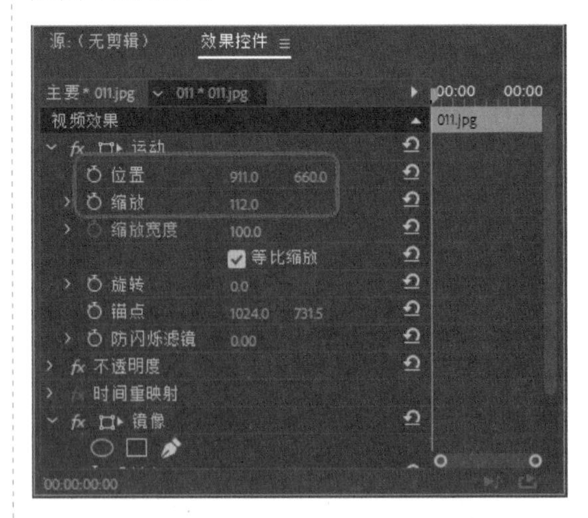


图 4-58

（4）选择 V1 轨道上的素材文件，打开【效果】面板，在【视频效果】文件夹中选择【扭曲】下的【镜像】特效，如图 4-59 所示。

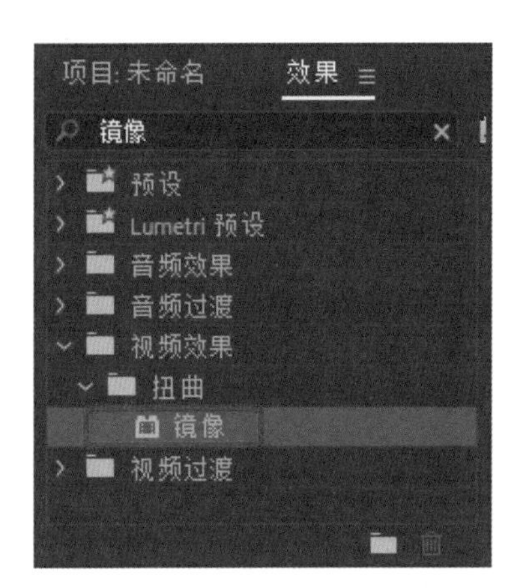


图 4-59

（5）双击该特效，在【效果控件】面板中将【镜像】选项组中的【反射中心】设置为 1048.0、0.0，将【反射角度】设置为 0.0°，如图 4-60 所示。

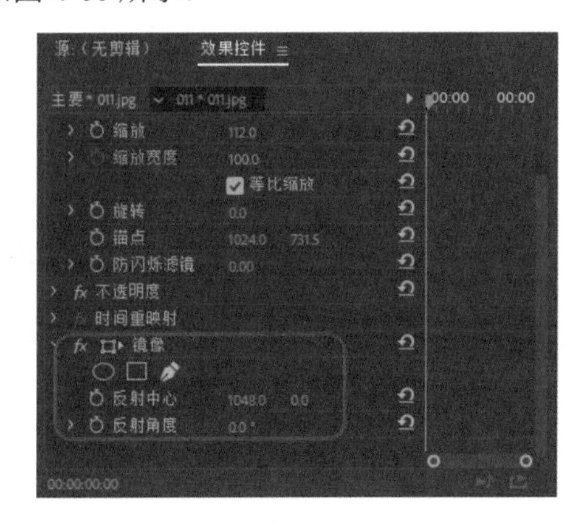


图 4-60

（6）设置完成后，即可对选中的对象进行镜像，效果如图 4-61 所示。

图 4-61

## 4.2.5 【时间】视频特效

在【时间】文件夹下，共有 2 项时间变形效果的视频特技效果。

1.【色调分离时间】特效

【色调分离时间】特效在旧版本的 Premiere Pro 中叫做【抽帧时间】，可以使画面在播放时产生抽帧现象，在【效果控件】面板中设置【帧速率】可以控制每秒显示的静帧数，如图 4-62 所示。

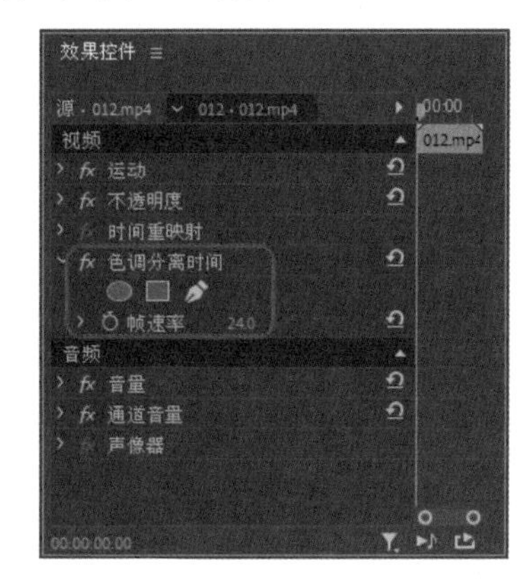


图 4-62

2.【残影】特效

【残影】特效可以混合一个素材中很多不同的时间帧。它的用处很多，从一个简单的视觉回声到飞奔的动感效果的设置，在这里我们需要使用视频文件，读者可以自己找一个视频文件对其进行设置。该特效的选项组如图 4-63 所示，添加特效后的效果如图 4-64 所示。

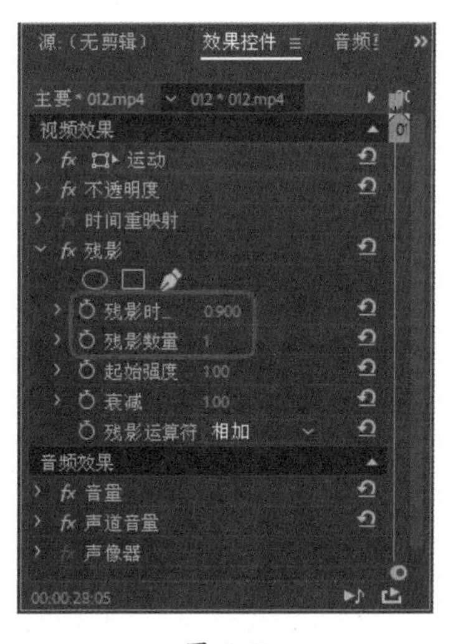


图 4-63

图 4-64

## 4.2.6 【杂色】视频特效

【杂色】特效将未受影响的素材中像素中心的颜色赋予每一个分片，其余的分片将被赋予未受影响的素材中相应范围的平均颜色。该特效的选项组如图 4-65 所示。效果如图 4-66 所示。

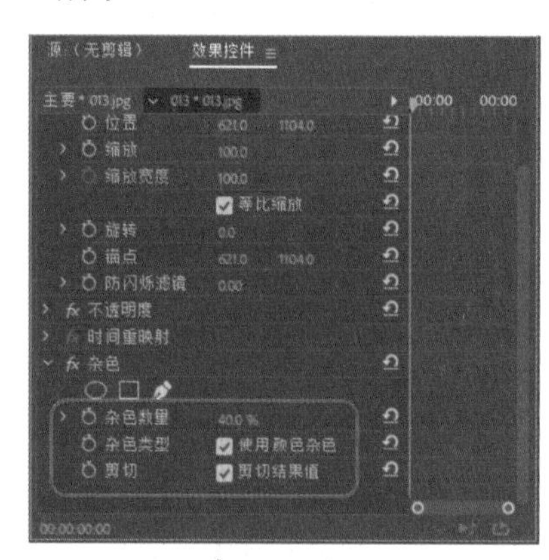


图 4-65

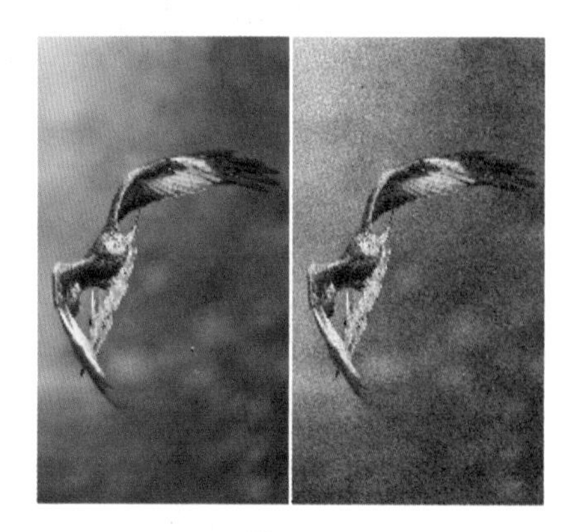

图 4-66

## 4.2.7 【模糊和锐化】视频特效

【模糊和锐化】类视频效果可以让剪辑画面变得模糊或锐利。

### 1. Camera Blur 特效

Camara Blur（摄像机模糊）效果可以实现拍摄过程中的虚焦效果。在“效果控件”面板中通过设置 Percent Blur（百分比模糊）数值控制画面的模糊程度，该特效的选项组如图 4-67 所示。效果如图 4-68 所示。

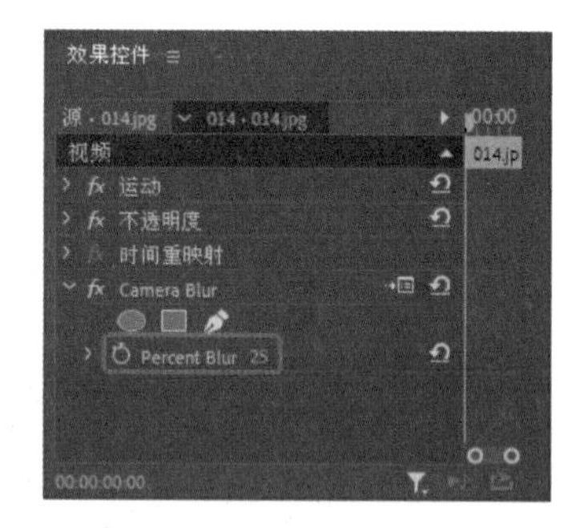


图 4-67

图 4-68

### 2. 【减少交错闪烁】特效

【减少交错闪烁】特效可以为使素材全面模糊，随着柔和度参数增大，画面模糊越强，该特效的选项组如图 4-69 所示。效果如图 4-70 所示。

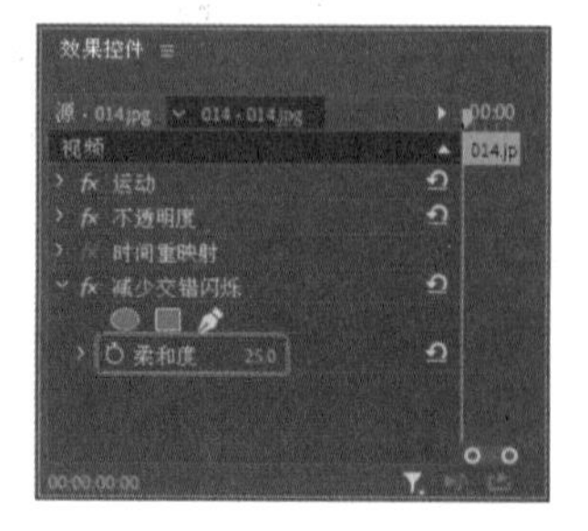


图 4-69

图 4-70

3.【方向模糊】特效

【方向模糊】特效是对图像选择一个有方向性的模糊，为素材添加运动感觉，该特效的选项组如图 4-71 所示。效果如图 4-72 所示。

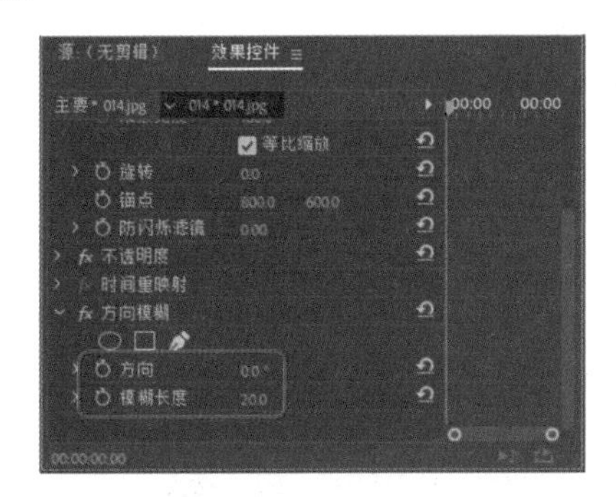


图 4-71

图 4-72

4.【钝化蒙版】特效

【钝化蒙版】特效能够将图片中模糊的地方变亮，该特效的选项组如图 4-73 所示。添加特效后的效果如图 4-74 所示。

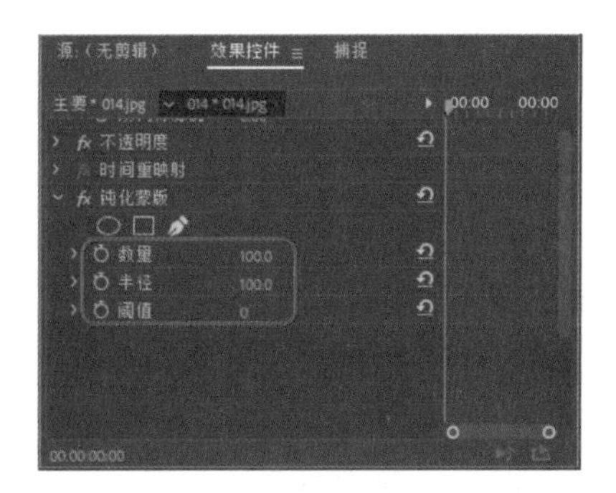


图 4-73

图 4-74

5.【锐化】特效

【锐化】特效将未受影响的素材中像素中心的颜色赋予每一个分片，其余的分片被赋予未受影响的素材中相应范围内的平均颜色，该特效的选项组如图 4-75 所示。添加特效后的效果如图 4-76 所示。

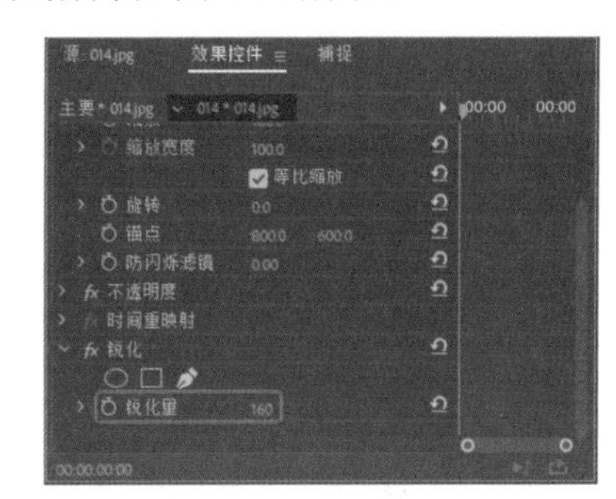


图 4-75

图 4-76

6.【高斯模糊】特效

【高斯模糊】特效能够模糊和柔化图像并能消除噪波。可以指定模糊的方向为水平、垂直或双向，该特效的选项组如图 4-77 所示。效果如图 4-78 所示。

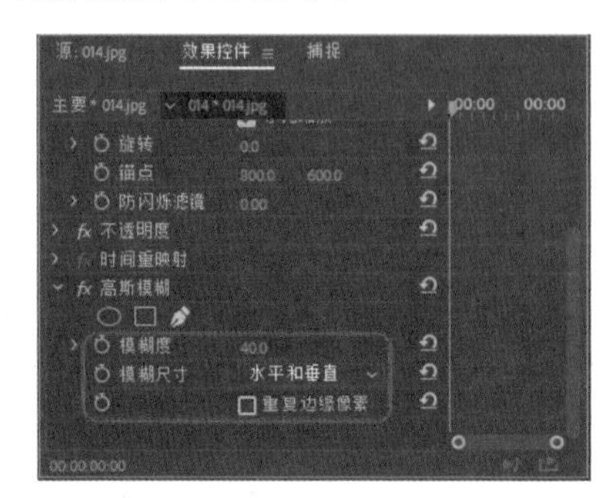


图 4-77

图 4-78

## 4.2.8 【生成】视频特效

在【生成】文件夹下，共包括 4 项生成效果的视频特技效果。

1.【四色渐变】特效

【四色渐变】特效可以使图像产生 4 种混合渐变颜色，该特效的选项组如图 4-79 所示，效果如图 4-80 所示。

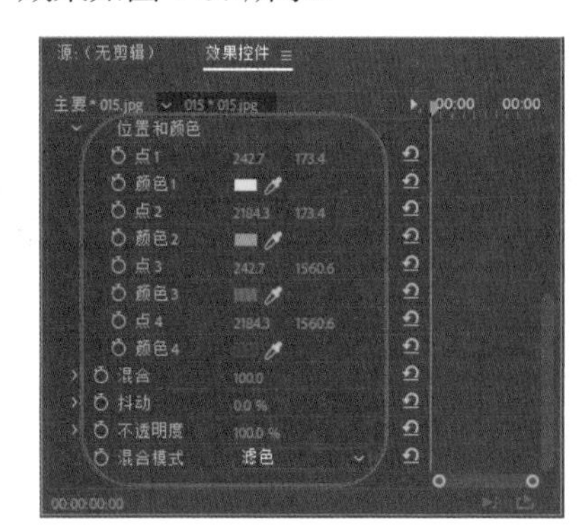


图 4-79

图 4-80

2.【渐变】特效

【渐变】特效能够产生一个颜色渐变，并能够与源图像内容混合。可以创建线性或放射状渐变，并可以随着时间改变渐变的位置和颜色。该特效的选项组如图 4-81 所示，添加特效后的效果如图 4-82 所示。

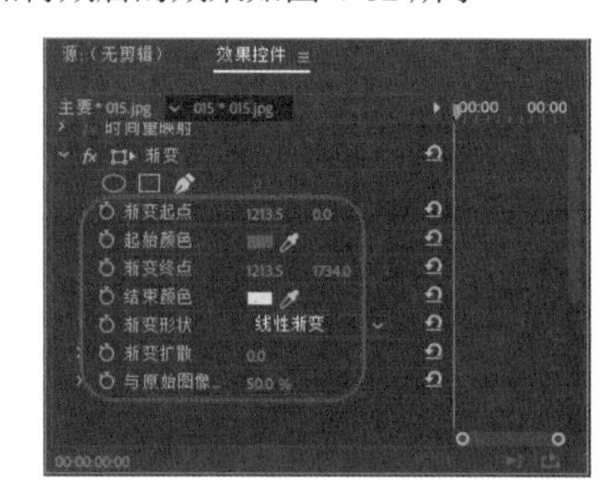


图 4-81

图 4-82

3.【镜头光晕】特效

【镜头光晕】特效能够产生镜头光斑效果，当亮光透过摄像机镜头时的折射会产生这一效果。

下面将通过简单的操作步骤来介绍如何应用【镜头光晕】特效。

（1）新建一个项目文件，在【项目】面板的空白处双击鼠标，在弹出的【导入】对话框中选择“素材 \Cha04\017.jpg”素材文件，单击【打开】按钮即可导入素材。在【项目】面板中选择导入的素材文件，如图 4-83 所示。

图 4-83

（2）按住鼠标左键将其拖曳至【序列】面板中，如图 4-84 所示。

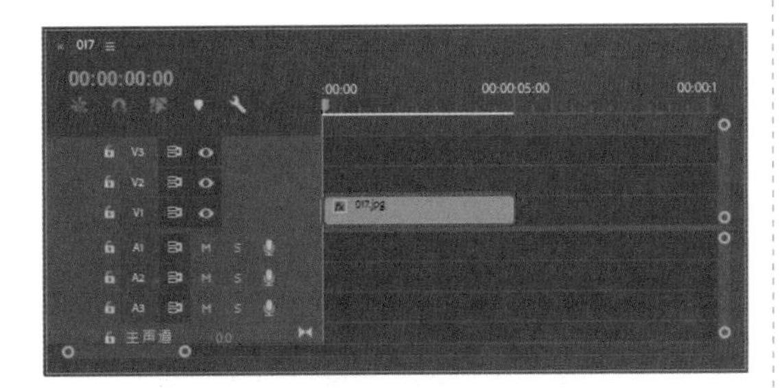


图 4-84

（3）选中该对象，在【效果控件】面板中将【缩放】设置为 110，缩放后的效果如图 4-85 所示。

图 4-85

（4）激活【效果】面板，在【视频效果】文件夹中选择【生成】下的【镜头光晕】特效，如图 4-86 所示。

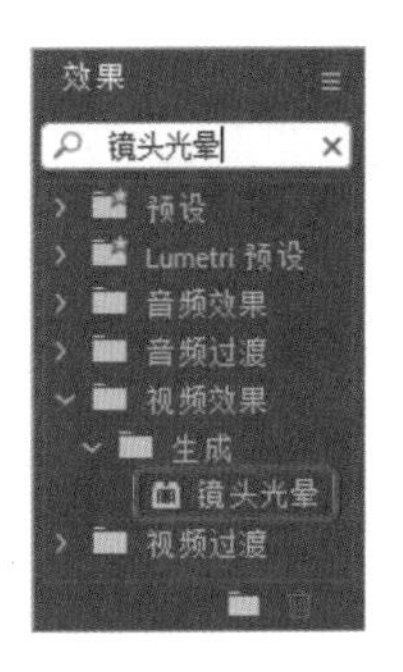


图 4-86

（5）双击该特效，为选中的对象添加该特效。将当前时间设置为 00:00:00:00，在【效果控件】面板中单击【光晕中心】左侧的【切换动画】按钮，将【光晕中心】设置为 143、80，如图 4-87 所示。

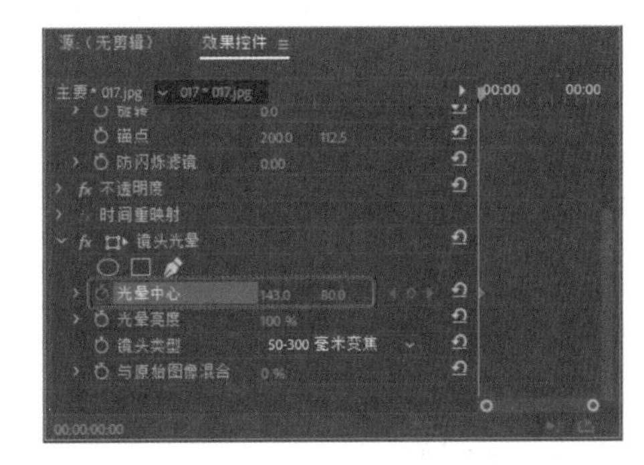


图 4-87

（6）在【序列】面板中将当前时间设置为 00:00:04:24，如图 4-88 所示。

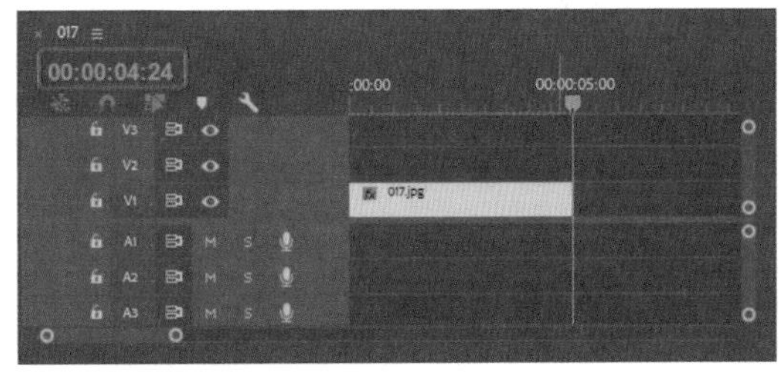


图 4-88

（7）在【效果控件】面板中将【光晕中心】设置为 384、80，如图 4-89 所示。

（8）按空格键查看效果，其效果如图 4-90 所示。

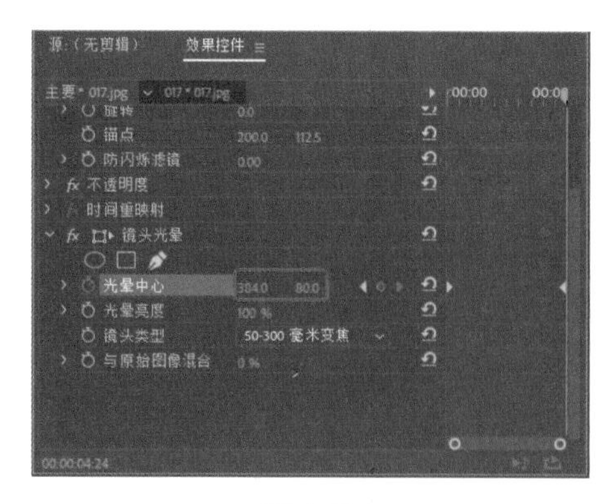

图 4-89

图 4-90

4.【闪电】特效

【闪电】特效用于产生闪电和其他类似放电的效果，不用关键帧就可以自动产生动画。该特效的选项组如图 4-91 所示。添加该特效后的效果如图 4-92 所示。

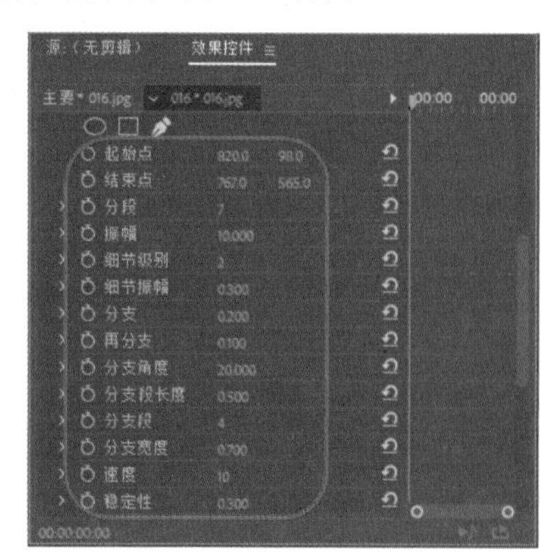

图 4-91

图 4-92

## 4.2.9 【视频】特效

下面将讲解【视频】选项卡下常用的剪辑视频特效。

1.【剪辑名称】特效

【剪辑名称】特效可以根据【效果控件】中指定的位置、大小和透明度渲染节目中的剪辑名称。该特效的选项组如图 4-93 所示，添加特效后的效果如图 4-94 所示。

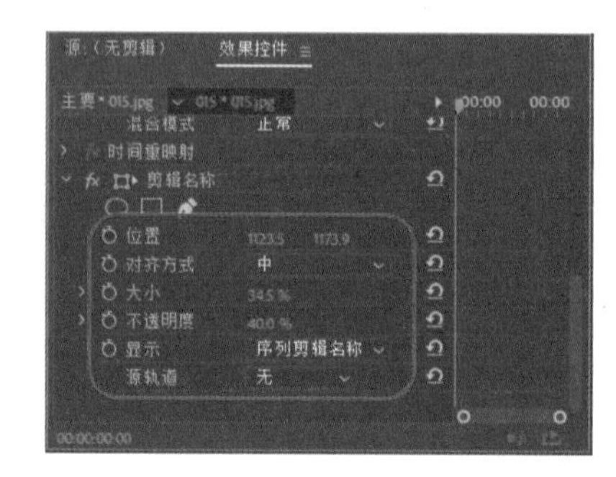

图 4-93

图 4-94

2.【时间码】特效

【时间码】特效可以将素材边缘的像素剪掉，并可以自动将修剪过的素材尺寸变到原始尺寸。使用滑块控制可以修剪素材个别边缘。可以采用像素或图像百分比两种方式计算修剪范围。该特效的选项组如图 4-95 所示，添加特效后的效果如图 4-96 所示。

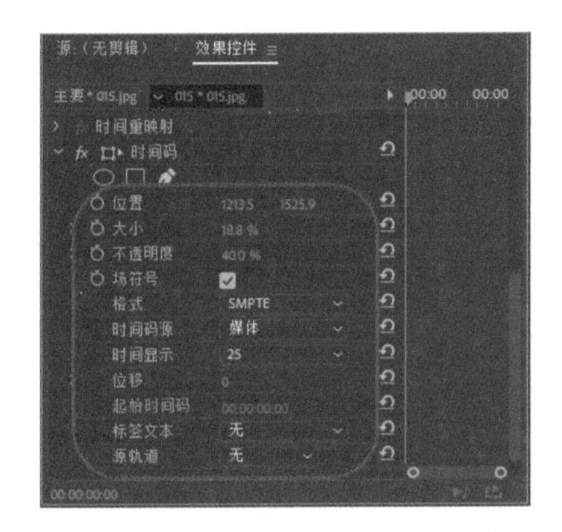


图 4-95

图 4-96

## 4.2.10 【调整】特效

在调整文件夹下，可选择使用有调节效果的视频特效。

### 1. ProcAmp 特效

ProcAmp 特效可以分别调整影片的亮度、对比度、色相和饱和度。该特效的选项组如图 4-97 所示。添加特效后的效果如图 4-98 所示。

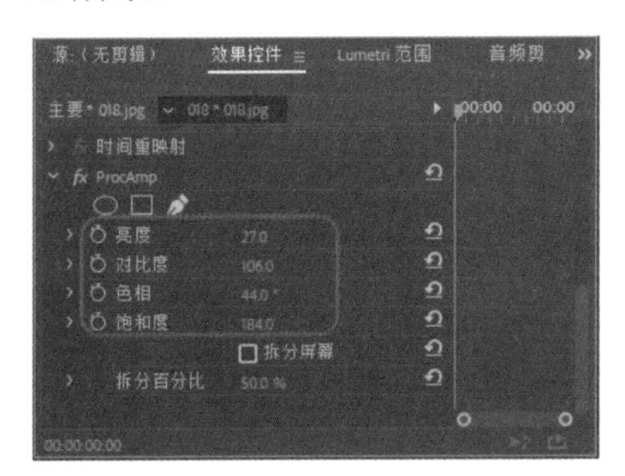


图 4-97

- 【亮度】：用于控制图像亮度。
- 【对比度】：用于控制图像对比度。
- 【色相】：用于控制图像色相。

图 4-98

- 【饱和度】：用于控制图像颜色饱和度。
- 【拆分百分比】：该参数被激活后，可以调整范围，对比调节前后的效果。

### 2. 【光照效果】特效

【光照效果】特效可以在一个素材上同时添加 5 个灯光特效，并可以调节它们的属性，包括灯光类型、照明颜色、中心、主半径、次要半径、角度、强度和聚焦；还可以控制表面光泽和表面材质；也可引用其他视频片段的光泽和材质。该特效的选项组如图 4-99 所示。添加特效后的对比效果如图 4-100 所示。

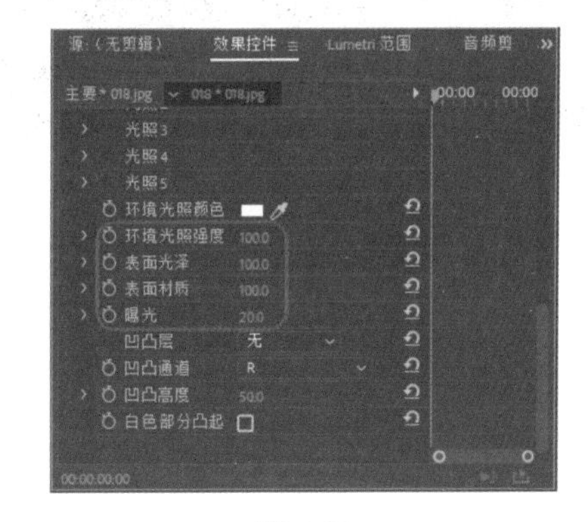


图 4-99

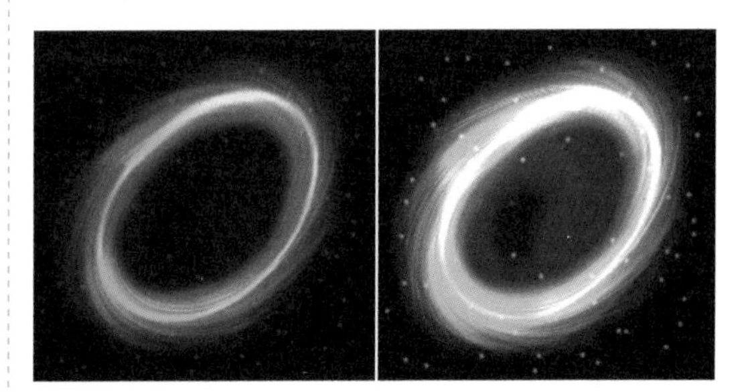

图 4-100

### 3. Extract 特效

Extract 特效是从视频片段中析取颜色，然后通过设置灰色的范围控制影像的显示，如图 4-101 所示。添加特效后的对比效果如图 4-102 所示。

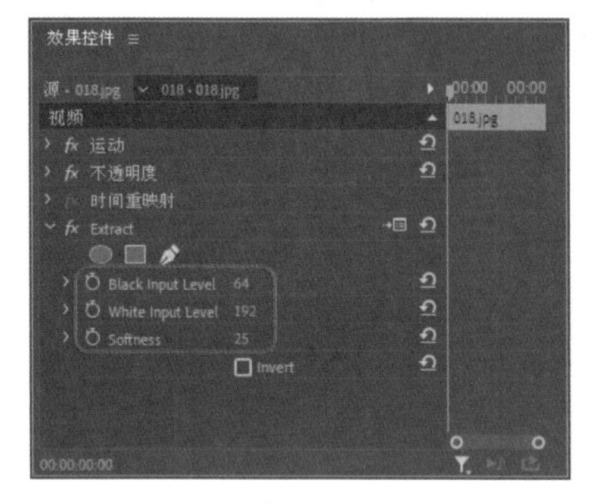


图 4-101

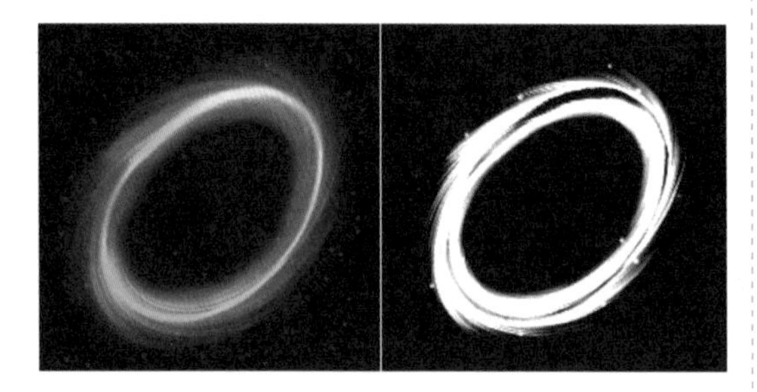

图 4-102

### 4. Levels 特效

Levels 特效可以控制影视素材片段的亮度和对比度。单击选项组中 Levels 右侧的按钮，弹出【色阶设置】对话框，如图 4-103 所示。如图 4-104 所示为应用该特效前后的效果对比。

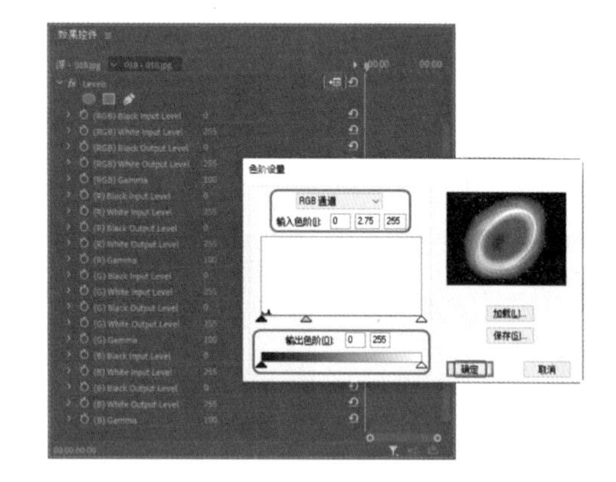


图 4-103

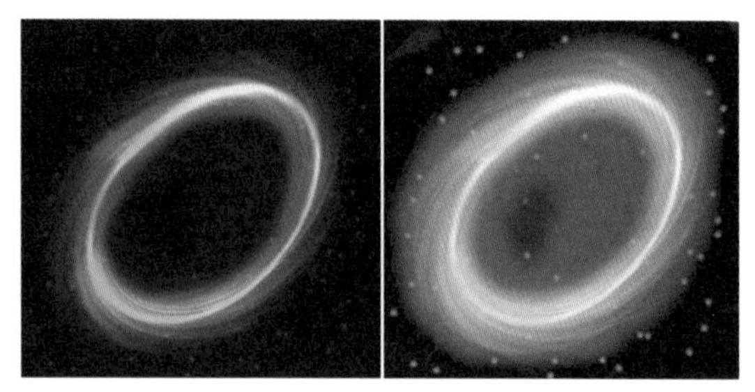

图 4-104

**知识链接：**

- 在【通道选择】下拉列表框中，可以选择调节影视素材片段的 R 通道、G 通道、B 通道及统一的 RGB 通道。
- 【输入色阶】：当前画面帧的输入灰度级显示为柱状图。柱状图的横向 X 轴代表了亮度数值，从左边的最黑（0）到右边的最亮（255）；纵向 Y 轴代表了在某一亮度数值上总的像素数目。将柱状图下的黑三角形滑块向右拖动，可使影片变暗，向左拖动白色滑块可增加亮度，拖动灰色滑块可以控制中间色调。
- 【输出色阶】：使用【输出色阶】输出水平栏下的滑块可以减少影视素材片段的对比度。向右拖动黑色滑块可以减少影视素材片段中的黑色数值；向左拖动白色滑块可以减少影视素材片段中的亮度数值。

## 4.2.11　过时特效

在过时文件夹下，共包括有 49 项过渡效果的视频特技效果。

### 1. Color Balance（RGB）特效

Color Balance（RGB）特效可以按 RGB 颜色模式调节素材的颜色，达到校色的目的，下面将通过简单的操作步骤讲解 Color Balance（RGB）特效的应用方法，具体操作如下。

（1）新建一个项目文件，在【项目】面板空白处双击鼠标，在弹出的【导入】对话框中导入“素材 \Cha04\05.jpg”素材文件，单击【打开】按钮，新建 DV-PAL 制式的标准 48kHz 序列，将导入的“05.jpg”素材图片添加至【序列】面板中的 V1 轨道中，如图 4-105 所示。

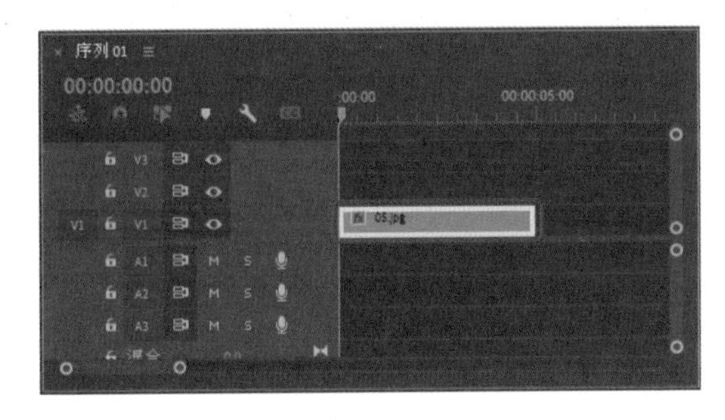


图 4-105

（2）选中该对象，在【效果控件】中将【缩放】设置为 50，如图 4-106 所示。

图 4-106

（3）打开【效果】面板，选择【视频效果】|【过时】|Color Balance（RGB）特效，如图 4-107 所示。

图 4-107

（4）双击该特效，为选中的对象添加特效，再在【效果控件】中将【红色】、【绿色】、【蓝色】分别设置为 157、111、128，如图 4-108 所示。

图 4-108

（5）设置完成后，在【节目】面板中查看其前后的效果，如图 4-109 所示。

图 4-109

### 2. Convolution Kernel 特效

Convolution Kernel 特效根据数学卷积分的运算来改变素材中每个像素的值。在【效果】选项组中，Convolution Kernel 特效的选项组如图 4-110 所示。添加特效后的对比效果如图 4-111 所示。

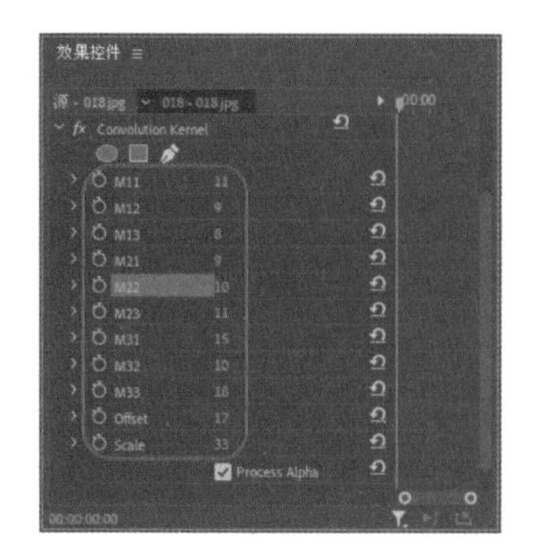


图 4-110

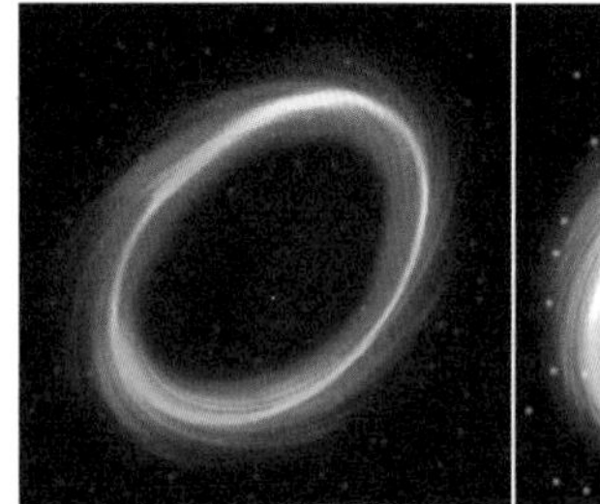

图 4-111

### 3. 【RGB 曲线】特效

【RGB 曲线】特效使用曲线针对每个颜色通道来调整剪辑的颜色。每条曲线允许在整个图像的色调范围内调整多达 16 个不同的点。通过使用【辅助颜色校正】控件，还可以指定要校正的颜色范围。该特效的选项组如图 4-112 所示。添加特效后的效果如图 4-113 所示。

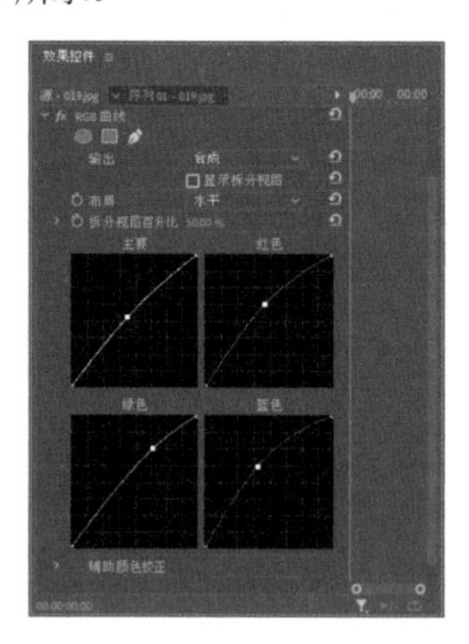

图 4-112

图 4-113

### 4. 【RGB 颜色校正器】特效

【RGB 颜色校正器】特效将调整应用于用户为高光、中间调和阴影定义的色调范围，从而调整剪辑中的颜色。此效果可用于分别对每个颜色通道进行色调调整。通过使用【辅助颜色校正】控件，还可以指定要校正的颜色范围。该特效的选项组如图 4-114 所示。添加特效后的效果如图 4-115 所示。

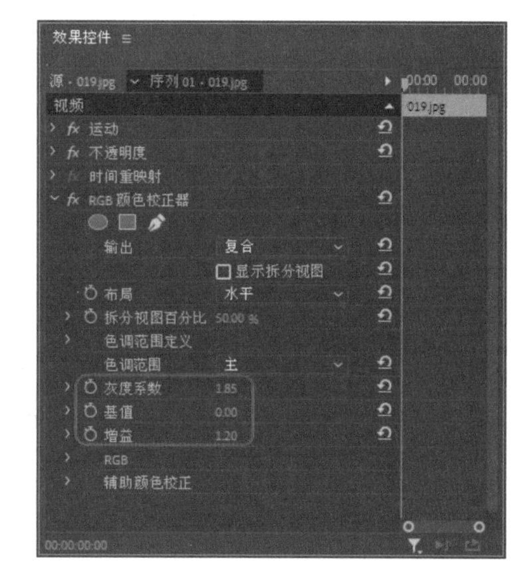


图 4-114

图 4-115

### 5. Solarize 特效

Solarize 特效将产生一个正片与负片之间的混合而引起晕光效果。类似一张相片在显影时快速曝光，该特效的选项组如图 4-116 所示。添加特效后的效果如图 4-117 所示。

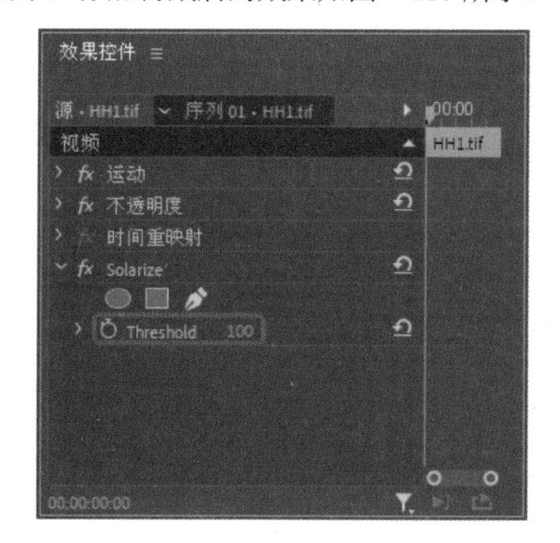


图 4-116

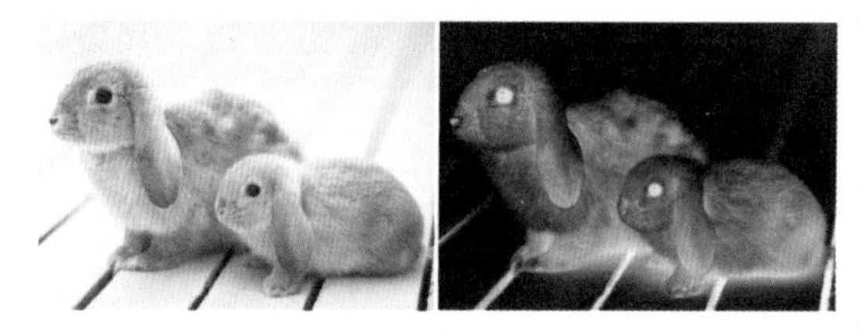

图 4-117

6. 三向颜色校正器

三向颜色校正器效果可针对阴影、中间调和高光调整剪辑的色相、饱和度和亮度，从而进行精细校正。通过使用【辅助颜色校正】控件指定要校正的颜色范围，可以进一步精细调整。该特效的选项组如图 4-118 所示。添加特效后的效果如图 4-119 所示。

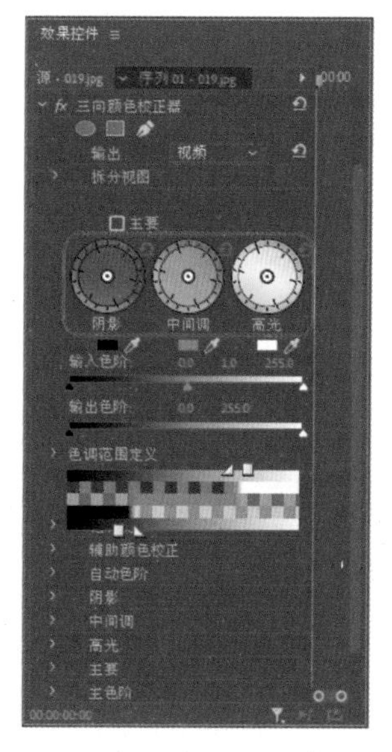


图 4-118

图 4-119

7.【中间值】特效

【中间值】特效指使用指定半径内相邻像素的中间像素值替换像素。使用低的值，这个效果可以降低噪波；如果使用高的值，可以将素材画面处理成一种绘画风格的画面。

**知识链接：**

【中值】特效选项组中各项说明如下。

- 【半径】：指定使用中间值效果的像素数量。
- 【在 Alpha 通道上操作】：对素材的 Alpha 通道应用该效果。

（1）在【项目】面板的空白处双击鼠标，弹出【导入】对话框，在弹出的对话框中导入“素材\Cha04\ 013.jpg”素材文件，单击【打开】按钮，选择刚刚导入的素材文件，将其拖曳至【序列】面板中，打开【效果】面板，选择【视频效果】|【过时】|【中间值（旧版）】特效，双击该特效，在【效果控件】面板中将【半径】设置为 15，如图 4-120 所示。

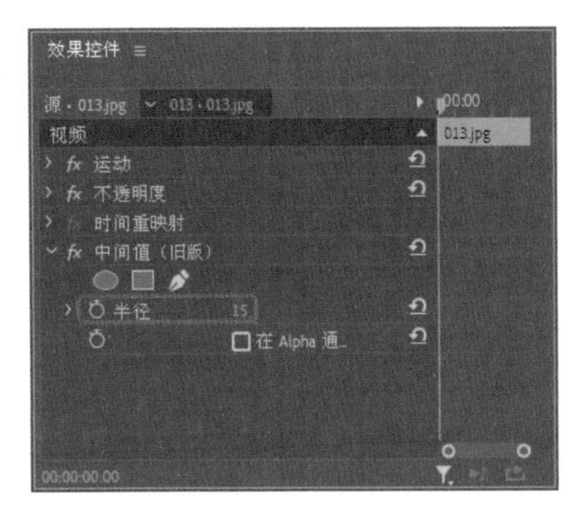


图 4-120

（2）在【节目】面板中观看效果，如图 4-121 所示。

图 4-121

8.【书写】特效

【书写】特效可以在图像中产生书写的效果，通过为特效设置关键点并不断地调整画笔的位置，可以产生水彩笔书写的效果，下面介绍【书写】特效的具体操作步骤。

（1）在【项目】面板中的空白处双击鼠标，在弹出的对话框中导入“素材\Cha04\015.jpg”素材文件，单击【打开】按钮，在【项目】面板中选择素材文件，将其添加至【序列】面板中，在【序列】面板中选择素材文件，打开【效果控件】面板，展开【运动】选项，将【缩放】设置为 104，如图 4-122 所示。

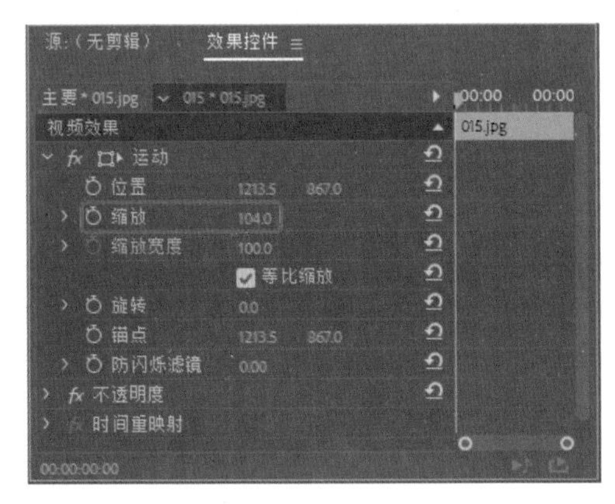


图 4-122

（2）打开【效果】面板，选择【视频效果】|【过时】|【书写】特效，双击该特效。打开【效果控件】面板，将当前时间设置为 00:00:00:00，单击【画笔位置】左侧的【切换动画】按钮，将【画笔位置】设置为 47、120，将【颜色】RGB 的值设置为 255、0、0，将【画笔大小】设置为 15，将【画笔硬度】设置为 50%，其他保持默认设置，如图 4-123 所示。

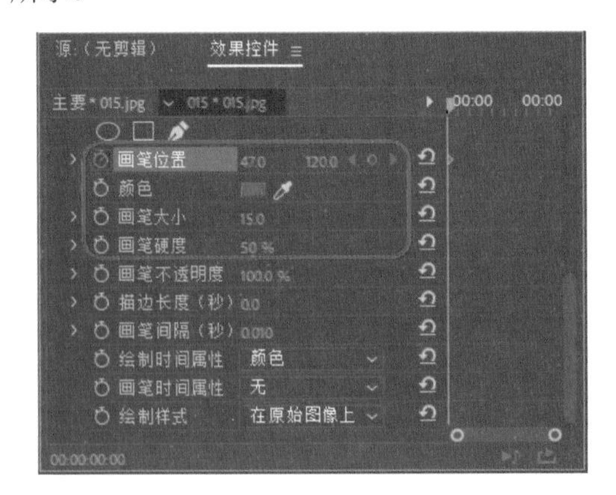


图 4-123

（3）将当前时间设置为 00:00:04:00，将【画笔位置】设置为 47、465，如图 4-124

所示。

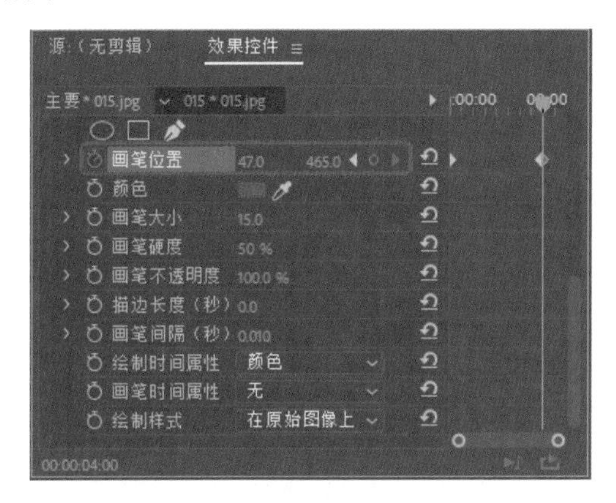


图 4-124

（4）设置完成后在【节目】面板中观看效果，如图 4-125 所示。

图 4-125

9. 【亮度曲线】特效

【亮度曲线】特效通过曲线来调整剪辑的亮度和对比度。通过使用【辅助颜色校正】控件，还可以指定要校正的颜色范围，该特效的选项组如图 4-126 所示。添加特效后的效果如图 4-127 所示。

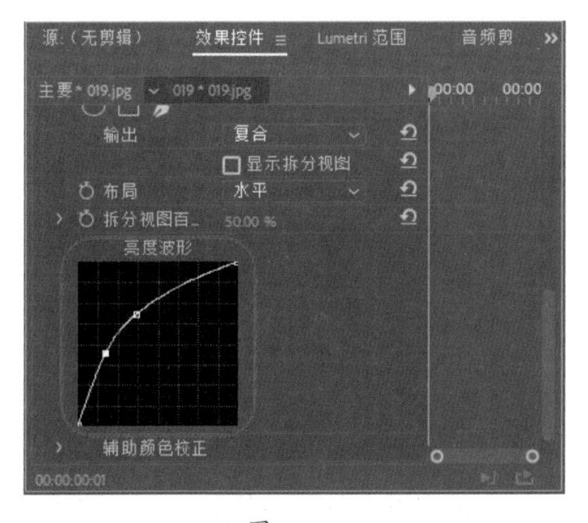


图 4-126

图 4-127

10. 【亮度校正器】特效

【亮度校正器】特效可用于调整剪辑高光、中间调和阴影中的亮度与对比度。通过使用【辅助颜色校正】控件，还可以指定要校正的颜色范围。该特效的选项组如图 4-128 所示。添加特效后的效果如图 4-129 所示。

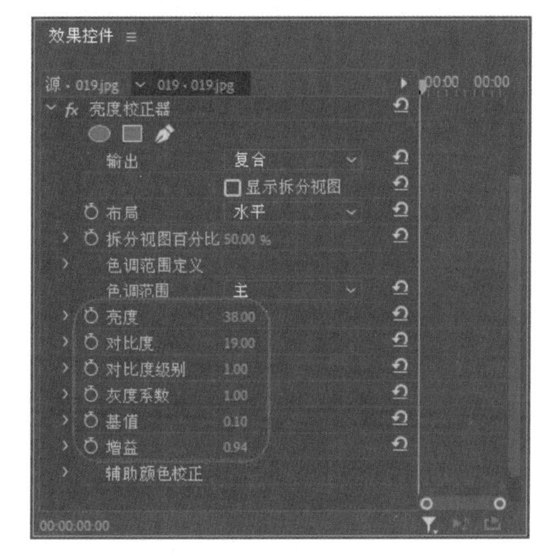


图 4-128

图 4-129

11. 【保留颜色】特效

【保留颜色】特效选项组如图 4-130 所示，在【效果控件面板】，单击要保留颜色的右侧的吸管，在影片中【吸取】要保留的颜色，添加特效后的效果如图 4-131 所示。

图 4-130

图 4-131

12. 【单元格图案】特效

【单元格图案】特效在基于噪波的基础上可产生蜂巢的图案。使用【单元格图案】特效可产生静态或移动的背景纹理和图案。可用于做原素材的替换图片，该特效的选项组如图 4-132 所示。效果如图 4-133 所示。

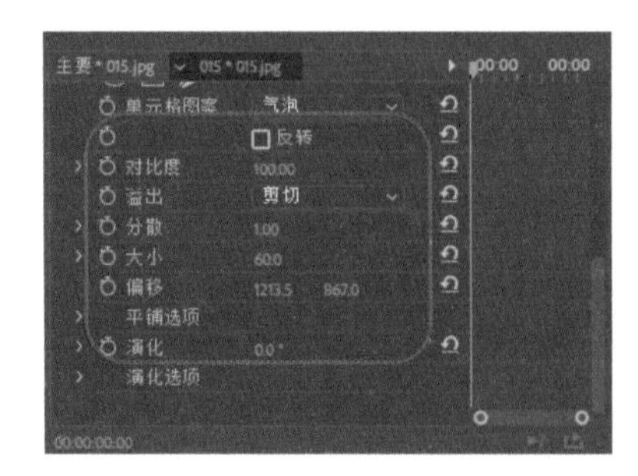


图 4-132

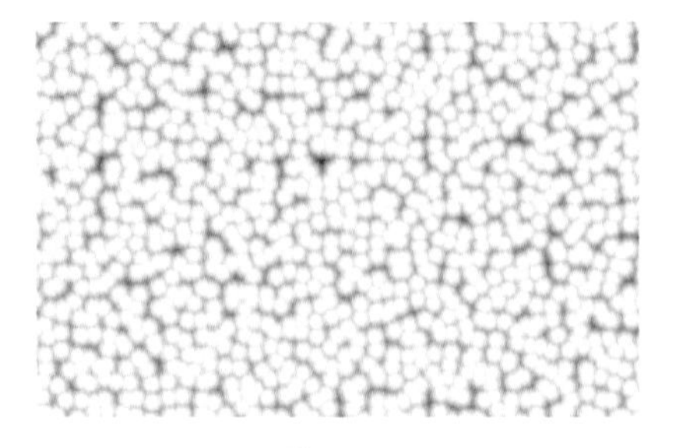

图 4-133

13. 【吸管填充】特效

【吸管填充】特效通过调节采样点的位置，将采样点所在位置的颜色覆盖于整个图像上。这个特效有利于在最初的素材的一个点上很快地采集一种纯色或从一个素材上采集一种颜色并利用混合方式应用到第二个素材上，该特效的选项组如图 4-134 所示。效果如图 4-135 所示。

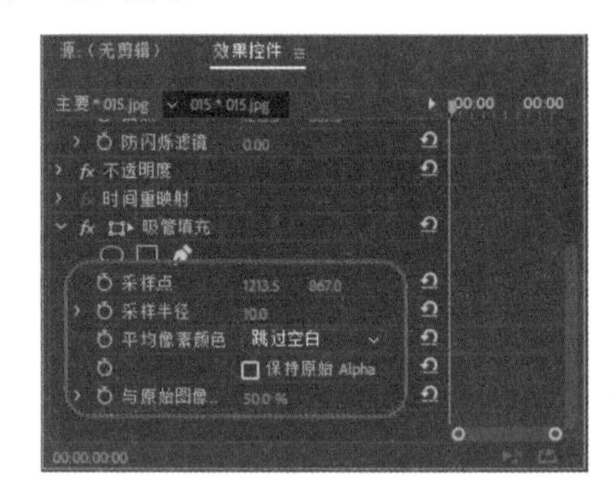


图 4-134

图 4-135

14. 【图像遮罩键】特效

【图像遮罩键】特效是在图像素材的亮度值基础上去除素材图像，透明的区域可以将下方的素材显示出来，同样也可以使用图像蒙板键特效进行反转。该应用的选项组如图 4-136 所示。

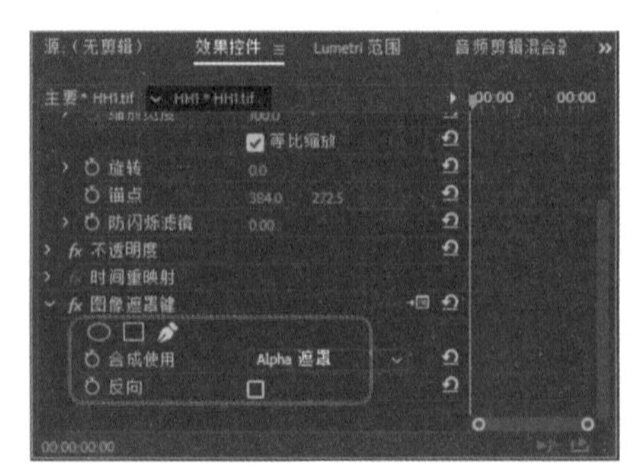


图 4-136

### 15.【圆形】特效

【圆形】特效可任意创造一个实心圆或圆环，通过设置它的混合模式来形成素材轨道之间的区域混合的效果，如图 4-137 所示。

图 4-137

下面介绍【圆形】特效具体操作步骤。

（1）在【项目】面板中的空白处双击鼠标，在弹出的对话框中导入“素材 \Cha04\015.jpg、016jpg”素材文件，单击【打开】按钮，在【项目】面板中选择“016.jpg”素材文件，将其添加至【序列】面板中，将“015.jpg”素材文件添加至【序列】面板中 V2 轨道上，如图 4-138 所示。

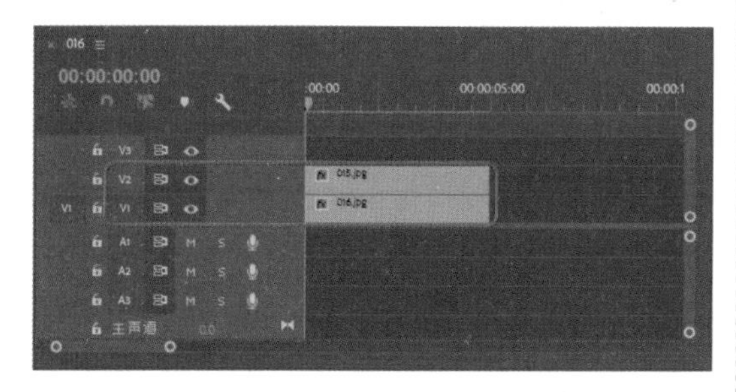


图 4-138

（2）在【序列】面板中选择【015.jpg】，打开【效果】面板，选择【视频效果】|【过时】|【圆形】特效，双击该特效，打开【效果控件】面板，展开【圆形】选项，将当前时间设置为 00:00:00:00，将【中心】设置为 1197.5、622，单击【半径】左侧的【切换动画】按钮，将【半径】设置为 50，将【混合模式】设置为模板 Alpha，将当前时间设置为 00:00:04:00，将【半径】设置为 400，如图 4-139 所示。

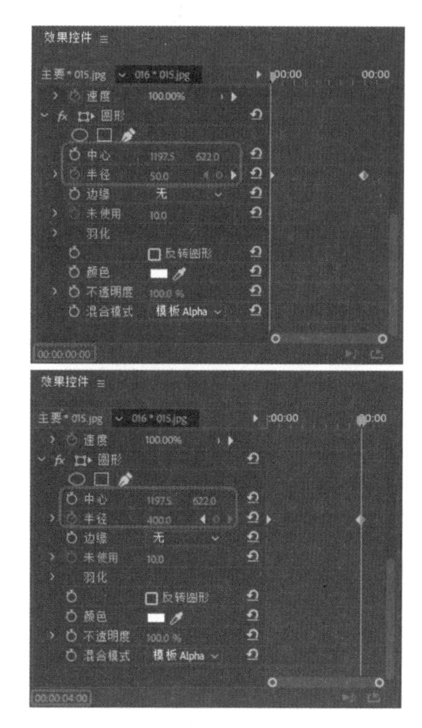


图 4-139

### 16.【均衡】特效

【均衡】特效是利用均衡量来调整整体颜色效果的一种方式，可对整体的亮度、对比度、饱和度进行全面细致的调整。该特效的选项组如图 4-140 所示，添加特效后的效果如图 4-141 所示。

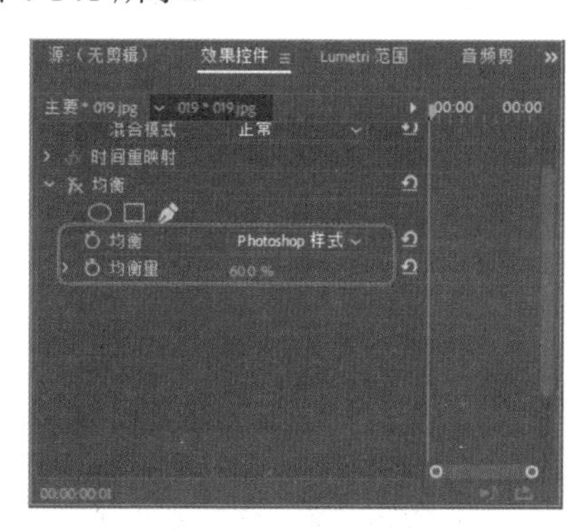


图 4-140

图 4-141

## 17.【复合模糊】特效

【复合模糊】特效对图像进行复合模糊，为素材增加全面的模糊，该特效的选项组如图 4-142 所示。效果如图 4-143 所示。

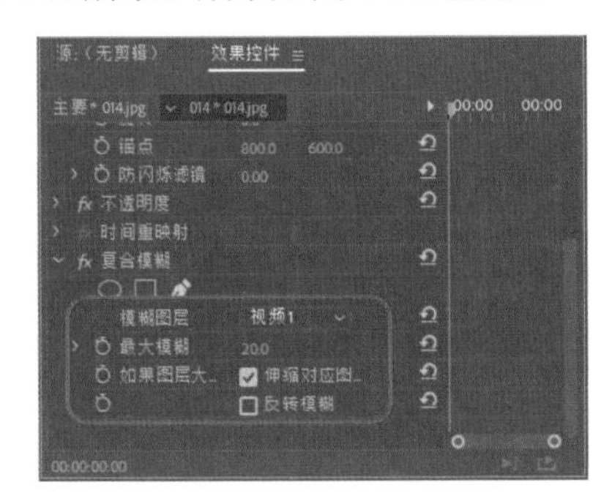


图 4-142

图 4-143

## 18.【复合运算】特效

【复合运算】特效的原理是将多张图片叠加在一起，通过调整每张图片的明度、亮度和对比度中获得更好的效果，该选项组如图 4-144 所示。添加特效后的效果如图 4-145 所示。

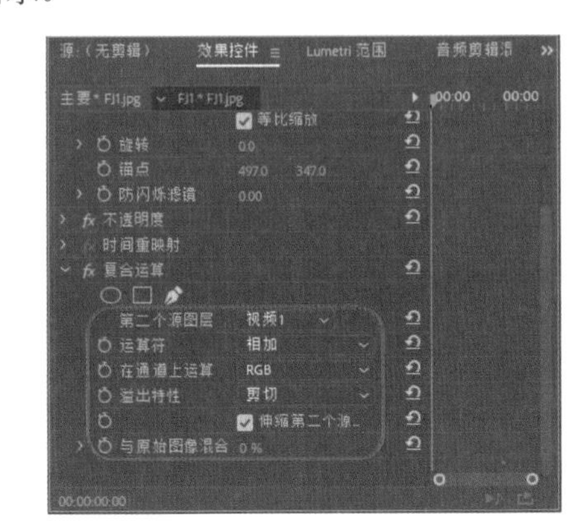


图 4-144

图 4-145

## 19.【差值遮罩】特效

【差值遮罩】特效可以去除两个素材中相匹配的图像区域，是否使用【差值遮罩】效果取决于项目中使用何种素材，如果项目中的背景是静态的，而且位于运动素材之上，就可以使用【差值遮罩】将图像区域从静态素材中去掉。其效果如图 4-146 所示。

图 4-146

下面将简单介绍【差值遮罩】特效的应用方法，其具体操作步骤如下。

（1）导入“ZW.jpg”素材图片，将其拖曳至【序列】面板中，如图 4-147 所示。

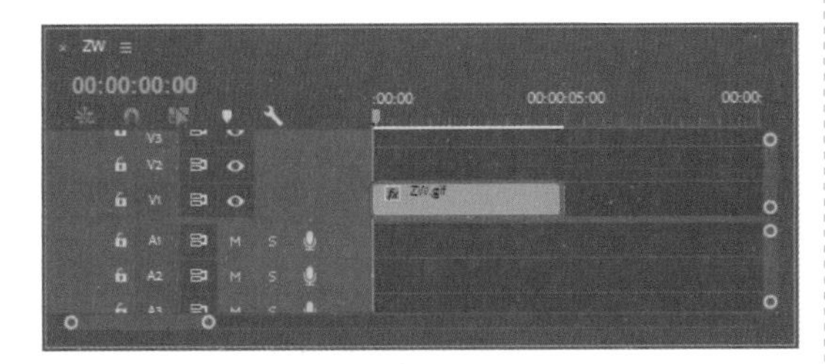

图 4-147

（2）激活【效果】面板，在【视频特效】文件夹中选择【过时】中的【差值遮罩】特效，如图 4-148 所示。

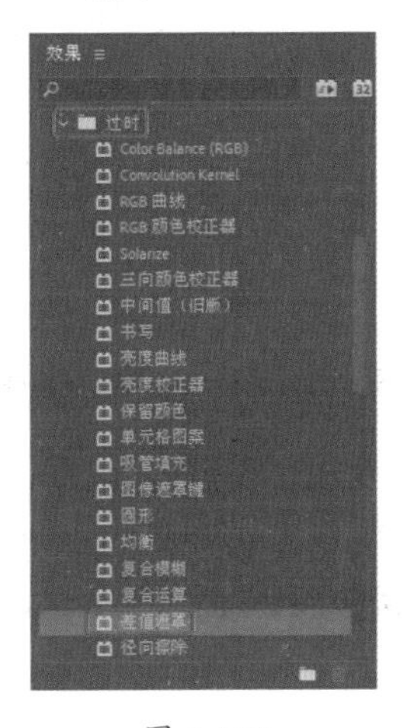

图 4-148

（3）在【效果控件】面板中将【视图】设置为【仅限遮罩】，将【差值图层】设置为【视频 2】，将【匹配容差】、【匹配柔和度】、【差值前模糊】分别设置为 11、61、0，如图 4-149 所示。

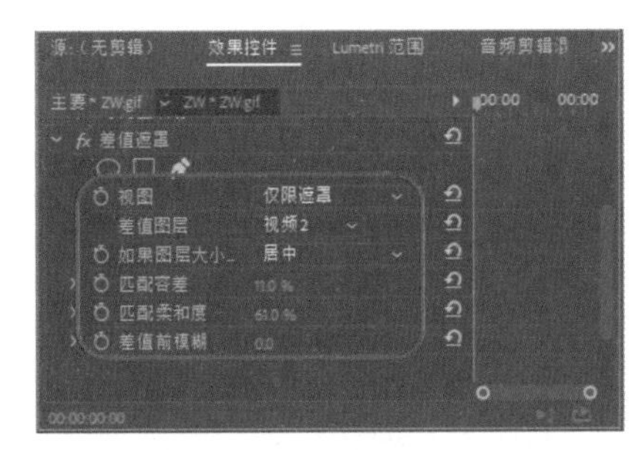

图 4-149

（4）添加特效后的对比，如图 4-150 所示。

图 4-150

20.【径向擦除】特效

【径向擦除】特效是素材在指定的一个点为中心进行旋转从而显示出下面的素材。应用【镜像擦出】特效的方法如下。

（1）在【项目】面板中双击空白处，在弹出的对话框中导入“素材 \Cha04\ 022.jpg、023.jpg”素材文件，单击【打开】按钮，在【项目】面板中将“22.jpg”拖曳至【序列】面板中，选择素材文件单击鼠标右键，在弹出的对话框中选择【缩放为帧大小】命令，在【效果控件】面板中将【缩放】设置为 110，如图 4-151 所示。

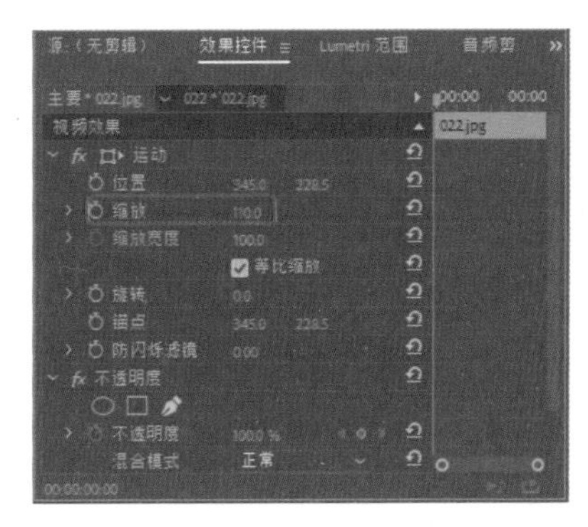

图 4-151

（2）将【23.jpg】拖曳至【序列】面板中的 V2 轨道中，选择素材文件单击鼠标右键，在弹出的对话框中选择【缩放为帧大小】命令，在【效果控件】面板中将【缩放】设置为 103，如图 4-152 所示。

（3）在【序列】面板中选择【23.jpg】，打开【效果】面板，选择【过时】|【径向擦除】特效，将当前时间设置为 00:00:00:00，单击【径向擦除】选项【过渡完成】左侧的【切换动画】按钮，将【过渡完成】设置为 0，如图 4-153

所示。

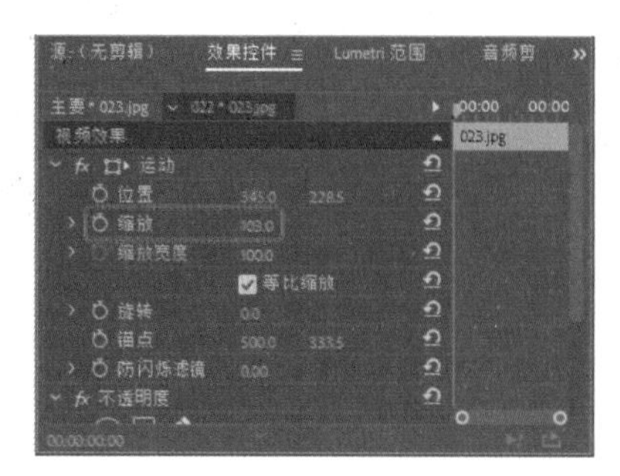


图 4-152

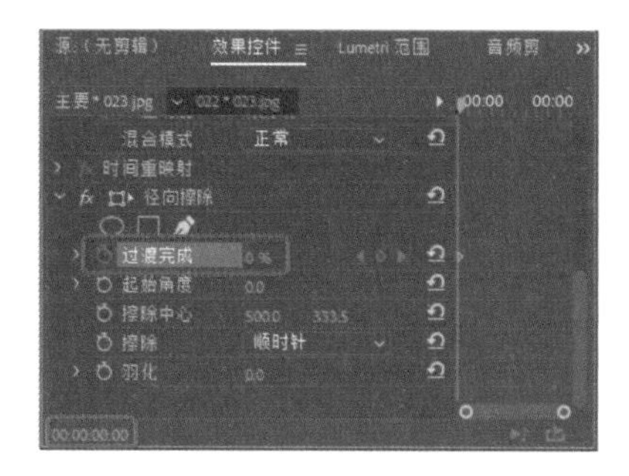


图 4-153

（4）将当前时间设置为 00:00:04:24，将【过渡完成】设置为 100，如图 4-154 所示。

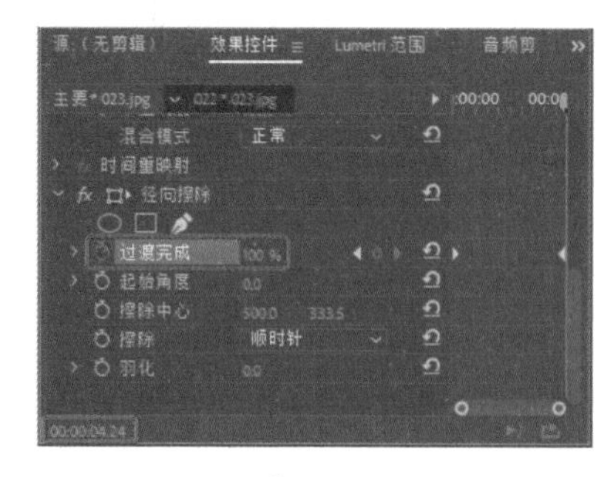


图 4-154

（5）设置完成后按空格键观看效果，如图 4-155 所示。

图 4-155

## 21.【径向阴影】特效

【径向阴影】特效通过在素材上方设置的电光源来造成阴影效果，而不是无限的光源投射。阴影从原素材上通过 Alpha 通道产生影响。该特效的选项组如图 4-156 所示。添加特效后的效果如图 4-157 所示。

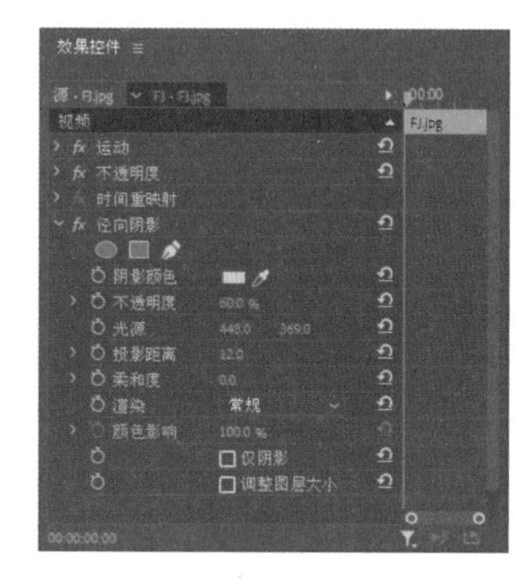


图 4-156

图 4-157

## 22.【快速模糊】特效

该特效的选项组如图 4-158 所示，模糊度设置模糊值的大小，通过模糊维度设置模糊方向。添加特效后的效果如图 4-159 所示。

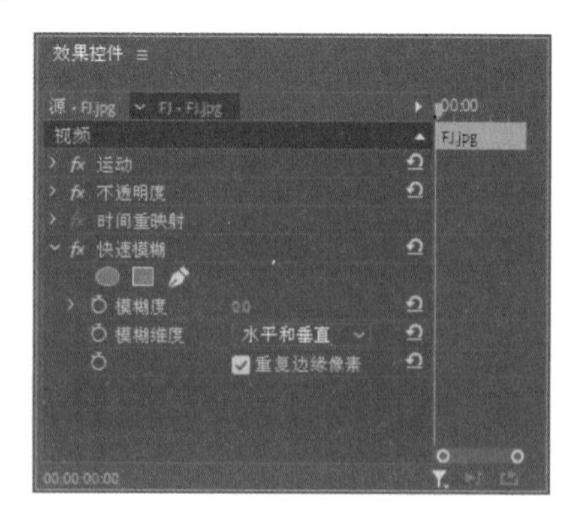


图 4-158

图 4-159

23. 【快速颜色校正器】特效

【快速颜色校正器】特效使用色相与饱和度控件来调整剪辑的颜色。此效果也有色阶控件，用于调整图像阴影、中间调和高光的强度。该特效的选项组如图 4-160 所示。添加特效后的效果如图 4-161 所示。

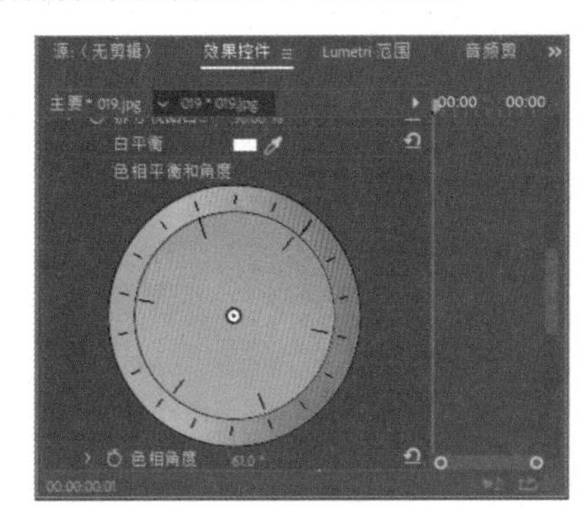


图 4-160

图 4-161

24. 【斜面 Alpha】特效

【斜面 Alpha】特效能够在画面上产生一个倒角的边，而且图像的 Alpha 通道边界变亮。如果素材没有 Alpha 通道或它的 Alpha 通道是完全不透明的，那么这个效果就全应用到素材的边缘。该特效的选项组如图 4-162 所示，添加特效后的效果如图 4-163 所示。

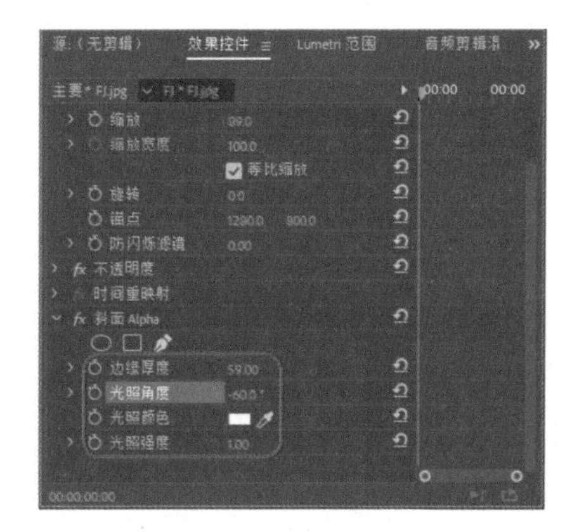


图 4-162

图 4-163

25. 【更改为颜色】特效

【更改为颜色】特效可以指定某种颜色，然后使用一种新的颜色替换指定的。该特效的选项组如图 4-164 所示，添加特效后的效果如图 4-165 所示。

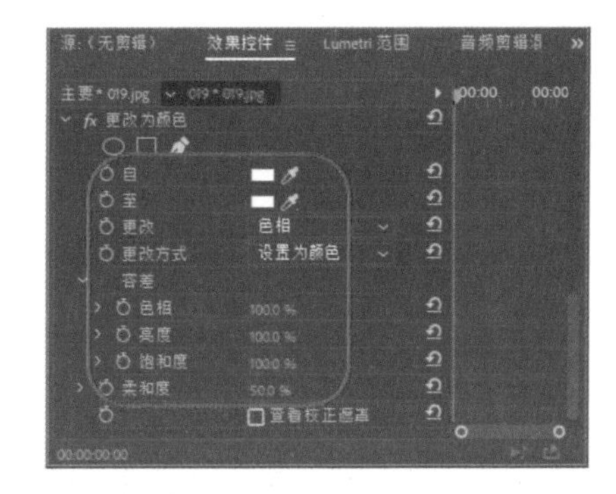


图 4-164

图 4-165

26.【更改颜色】特效

【更改颜色】特效通过在素材色彩范围内调整色相、亮度和饱和度，来改变色彩范围内的颜色。该特效的选项组如图 4-166 所示，添加特效后的效果如图 4-167 所示。

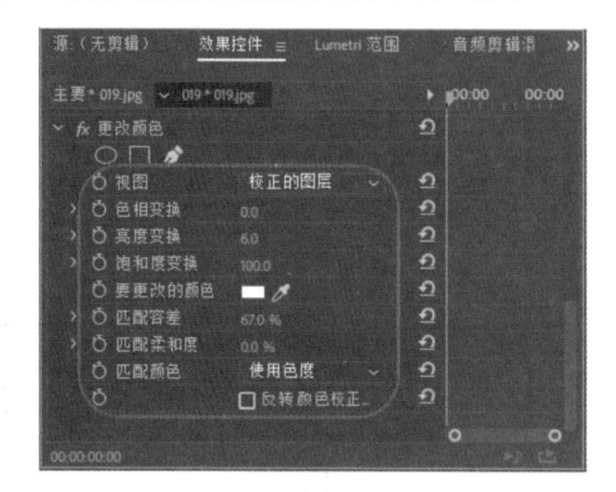


图 4-166

图 4-167

27.【棋盘】特效

【棋盘】特效可创造国际跳棋棋盘式的长方形的图案，它有一半的方格是透明的，通过它自身提供的参数可以对该特效进行进一步的设置，该特效的选项组如图 4-168 所示，效果如图 4-169 所示。

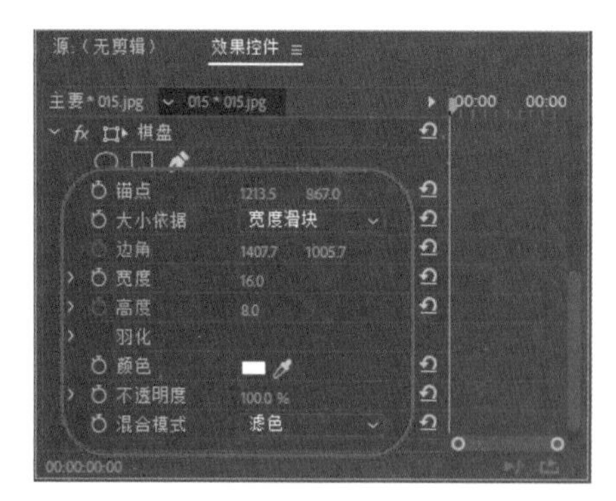


图 4-168

图 4-169

28.【椭圆】特效

【椭圆】特效可以在画面上创造一个实心椭圆或椭圆环，该特效的选项组如图 4-170 所示。效果如图 4-171 所示。

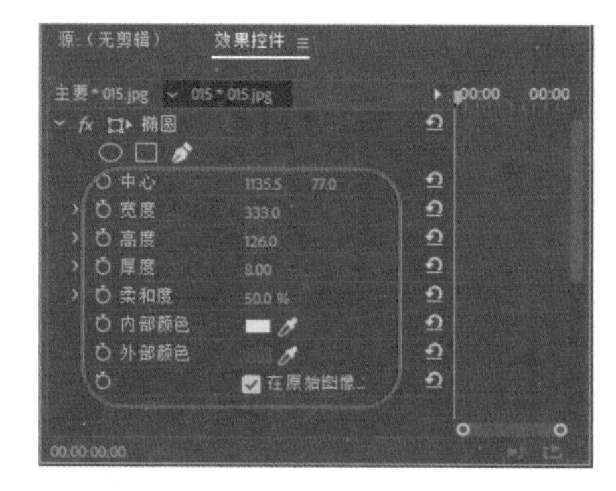


图 4-170

图 4-171

29.【油漆桶】特效

【油漆桶】特效是将一种纯色填充到一个区域。它用起来很像在 Adobe Photoshop 里使用油漆桶工具。在一个图像上使用油漆桶工具可将一个区域的颜色替换为其他的颜色，该特效的选项组如图 4-172 所示，效果如图 4-173 所示。

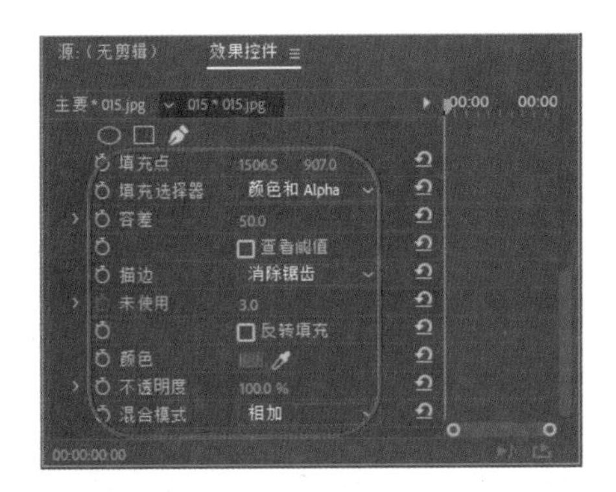


图 4-172

图 4-173

## 30.【浮雕】特效

【浮雕】特效，用于锐化图像中物体的边缘并修改图像颜色。这个效果会从一个指定的角度使物体边缘高光。该特效的选项组如图 4-174 所示。添加特效后的效果如图 4-175 所示。

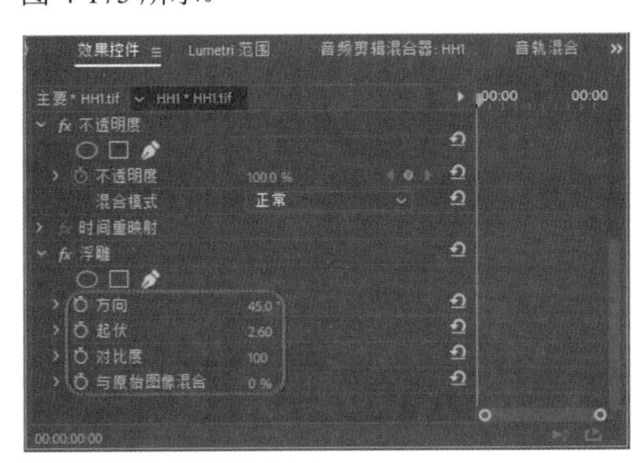


图 4-174

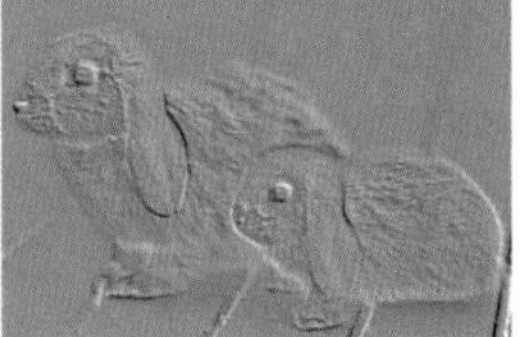

图 4-175

## 31.【混合】特效

【混合】特效能够采用五种模式中的任意一种来混合两个素材。其首先打开的素材文件如图 4-176 所示，并将其分别拖入【序列】面板中的 V1 和 V2 轨道中。该特效的选项组如图 4-177 所示。

图 4-176

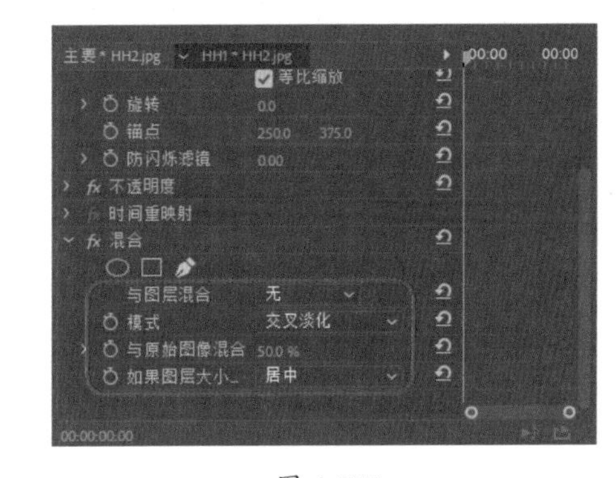


图 4-177

添加【混合】特效后的效果如图 4-178 所示。

图 4-178

32.【百叶窗】特效

【百叶窗】特效可以将图像分割成类似百叶窗的长条状。效果如图 4-179 所示。

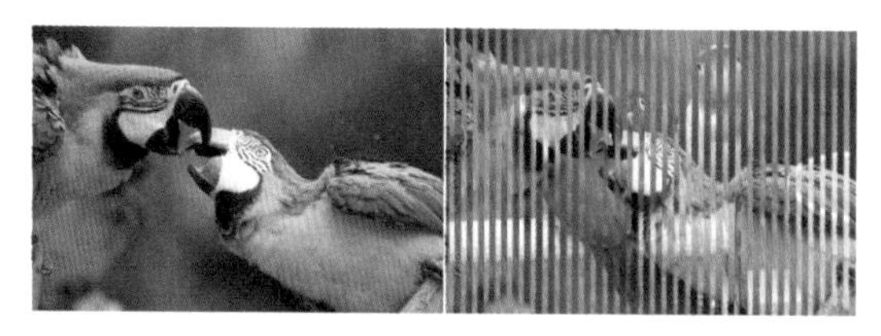

图 4-179

打开“素材\Cha04\022. jpg、023.jpg”素材文件，将其拖入【序列】面板中。如图 4-180 所示。

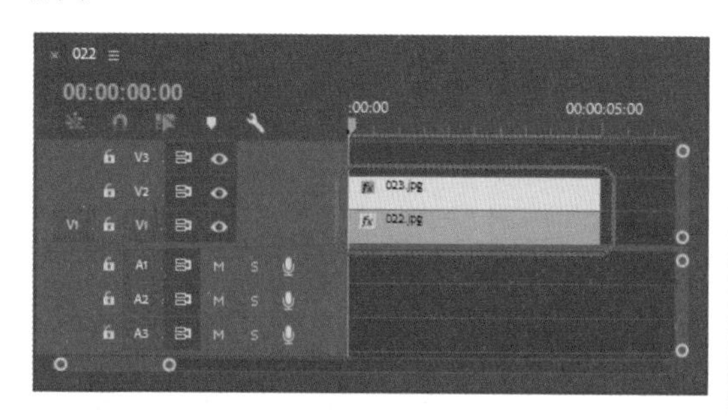

图 4-180

打开【效果】选项组中，选择【视频效果】|【过时】|【百叶窗】特效，将其拖到【序列】面板中【23.jpg】上，将当前时间设置为 00:00:00:00，在【效果控件】选项组中单击【过渡完成】左侧的【切换动画】按钮，将【过渡完成】设置为 0，如图 4-181 所示。

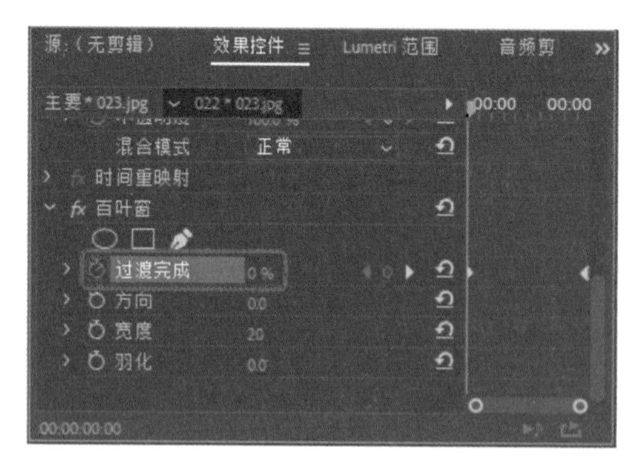

图 4-181

将当前时间设置为 00:00:04:24，将【过渡完成】设置为 100，如图 4-182 所示。

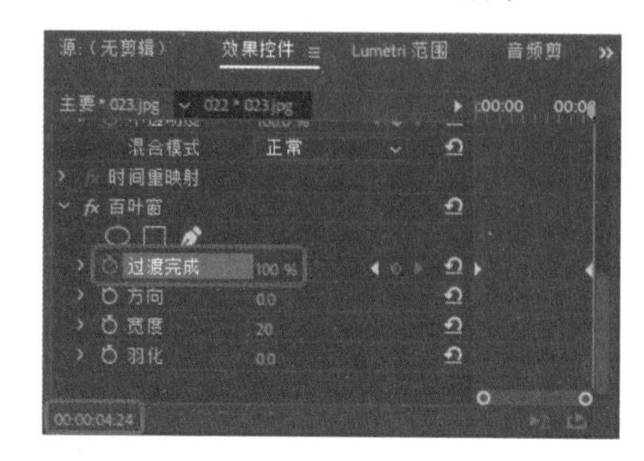

图 4-182

在【效果控件】选项组中，我们可以对【百叶窗】特效进行以下设置。

- 【过渡完成】：可以调整分割后图像之间的缝隙。
- 【方向】：通过调整方向的角度，可以调整百叶窗的角度。
- 【宽度】：可以调整图像被分割后的每一条的宽度。
- 【羽化】：通过调整羽化值，可以对图像的边缘进行不同程度的模糊。

33.【移除遮罩】特效

【移除遮罩】特效可以移动来自素材的颜色。比如，你从一个透明通道导入影片或者用 After Effects 创建透明通道，需要除去来自一个图像的光晕。光晕是由图像色彩与背景或表面粗糙的色彩之间有大的差异而引起的，除去或者改变表面粗糙的颜色能除去光晕。

34.【算术】特效

【算术】特效是按照特定的规则对像素值进行运算，可以对红、绿、蓝三个值运算，对运算后溢出的结果值进行剪切处理而产生新的色彩。该特效的选项组如图 4-183 所示。添加特效后的效果如图 4-184 所示。

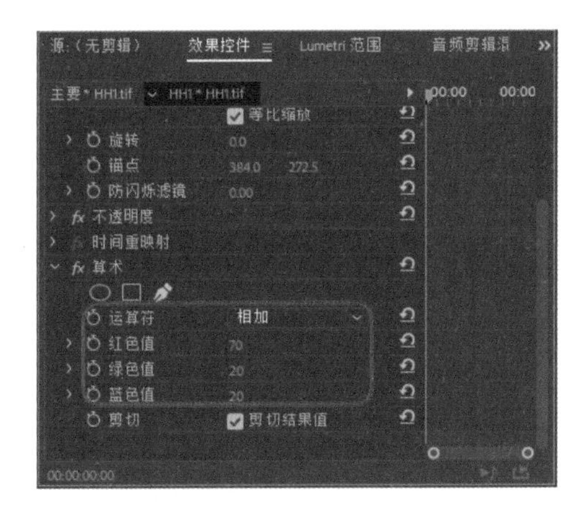


图 4-183

图 4-184

35.【纯色合成】特效

【纯色合成】特效将图像进行单色混合可以改变混合颜色，该特效的选项组如图 4-185 所示，添加特效后的效果如图 4-186 所示。

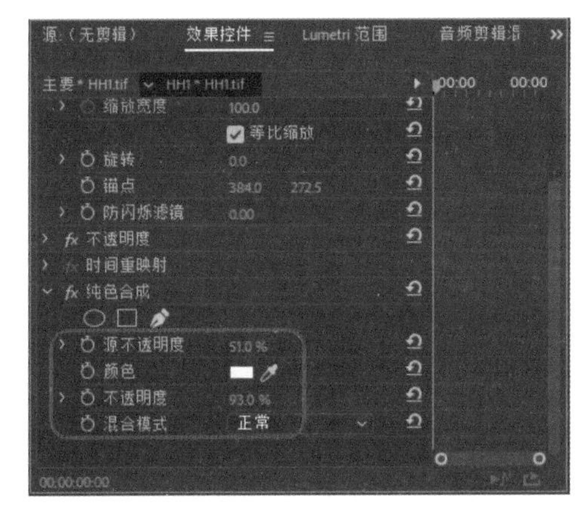


图 4-185

图 4-186

36.【纹理】特效

【纹理】特效将使素材看起来具有其他素材的纹理效果，该特效的选项组如图 4-187 所示，添加特效后的效果如图 4-188 所示。

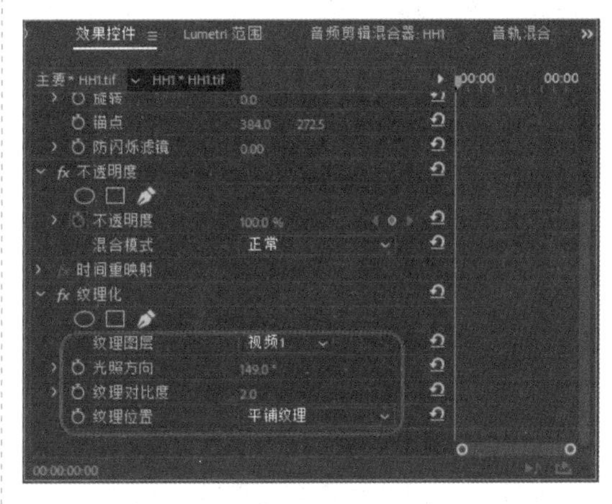


图 4-187

图 4-188

37.【网格】特效

【网格】特效可创造一组可任意改变的网格。可以为网格的边缘调节大小和进行羽化。或将其作为一个可调节透明度的蒙版用于源素材上。此特效有利于设计图案，还有其他的实用效果，下面将通过简单的操作来介绍如何应用【网格】特效，其具体操作步骤如下。

（1）新建一个项目文件，在【项目】面板中双击鼠标，在弹出的【导入】对话框中导入“素材\Cha04\015.jpg”素材文件，选择完成后，单击【打开】按钮，在【项目】面板中选择导入的素材文件，按住鼠标将其拖曳至【序列】面板中，并选中该对象，在【节目】面板中查看导入的素材文件，如图4-189所示。

图 4-189

（2）在【效果控件】中将【缩放】设置为80，如图4-190所示。

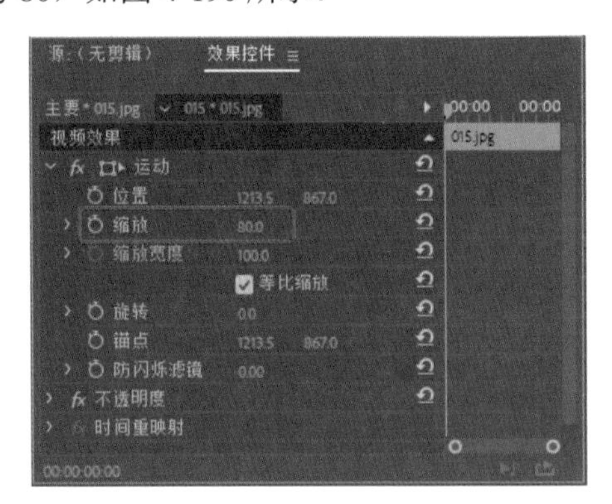

图 4-190

（3）打开【效果】面板，在【视频效果】文件夹中选择【过时】中的【网格】特效，如图4-191所示。

（4）双击该特效，为选中的对象添加该特效，将当前时间设置为00:00:00:00，在【效果控件】中将【大小依据】设置为边角点，将【边角】设置为461、419，单击【边框】左侧的【切换动画】按钮，将【边框】设置为35，将【混合模式】设置为【正常】，如图4-192所示。

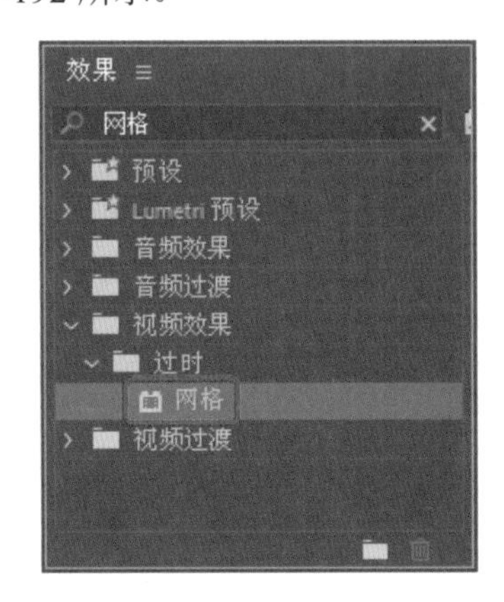


图 4-191

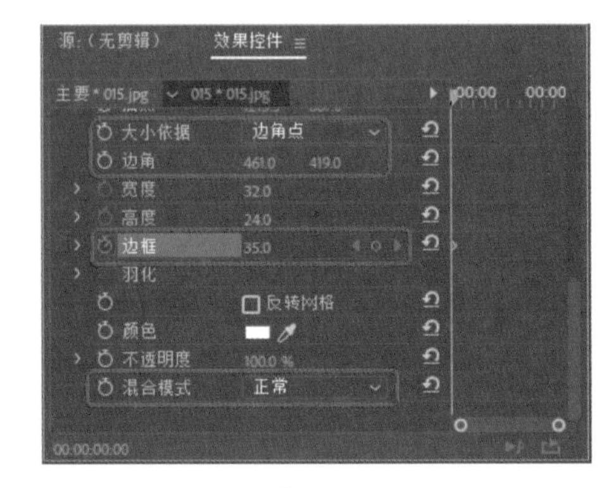

图 4-192

（5）再在【序列】面板中将当前时间设置为00:00:04:20，如图4-193所示。

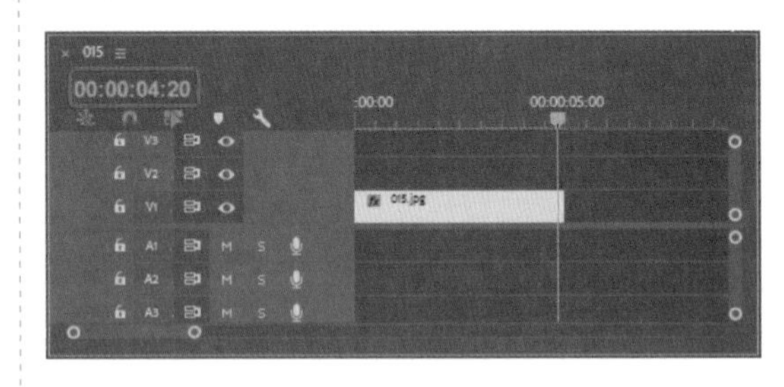

图 4-193

（6）在【效果控件】面板中将【边框】设置为0，如图4-194所示。

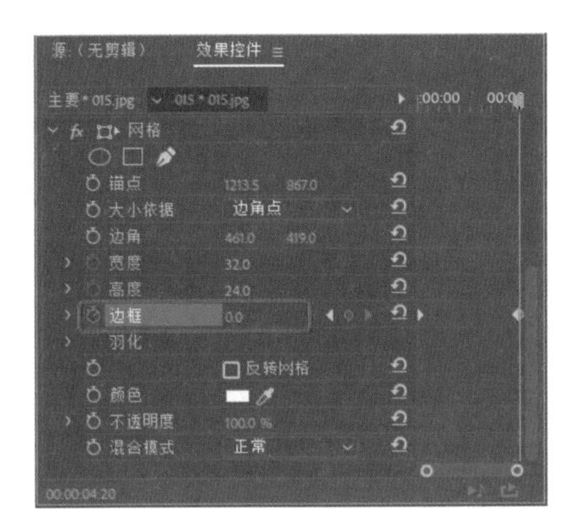


图 4-194

（7）用户可以通过按空格键查看效果，其效果如图 4-195 所示。

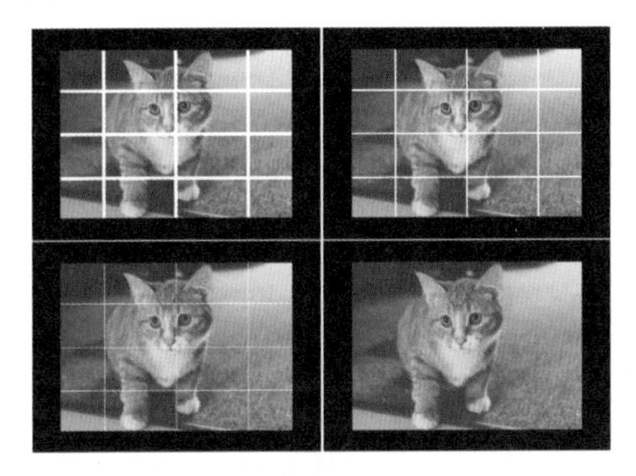

图 4-195

38.【自动对比度】特效

【自动对比度】可以对图像的对比度进行自动调整，使高光更亮，阴影更暗。该特效的选项组如图 4-196 所示。对比效果如图 4-197 所示。

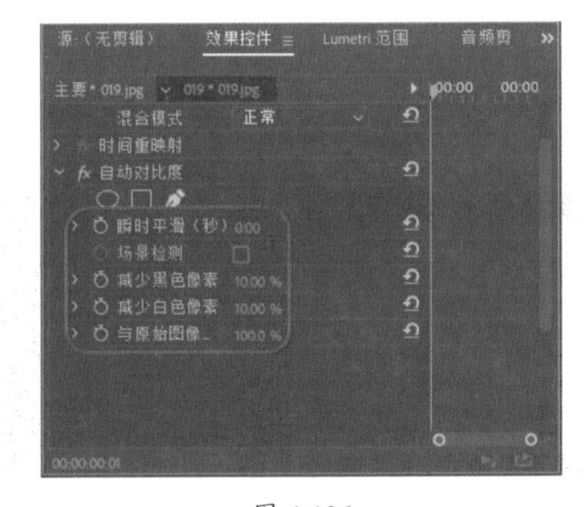


图 4-196

图 4-197

39.【自动色阶】特效

【自动色阶】自动调节高光、阴影，因为【自动色阶】调节每一处颜色，它可能移动或传入颜色。该特效的选项组如图 4-198 所示。对比效果如图 4-199 所示。

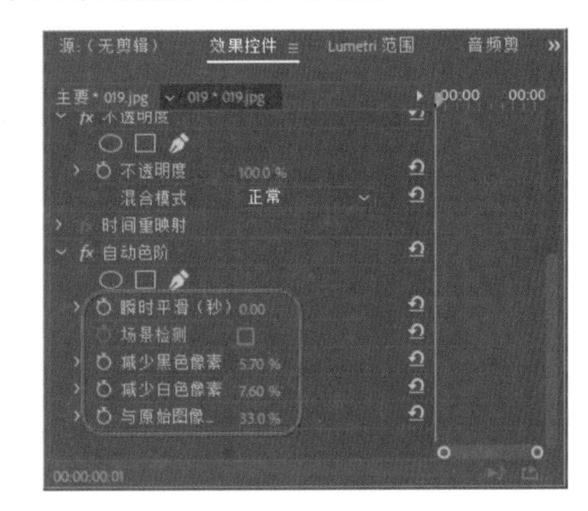


图 4-198

图 4-199

40.【自动颜色】特效

【自动颜色】调节黑色和白色像素的对比度。该特效的选项组如图 4-200 所示，对比效果如图 4-201 所示。

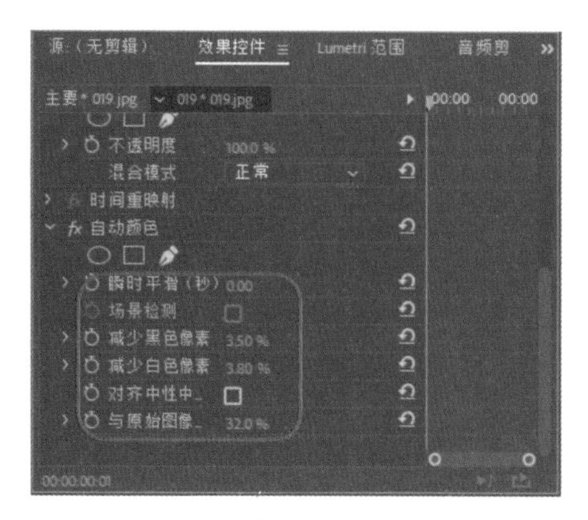


图 4-200

图 4-201

## 41.【蒙尘与划痕】特效

【蒙尘与划痕】特效：通过改变不同的像素减少噪波。调试不同的范围组合和阈值设置，达到锐化图像和隐藏缺点之间的平衡，该特效的选项组如图 4-202 所示，效果如图 4-203 所示。

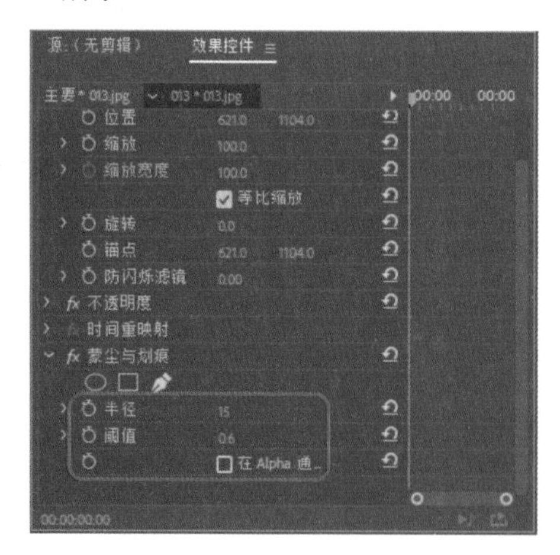


图 4-202

图 4-203

## 42.【视频限幅器】特效

【视频限幅器】特效用于限制剪辑中的明亮度和颜色，使它们位于用户定义的参数范围。这些参数可用于在使视频信号满足广播限制的情况下尽可能保留视频。该特效的选项组如图 4-204 所示。

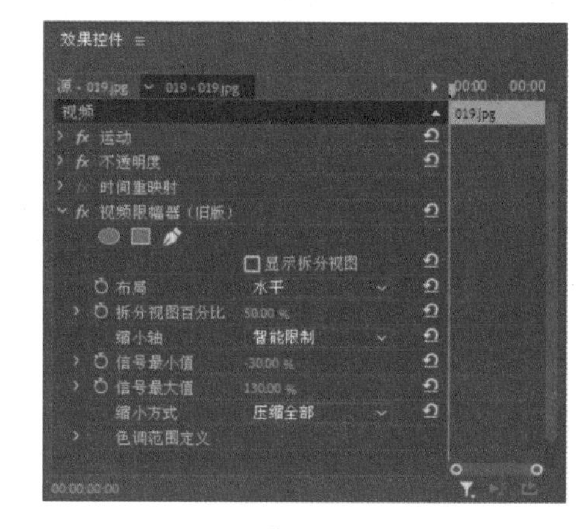


图 4-204

## 43.【计算】特效

【计算】特效将一个素材的通道与另一个素材的通道结合在一起。下面通过案例进行说明，打开素材文件，如图 4-205 所示。

图 4-205

为素材应用该特效，该特效的选项组如图 4-206 所示，添加特效后的效果如图 4-207 所示。

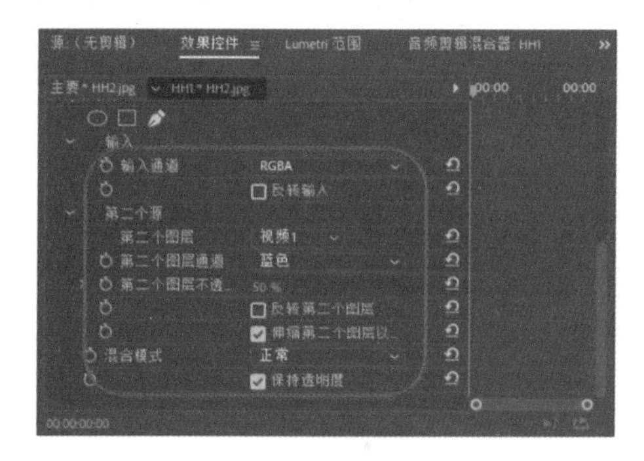


图 4-206

图 4-207

## 44.【边缘斜面】特效

【边缘斜面】特效能给图像边缘产生一个凿刻的高亮的三维效果，边缘的位置由源图像的 Alpha 通道来确定。与 Alpha 边框效果不同，该效果中产生的边缘总是成直角的。该特效的选项组如图 4-208 所示，添加特效后的效果如图 4-209 所示。

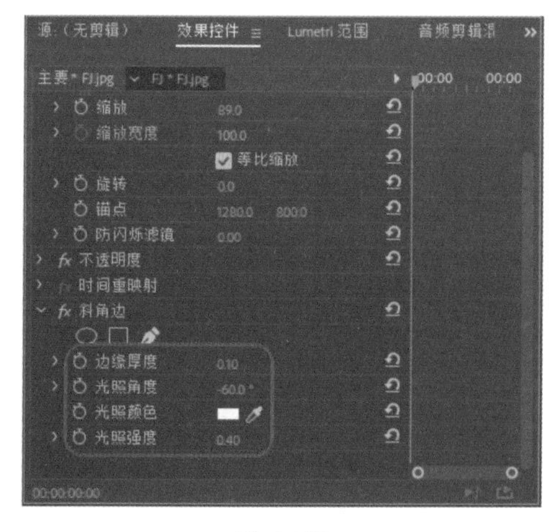


图 4-208

图 4-209

## 45.【通道模糊】特效

【通道模糊】特效可以对素材的红、绿、蓝和 Alpha 通道分别进行模糊，可以指定模糊的方向是水平、垂直或双向。使用这个效果可以创建辉光效果或控制一个图层的边缘附近变得不透明，该特效的选项组如图 4-210 所示，效果如图 4-211 所示。

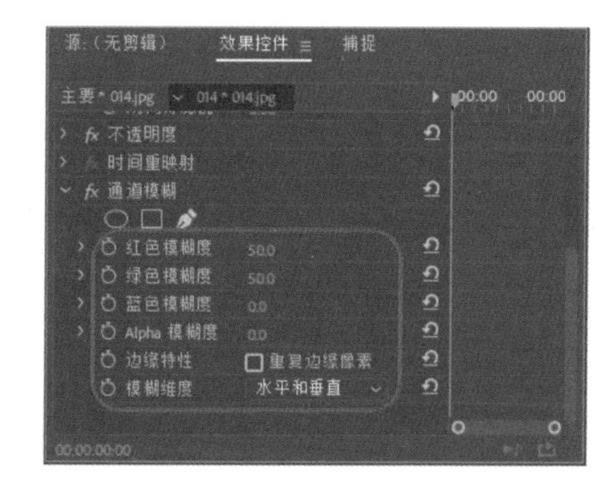


图 4-210

图 4-211

## 46.【通道混合器】特效

【通道混合器】特效可以用当前颜色通道的混合值修改一个颜色通道。通过为每个通道设置不同的颜色偏移量，来校正图像的色彩。

通过【效果控件】选项组中各通道的滑块调节，可以调整各个通道的色彩信息。对各项参数的调节，控制着选定通道到输出通道的强度。该特效的选项组如图 4-212 所示。添加特效后的效果如图 4-213 所示。

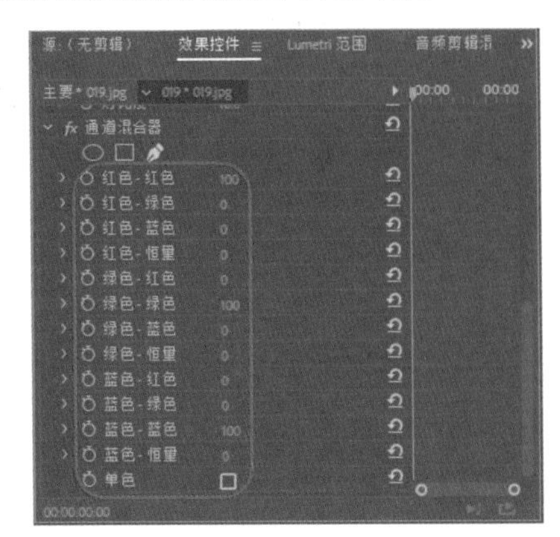


图 4-212

图 4-213

47.【阴影 / 高光】特效

【阴影 / 高光】特效可以使一个图像变亮并附有阴影，还原图像的高光值。这个特效不会使整个图像变暗或变亮，它基于周围的环境像素独立的调整阴影和高光的数值。也可以调整一副图像的总的对比度，设置的默认值可解决图像的高光问题。该特效的选项组如图 4-214 所示，添加特效后的效果如图 4-215 所示。

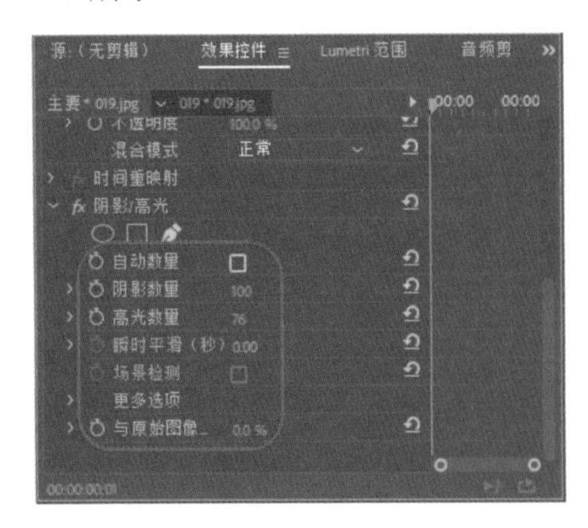


图 4-214

图 4-215

48.【非红色键】特效

【非红色键】特效用在蓝、绿色背景的画面上创建透明对象。可以混合两素材片段或创建一些半透明的对象。它与绿背景配合工作时效果尤其好，该特效的选项组如图 4-216 所示。

下面将介绍如何应用【非红色键】特效，其具体操作步骤如下。

图 4-216

（1）新建一个项目文件，在【项目】面板中双击鼠标，在弹出的【导入】对话框中导入“素材 \Cha04\ ZW.gif”素材文件，选择完成后，单击【打开】按钮，在【项目】面板中选择 ZW.gif，按住鼠标将其拖曳至【序列】面板中，选中该对象，在【效果控件】面板中将【缩放】设置为 100，如图 4-217 所示。

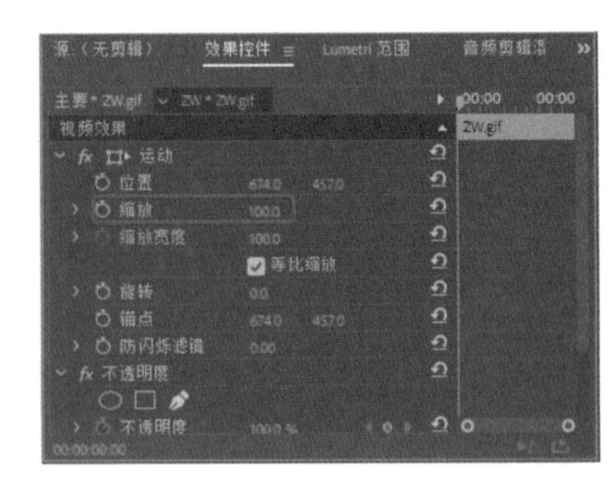


图 4-217

（2）激活【效果】面板，在【视频特效】文件夹中选择【过时】中的【非红色键】特效，如图 4-218 所示。

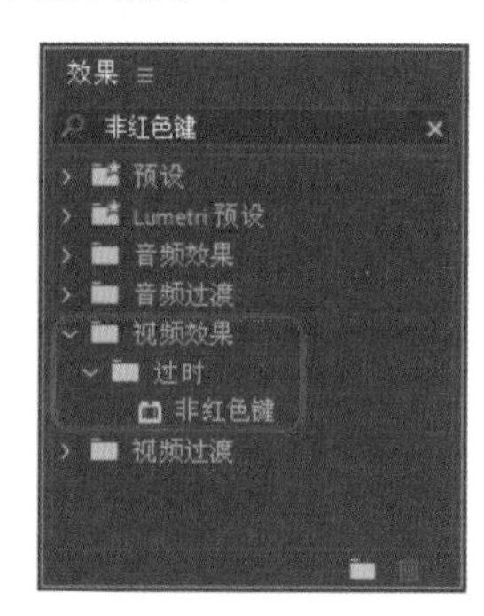


图 4-218

（3）双击该特效，在【效果控件】面板中将【屏蔽度】设置为 100，将【去边】设置为【绿色】，如图 4-219 所示。

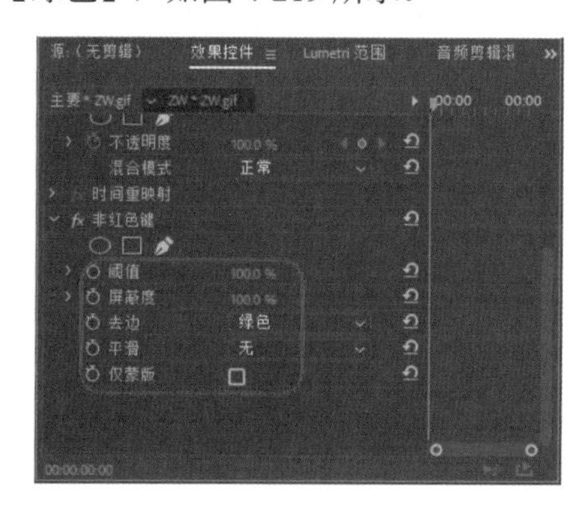


图 4-219

（4）设置完成后，用户可以在【节目】面板中预览效果，其效果如图 4-220 所示。

图 4-220

49.【颜色平衡（HLS）】特效

【颜色平衡（HLS）】特效通过调整色调、饱和度和明亮度对颜色的平衡度进行调节。该特效的项组如图 4-221 所示，添加特效后的效果如图 4-222 所示。

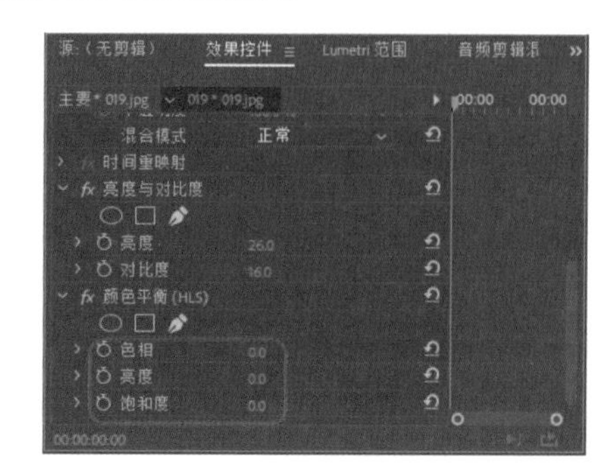


图 4-221

图 4-222

## 4.2.12 【过渡】特效

在过渡文件夹下，共包括有 3 项过渡效果的视频特技效果。

1.【块溶解】特效

【块溶解】特效可使素材随意地一块块地消失。【块宽度】和【块高度】可以设置溶解时块的大小。

下面将通过简单的操作步骤来介绍如何应用【块溶解】特效。

（1）新建一个项目文件，在【项目】面板中双击，在弹出的【导入】对话框中选择“素材 \Cha04\ 020.jpg、021.jpg”素材文件，单击【打开】按钮即可导入素材。在【项目】面板中选择“020.jpg”素材文件，如图 4-223 所示。

（2）按住鼠标左键将其拖曳至【序列】面板中，选中该对象，在【效果控件】面板中将【缩放】设置为114，如图4-224所示。

图 4-223

图 4-224

（3）设置完成后，用户可以在【节目】面板中查看效果，如图4-225所示。

图 4-225

（4）在【项目】面板中选择“021.jpg”，将其拖曳至“V2”轨道中，如图4-226所示。

图 4-226

（5）选中“021.jpg”文件，在【效果控件】面板中将【缩放】设置为495，如图4-227所示。

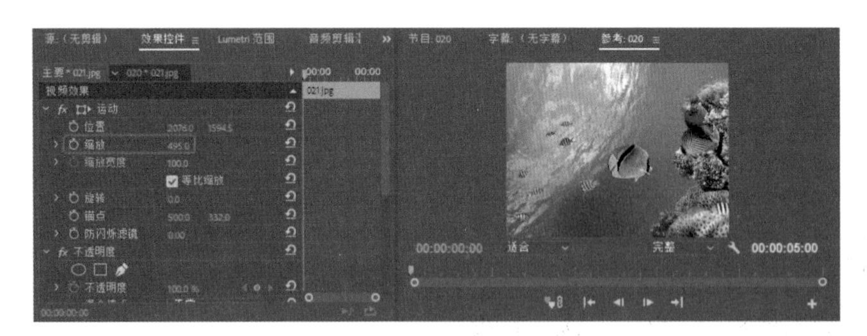

图 4-227

（6）激活【效果】面板，在【视频效果】文件夹中选择【过渡】下的【块溶解】特效，如图4-228所示。

（7）双击该特效，在【效果控件】面板中单击【过渡完成】左侧的【切换动画】按钮，将【过渡完成】设置为0，将【块高度】设置为15，将【块宽度】设置为15，如图4-229所示。

图 4-228

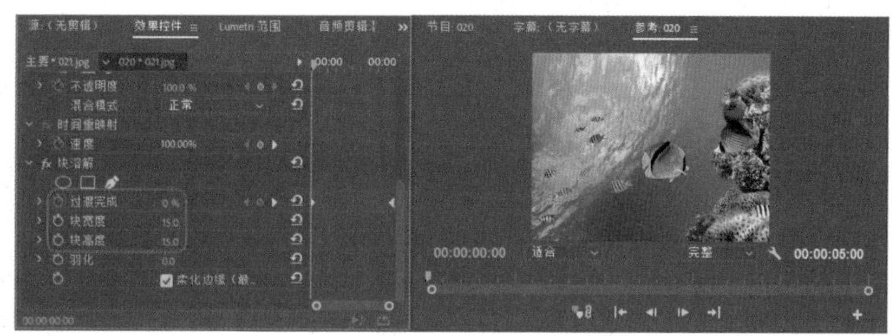

图 4-229

（8）将当前时间设置为 00:00:04:24，再在【效果控件】面板中将【过渡完成】设置为 100，如图 4-230 所示。

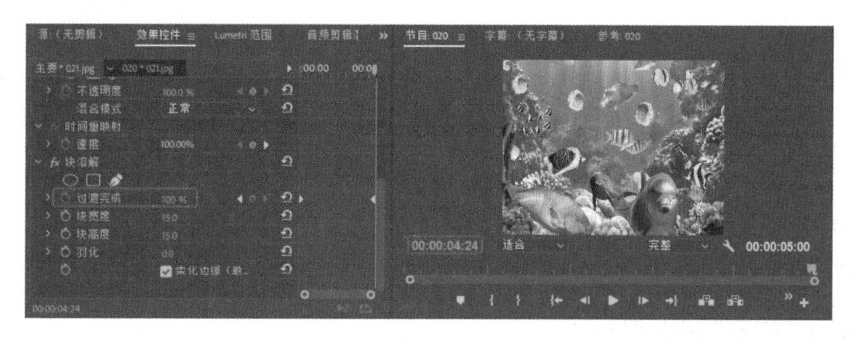

图 4-230

（9）设置完成后，按空格键预览效果，其效果如图 4-231 所示。

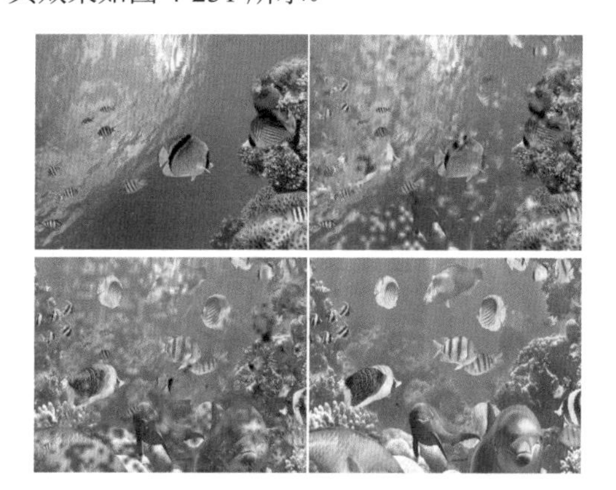

图 4-231

2.【渐变擦除】特效

【渐变擦除】特效大致相当于渐隐为黑色的转场。

应用【渐变擦除】特效的方法如下。

（1）打开“素材\Cha04\022. jpg、023.jpg”素材文件，打开素材文件后，将其拖入【序列】面板中。如图 4-232 所示。

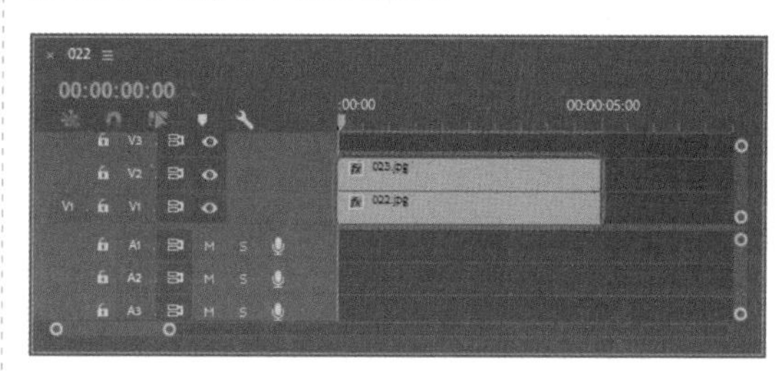


图 4-232

（2）打开【效果】选项组中，选择【视频效果】|【过渡】|【渐变擦除】特效，将其拖到【序列】面板中【23.jpg】上，将当前时间设置为 00:00:00:00，在【效果控件】选项组中单击【过渡完成】左侧的【切换动画】按钮，将【过渡完成】设置为 0，将【过渡柔和度】设置为 100，如图 4-233 所示。

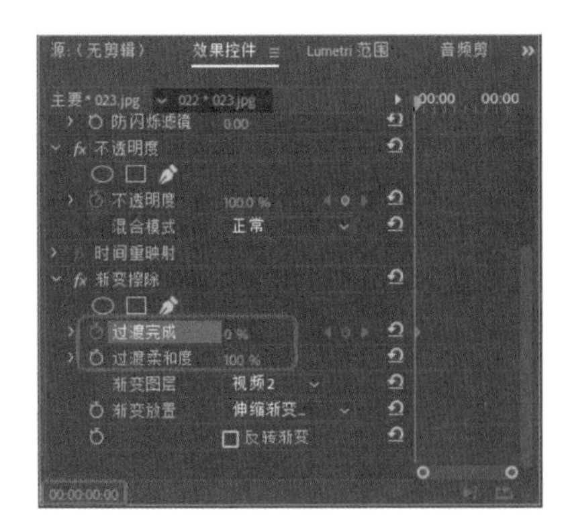


图 4-233

（3）将当前时间设置为 00:00:04:24，将【过渡完成】设置为 100，如图 4-234 所示。

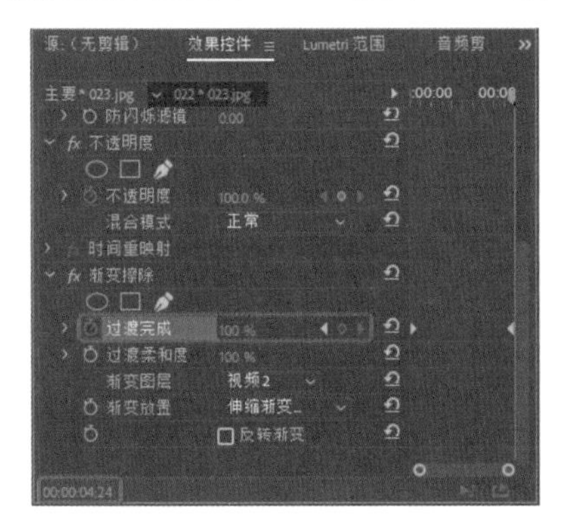


图 4-234

（4）在节目面板中观看效果，其效果如图 4-235 所示。

图 4-235

3.【线性擦除】特效

【线性擦除】特效是利用黑色区域从图像的一边向另一边抹去，最后图像完全消失。【线形擦除】选项组如图 4-236 所示。添加特效后的效果如图 4-237 所示。

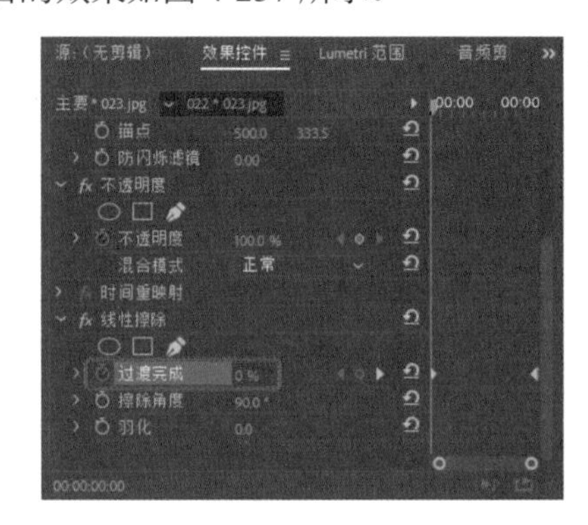


图 4-236

图 4-237

在【效果控件】面板中，我们可以对【线性擦除】特效进行以下设置。

- 【过渡完成】：可以调整图像中黑色区域的覆盖面积。
- 【擦除角度】：用来调整黑色区域的角度。
- 【羽化】：通过调整羽化值，可以对黑色区域与图像的交接处进行不同程度的模糊。

## 4.2.13 【透视】特效

在【透视】文件夹下，共包括 2 项透视效果的视频特技效果。

### 1.【基本 3D】特效

【基本 3D】特效可以在一个虚拟的三维空间中操纵素材，可以围绕水平或垂直轴旋转图像。使用基本 3D 特效，还可以使一个旋转的表面产生镜面反射高光，而光源位置总是在观看者的左后上方，其效果如图 4-238 所示。

图 4-238

应用【基本 3D】特效的方法如下。

（1）打开“素材 \Cha04\FJ.jpg”文件，然后将其拖入【序列】面板中，如图 4-239 所示。

（2）切换到【效果】面板，将【视频特效】|【透视】下面的【基本 3D】拖到【序列】面板的图片上。然后打开【效果控件】面板，将当前时间设置为 00:00:00:00，单击【基本 3D】选项下的【旋转扭曲】左侧的【切换动画】按钮，将【旋转扭曲】设置为 0.0，如图 4-240 所示。

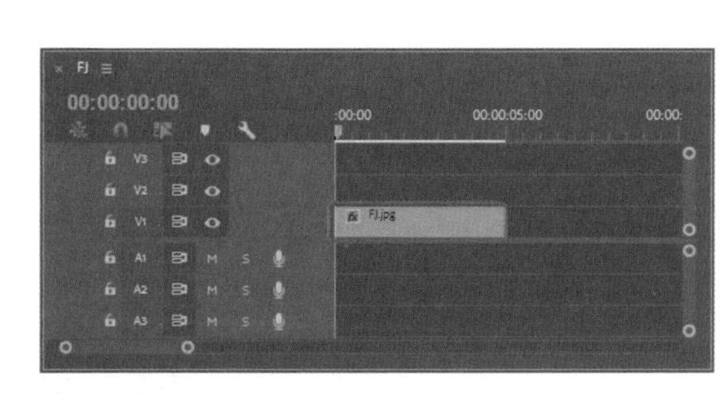


图 4-239

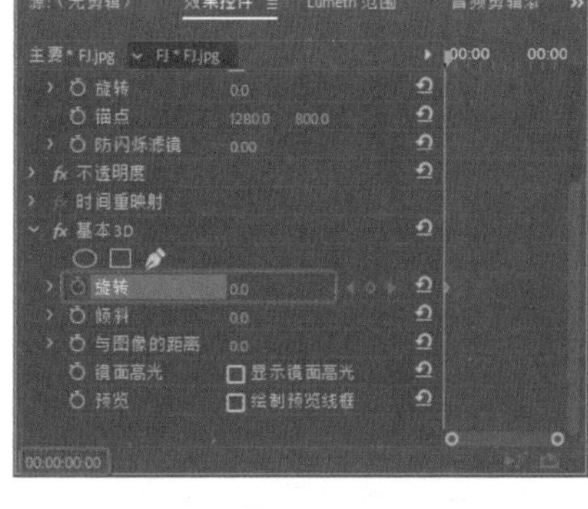


图 4-240

（3）将当前时间设置为 00:00:04:24，将【旋转扭曲】设置为 28.0°，如图 4-241 所示。

图 4-241

## 2. 【投影】特效

【投影】特效用于给素材添加一个阴影效果。该特效的选项组如图 4-242 所示。添加特效后的效果如图 4-243 所示。

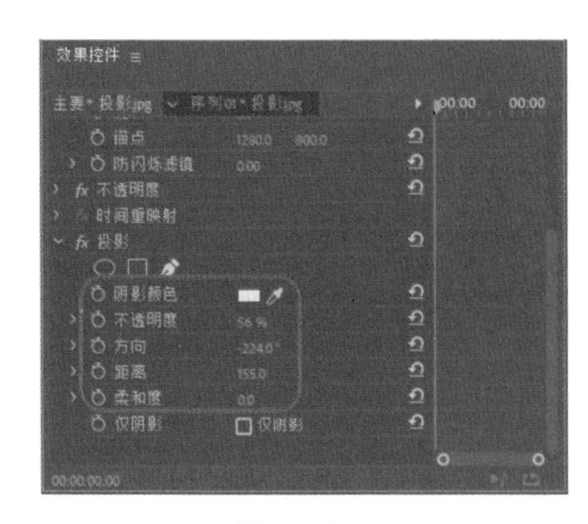


图 4-242

图 4-243

## 4.2.14 【通道】视频特效

在通道文件夹下，共包括有 1 项通道效果的视频特技效果。

### 1. 【反转】特效

反转特效用于将图像的颜色反相。该特效的选项组如图 4-244 所示，添加该特效后的效果如图 4-245 所示。

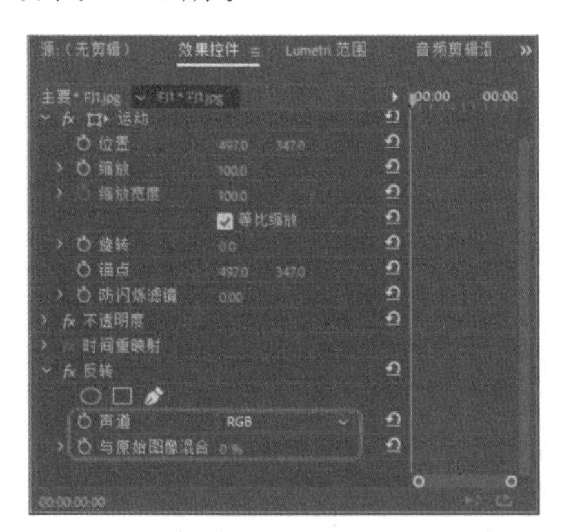


图 4-244

图 4-245

## 4.2.15 【键控】视频特效

在键控文件夹下，共包括有 5 项键控效果的视频特技效果。

### 1. 【Alpha 调整】特效

当需要改变默认的固定效果，来改变不透明度的百分比时，可以使用【Alpha 调节】特效来代替不透明度效果。

【Alpha 调整】特效位于【视频效果】中的【键控】文件夹下。应用该特效后，其参数选项组如图 4-246 所示，添加特效后的效果如图 4-247 所示。

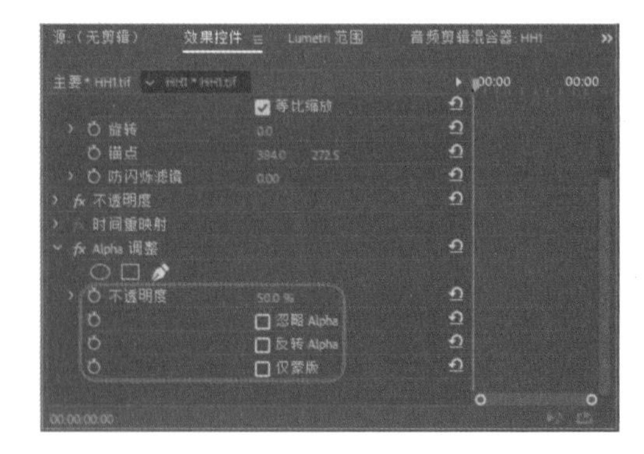


图 4-246

图 4-247

2.【亮度键】特效

【亮度键】特效根据亮度把部分视频图像抠出。【亮度键】特效常用来在纹理背景上附加影片。以使附加的影片覆盖纹理背景，该特效的选项组如图 4-248 所示。

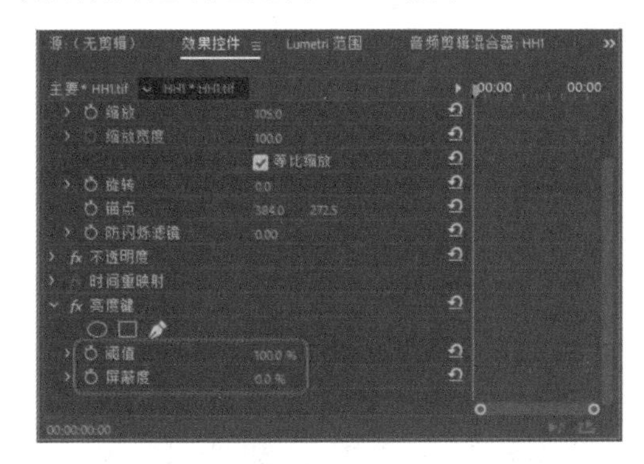


图 4-248

下面将介绍如何应用【亮度键】特效，其具体操作步骤如下。

（1）新建一个项目文件，在【项目】面板中双击鼠标，在弹出的【导入】对话框中导入“素材 \Cha04\ HH1.jpg”素材文件选择完成后，单击【打开】按钮，在【项目】面板中选择“HH1.jpg”素材文件，将其拖曳至【序列】面板中，如图 4-249 所示。

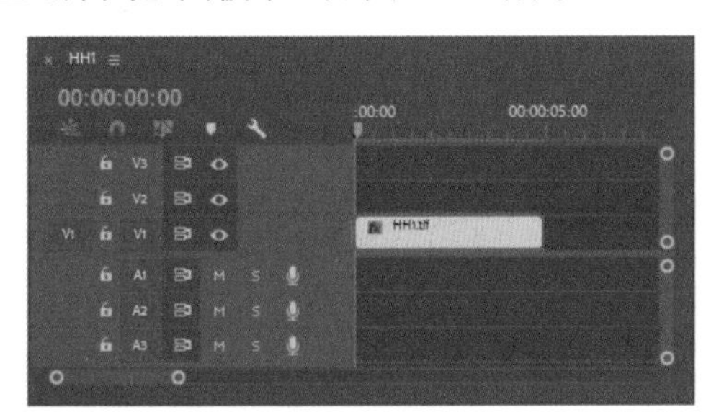


图 4-249

（2）选中该对象，单击鼠标右键在弹出的快捷菜单中选择【缩放为帧大小】命令，在【效果控件】面板中将【缩放】设置为 102，如图 4-250 所示。

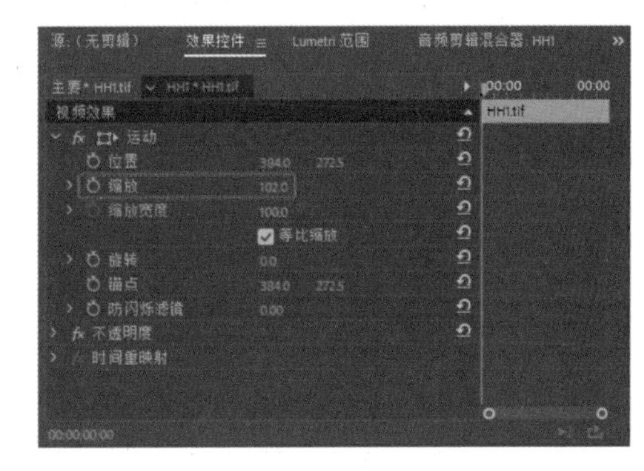


图 4-250

（3）选中该对象，切换至【效果】面板，在【视频效果】文件夹中选择【键控】中的【亮度键】特效，如图 4-251 所示。

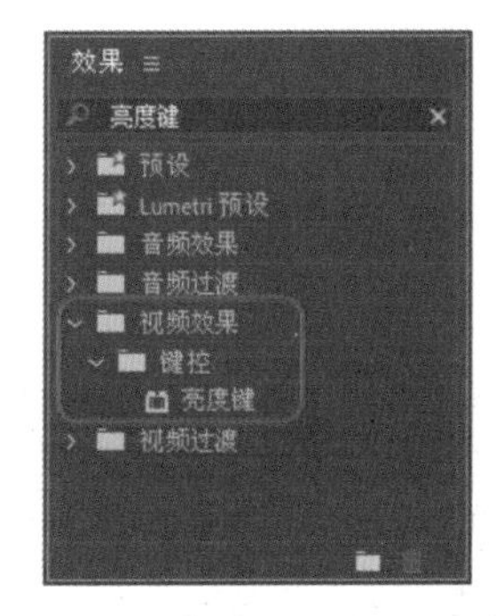


图 4-251

（4）双击该特效，为选中的对象添加该特效，将【阈值】和【屏蔽度】分别设置为 27、26，如图 4-252 所示。

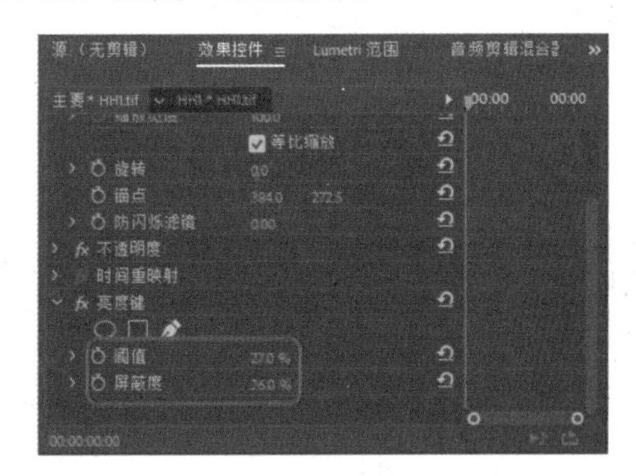


图 4-252

（5）设置完成后的效果如图 4-253 所示。

图 4-253

在使用【亮度键】特效的时候，如果用大范围的灰度图像进行编辑，效果会很好，因为【亮度键】特效只抠出图像的灰度值，而不键出图像的彩色值。通过拖动参数选项组中的【阈值】和【屏蔽度】块，可以控制要附加的灰度值，并调节这些灰度值的亮度。

3.【超级键】特效

【超级键】特效可以快速、准确的在具有挑战性的素材上进行抠像，可以对 HD 高清素材进行实时抠像，该特效对于照明不均匀、背景不平滑的素材，以及人物的卷发都有很好的抠像效果，该特效的选项组如图 4-254 所示。对比效果如图 4-255 所示。

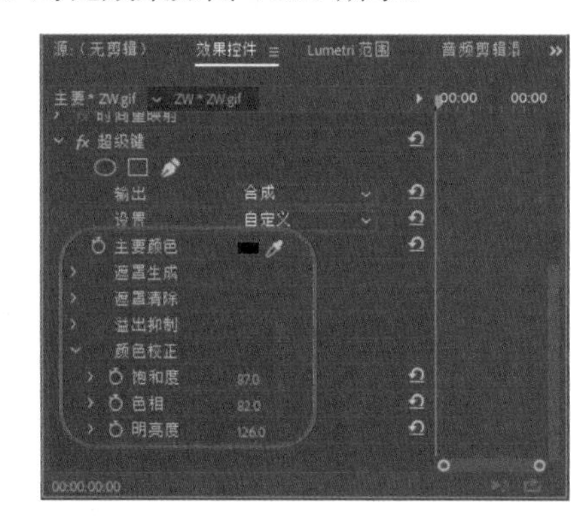


图 4-254

图 4-255

4.【轨道遮罩键】特效

【轨道遮罩键】特效与【图像遮罩键】特效的工作原理相同，都是利用指定遮罩对当前抠像对象进行透明区域定义，但是【轨道遮罩键】特效更加灵活。由于使用序列中的对象作为遮罩，所以可以使用动画遮罩或者为遮罩设置运动。

5.【颜色键】特效

【颜色键】特效可以去掉图像中所指定颜色的像素，这种特效只会影响素材的 Alpha 通道，该特效的选项组如图 4-256 所示。对比效果如图 4-257 所示。

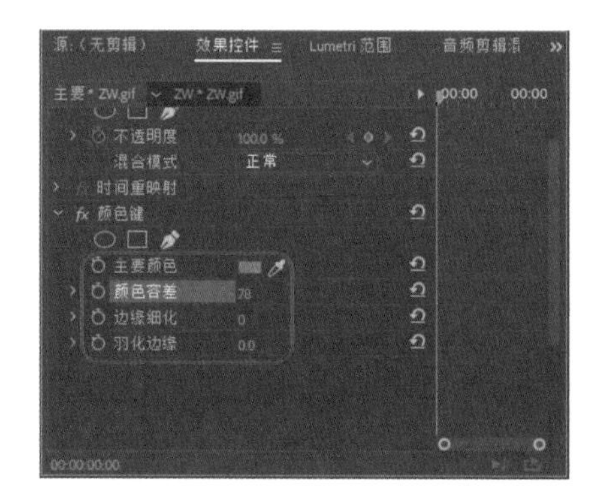


图 4-256

图 4-257

## 4.2.16 【颜色校正】视频特效

在【颜色校正】文件夹下，共包括 5 项色彩校正效果的视频特技效果。

1. ASC CDL

ASC CDL 效果可以对画面中的红、绿和蓝三色通道单独进行调整，从而更改画面的颜色，如图 4-258 所示。在【效果控件】面板中可以单独调整每个通道的偏移量，如图 4-259 所示。

图 4-258

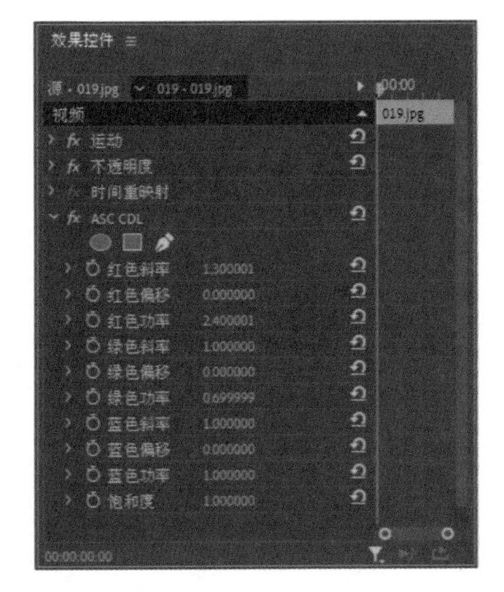


图 4-259

## 2. Lumetri 特效

在 Premiere Pro 中，lumetri 特效可以应用 SpeedGrade 颜色校正，在【效果】面板中的 Lumetri Looks 文件夹为用户提供了许多预设 Lumetri Looks 库。用户可以为【序列】面板中的素材应用 SpeedGrade 颜色校正图层和预制的查询表（LUT），而不必退出应用程序。Lumetri Looks 文件夹还可以帮助用户从来自其他系统的 SpeedGrade 或 LUT 查找并使用导出的 .look 文件。

## 3. Brightness & contrast 特效

Brightness & contrast 特效可以调节画面的亮度和对比度。该效果同时调整所有像素的亮部区域、暗部区域和中间色区域，但不能对单一通道进行调节，该特效的选项组如图 4-260 所示，对比效果如图 4-261 所示。

图 4-260

图 4-261

## 4.【色彩】特效

【色彩】效果通过更改颜色对图像进行颜色变换处理，如图 4-262 所示。在【效果控件】面板中可以设置具体参数，如图 4-263 所示。

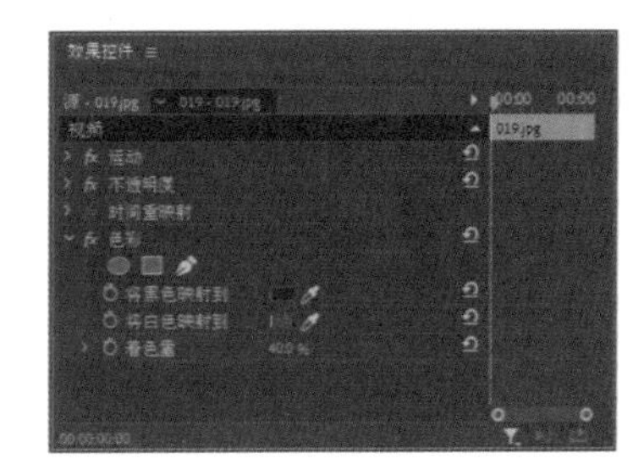


图 4-262

图 4-263

## 5.【颜色平衡】特效

【颜色平衡】特效可以设置图像在阴影、中值和高光下的红绿蓝三色的参数。该特效的选项组如图 4-264 所示，添加特效后的效果如图 4-265 所示。

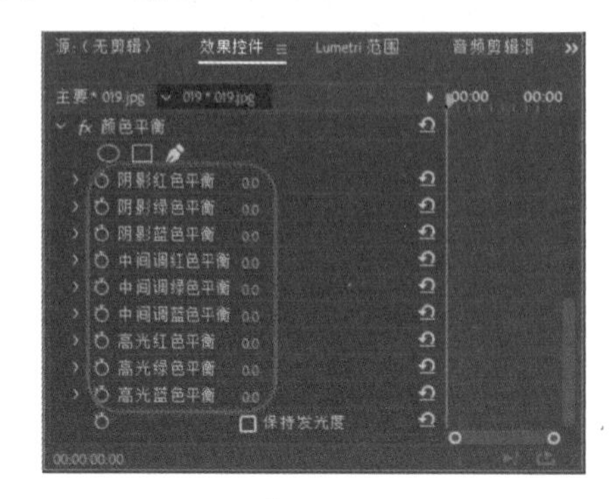


图 4-264

图 4-265

## 4.2.17 【风格化】视频特效

在【风格化】文件夹下，共包括 9 项风格化效果的视频特技效果。

### 1.【Alpha 发光】特效

【Alpha 发光】特效可以对素材的 Alpha 通道起作用，从而产生一种辉光效果。如果素材拥有多个 Alpha 通道，那么仅对第一个 Alpha 通道起作用。该特效的选项组如图 4-266 所示，添加特效后的效果如图 4-267 所示。

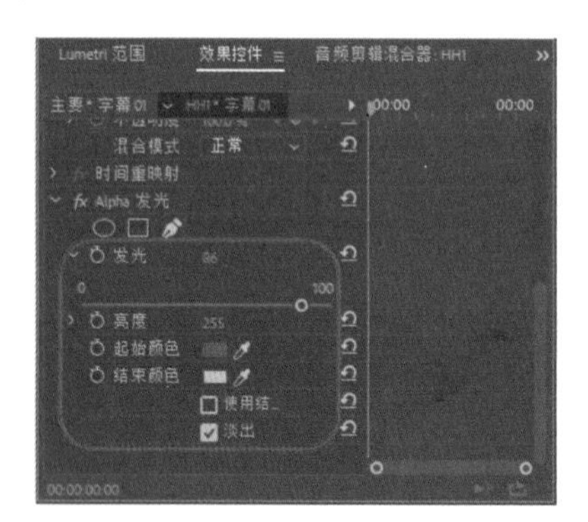


图 4-266

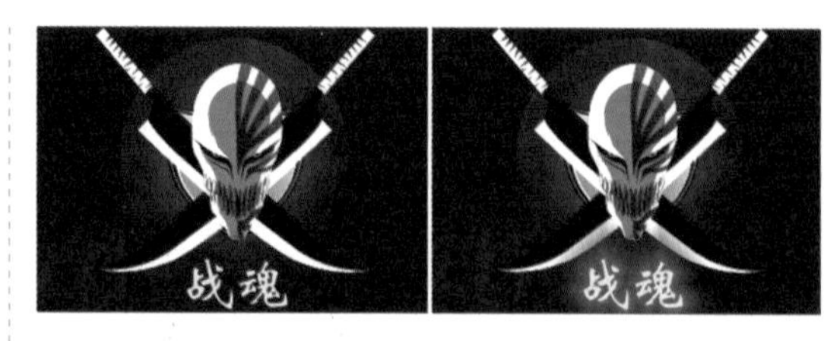


图 4-267

### 2.【复制】特效

【复制】特效将分屏幕分块，并在每一块中都显示整个图像，用户可以通过拖动滑块设置每行或每列的分块数目。该特效的选项组如图 4-268 所示，添加特效后的效果如图 4-269 所示。

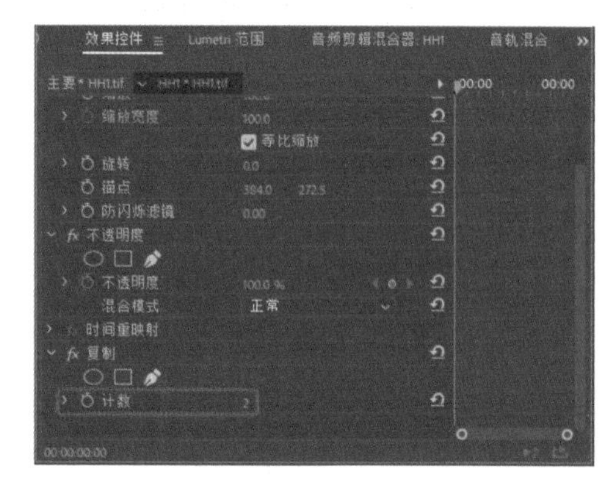


图 4-268

图 4-269

### 3.【彩色浮雕】特效

【彩色浮雕】特效用于锐化图像中物体的边缘并修改图像颜色。这个效果会从一个指定的角度使边缘高光。该特效的选项组如图 4-270 所示，添加特效后的效果如图 4-271 所示。

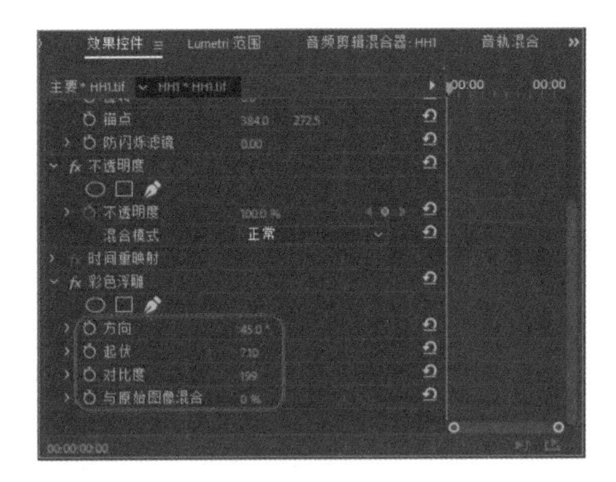


图 4-270

图 4-271

4.【查找边缘】特效

【查找边缘】特效用于识别图像中有显著变化和明显边缘，边缘可以显示为白色背景上的黑线和黑色背景上的彩色线。该特效的选项组如图 4-272 所示，添加特效后的效果如图 4-273 所示。

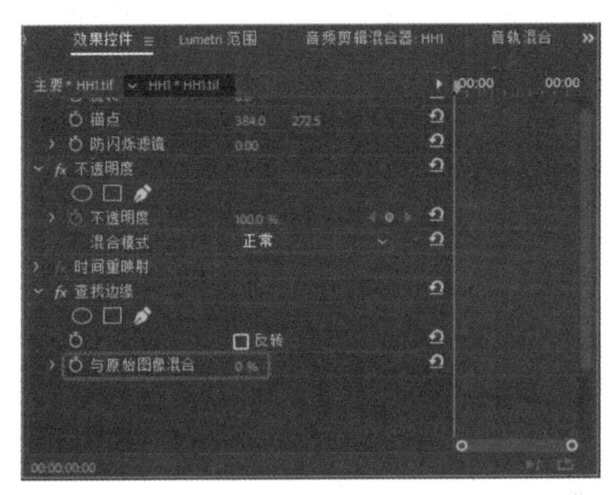


图 4-272

图 4-273

5.【画笔描边】特效

【画笔描边】特效可以为图像添加一个粗略的着色效果，也可以通过设置该特效笔触的长短和密度制作出油画风格的图像。该特效的选项组如图 4-274 所示，添加特效后的效果如图 4-275 所示。

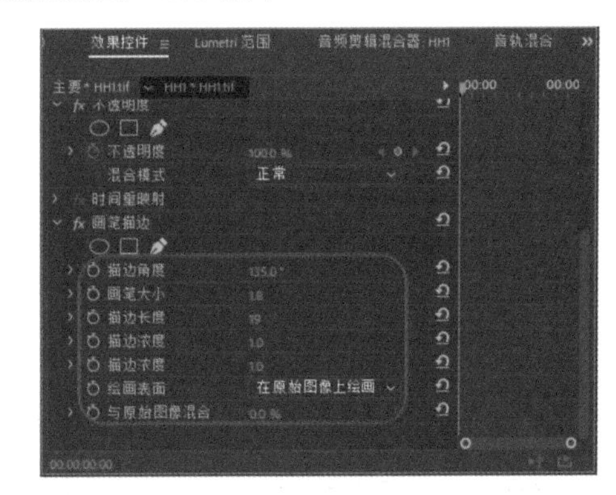


图 4-274

图 4-275

6.【粗糙边缘】特效

【粗糙边缘】特效可以使图像的边缘产生粗糙效果。该特效的选项组如图 4-276 所示，在【边缘类型】下拉列表框中可以选择图像的粗糙类型，如腐蚀、影印等。添加特效后的效果如图 4-277 所示。

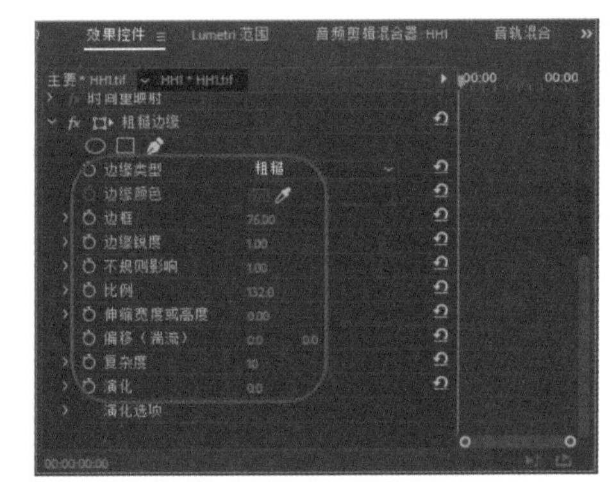


图 4-276

图 4-277

7.【闪光灯】特效

【闪光灯】特效用于模拟频闪或闪光灯效果，它随着片段的播放按一定的控制率隐掉一些视频帧。该特效的选项组如图 4-278 所示，添加特效后的效果如图 4-279 所示。

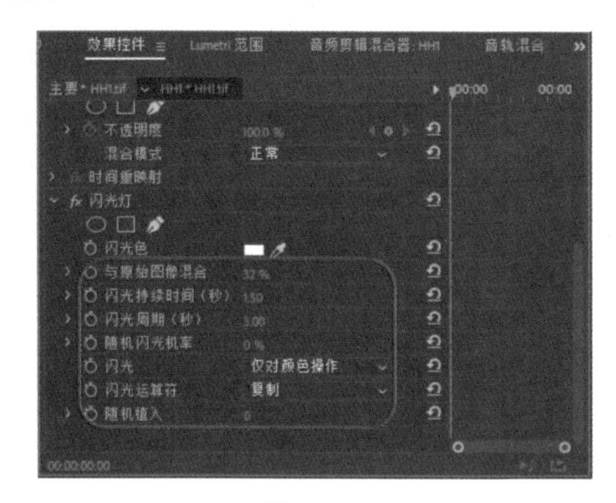


图 4-278

图 4-279

8.【色调分离】视频特效

【色调分离】特效用于将剪辑的画面转换为色块效果，在【效果控件】面板中设置【级别】参数，可以控制色块的大小，该特效的选项组如图 4-280 所示，添加特效后的效果如图 4-281 所示。

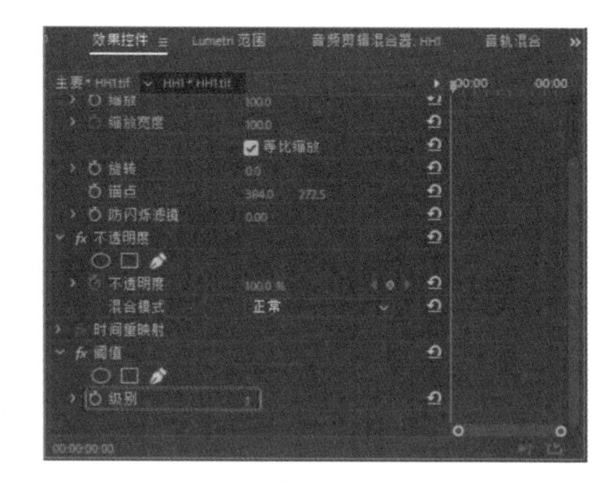


图 4-280

图 4-281

9.【马赛克】特效

【马赛克】特效将使用大量的单色矩形填充一个图层。该特效的选项组如图 4-282 所示，添加特效后的效果如图 4-283 所示。

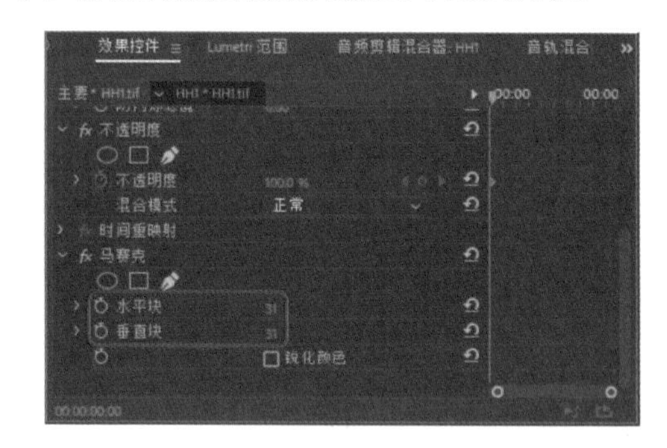


图 4-282

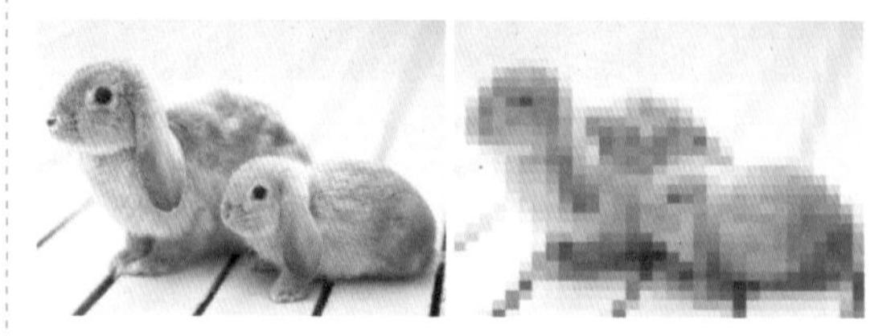

图 4-283

## 4.3　上机练习

下面通过添加视频特效制作华丽都市动画、倒计时动画。

### 4.3.1　城市风光类——华丽都市动画

扫码看视频

本案例选用带有多幅都市夜景的素材图片，通过为素材图片添加并设置【放大】效果，将都市夜景图逐个放大显示，以照片的形式进行浏览。最终效果如图 4-284 所示。

图 4-284

（1）新建项目文件和 DV-PAL 制式的宽屏 48kHz 序列文件，在【项目】面板空白处双击鼠标，导入“素材 \Cha04\ 都市 1.jpg、都市 2.jpg”素材文件。选择【项目】面板中的“都市 1.jpg”素材文件，按住鼠标左键将其拖曳至 V1 轨道中，将【持续时间】设置为 00:00:06:00，并选择添加的素材文件。切换至【效果控件】面板，将【运动】选项组中的【缩放】值设置为 162，如图 4-285 所示。

图 4-285

（2）将当前时间设置为 00:00:00:00，将“都市 2.jpg”素材文件拖曳至 V2 轨道中，将【持续时间】设置为 00:00:06:00。在【效果控件】面板中将【位置】设置为 360、860，单击左侧的【切换动画】按钮，将【缩放】设置为 81，如图 4-286 所示。

图 4-286

（3）将当前时间设置为 00:00:01:00，将【位置】设置为 360、694.9，如图 4-287 所示。

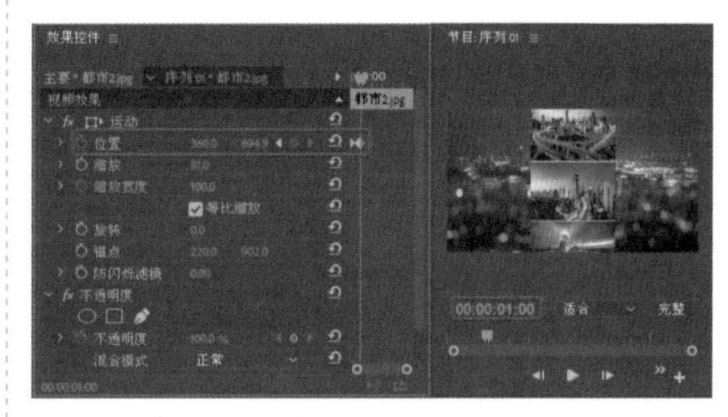

图 4-287

（4）将当前时间设置为 00:00:01:15，在【效果控件】面板中单击【位置】右侧的【添加 / 移除关键帧】按钮，添加关键帧，如图 4-288 所示。

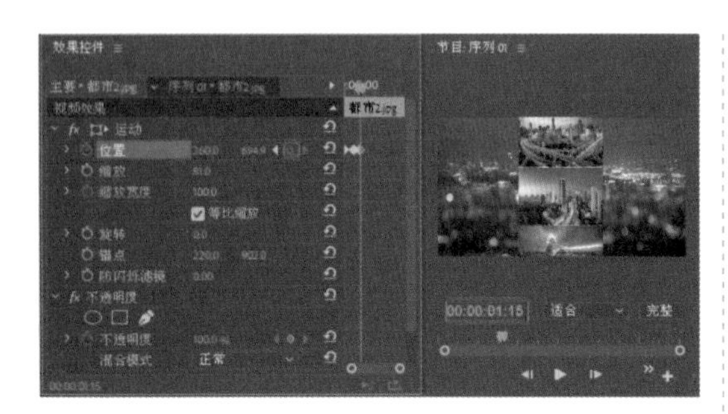

图 4-288

（5）将当前时间设置为 00:00:02:00，将【位置】设置为 360、425。将当前时间设置为 00:00:02:15，在【效果控件】面板中单击【位置】右侧的【添加 / 移除关键帧】按钮，添加关键帧，如图 4-289 所示。

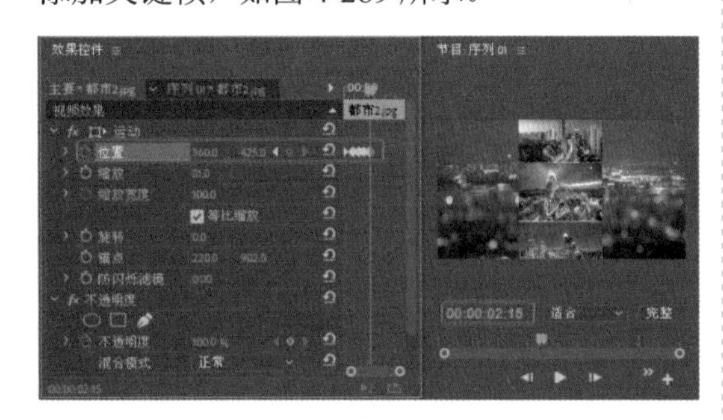

图 4-289

（6）将当前时间设置为 00:00:03:00，将【位置】设置为 360、187。将当前时间设置为 00:00:03:15，在【效果控件】面板中单击【位置】右侧的【添加 / 移除关键帧】按钮，添加关键帧，如图 4-290 所示。

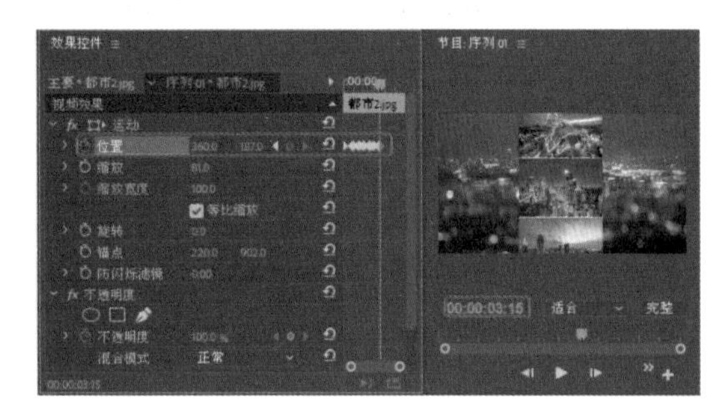

图 4-290

（7）将当前时间设置为 00:00:04:00，将【位置】设置为 360、－45。将当前时间设置为 00:00:04:15，在【效果控件】面板中单击【位置】右侧的【添加 / 移除关键帧】按钮，添加关键帧，如图 4-291 所示。

图 4-291

（8）将当前时间设置为 00:00:05:00，将【位置】设置为 360、－259，如图 4-292 所示。

图 4-292

（9）在【效果】面板中搜索【放大】特效，按住鼠标左键将其拖曳至“都市 2.jpg”素材文件上。将当前时间设置为 00:00:00:00，在【效果控件】面板中将【形状】设置为正方形，【中央】设置为 220、0，【放大率】设置为 148，【大小】设置为 450，单击【中央】、【大小】左侧的【切换动画】按钮，如图 4-293 所示。

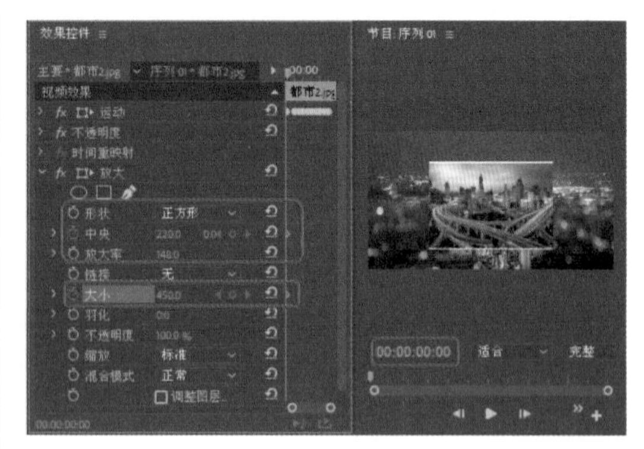

图 4-293

（10）将当前时间设置为 00:00:01:00，将【中央】设置为 220、452，将【大小】设置为 226，如图 4-294 所示。

（11）将当前时间设置为 00:00:01:15，单击【中央】、【大小】右侧的【添加 / 移除关键帧】按钮，添加关键帧，如图 4-295 所示。

图 4-294

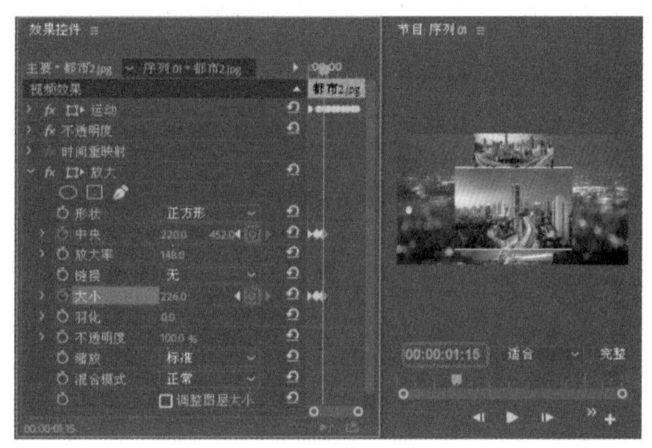


图 4-295

（12）将当前时间设置为 00:00:02:00，将【中央】设置为 220、750。将当前时间设置为 00:00:02:15，单击【中央】右侧的【添加 / 移除关键帧】按钮，添加关键帧，如图 4-296 所示。

（13）将当前时间设置为 00:00:03:00，将【中央】设置为 220、1048。将当前时间设置为 00:00:03:15，单击【中央】右侧的【添加 / 移除关键帧】按钮，添加关键帧，如图 4-297 所示。

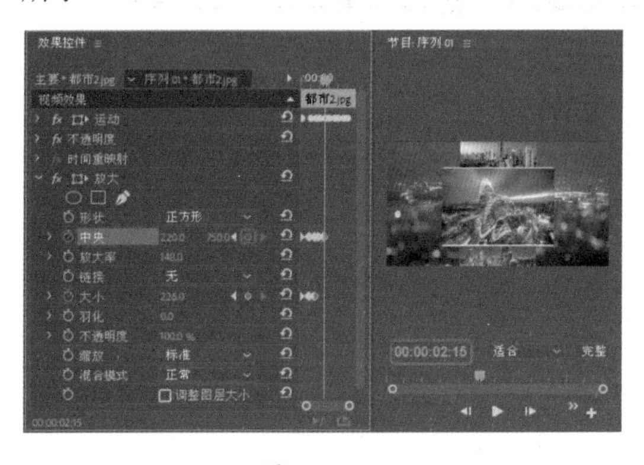


图 4-296

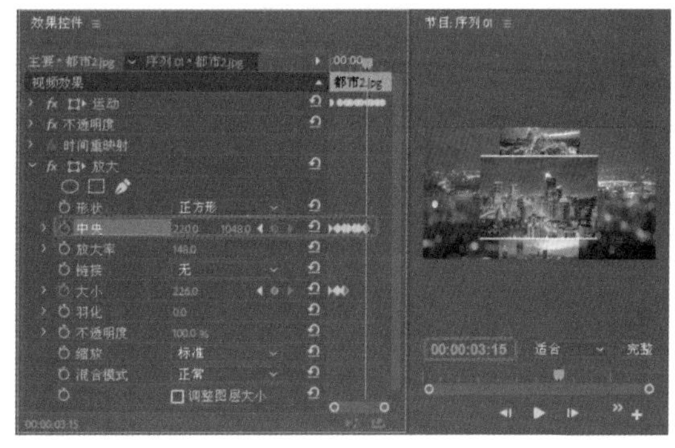


图 4-297

（14）将当前时间设置为 00:00:04:00，将【中央】设置为 220、1350。将当前时间设置为 00:00:04:15，单击【中央】右侧的【添加 / 移除关键帧】按钮，单击【大小】右侧的【添加 / 移除关键帧】按钮，添加关键帧，如图 4-298 所示。

（15）将当前时间设置为 00:00:05:00，将【中央】设置为 220、1785，将【大小】设置为 430，如图 4-299 所示。

图 4-298　　图 4-299

## 4.3.2　影视特效类——倒计时动画

扫码看视频

本案例中设计的倒计时效果重在使文字按设计者的意愿进行排列。本案例的制作过程通过输入文字设置参数，并创建多个字幕，使用通用倒计时片头制作出倒计时效果，最终效果如图 4-300 所示。

图 4-300

（1）新建项目和序列，【序列】设置为 DV-24P 制式的标准 48kHz，在【项目】面板导入“电视 1.jpg”素材文件，如图 4-301 所示。

（2）在【项目】面板的空白处右击，在弹出的快捷菜单中选择【新建项目】|【通用倒计时片头】命令，在弹出的对话框中保持默认设置，单击【确定】按钮。然后在弹出的对话框中将【擦除颜色】的 RGB 值设置为 76、231、76，将【线条颜色】、【目标颜色】均设置为白色，将【背景色】的 RGB 值设置为 201、1、189，将【数字颜色】的 RGB 值设置为 255、0、0，如图 4-302 所示。

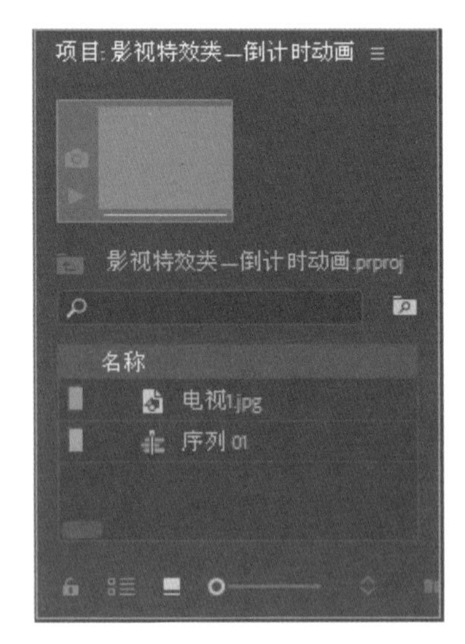


图 4-301

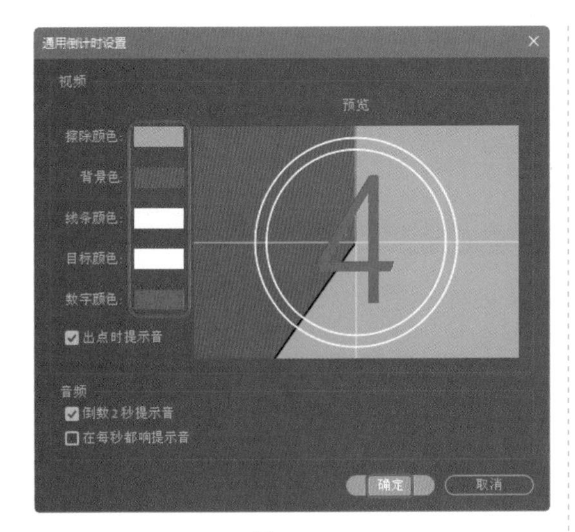


图 4-302

（3）单击【确定】按钮，将新建的通用倒计时片头拖曳至 V1 轨道中。在【效果控件】面板中将【运动】选项组中的【位置】设置为 357.5、234，将【缩放】设置为 32，如图 4-303 所示。

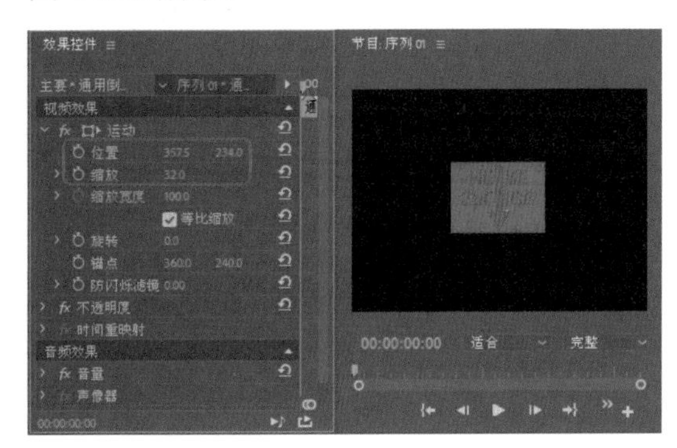

图 4-303

（4）将当前时间设置为 00:00:00:00，将“电视 1.jpg”素材之件拖曳至 V2 轨道中，将其开始位置与时间线对齐，将【持续时间】设置为 00.00.11.00。在【效果控件】面板中将【位置】设置为 360、240，取消选中【等比缩放】复选框，将【缩放高度】、【缩放宽度】分别设置为 40、37，如图 4-304 所示。

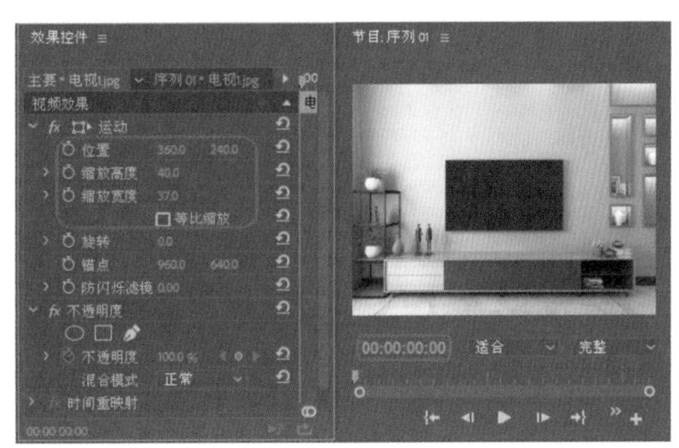

图 4-304

（5）在【效果】面板中将【颜色键】特效拖曳至 V2 轨道中的素材文件上。在【效果控件】面板中将【主要颜色】的 RGB 值设置为 1、0、1，将【颜色容差】设置为 68，【边缘细化】设置为 0，【羽化边缘】设置为 0。如图 4-305 所示。

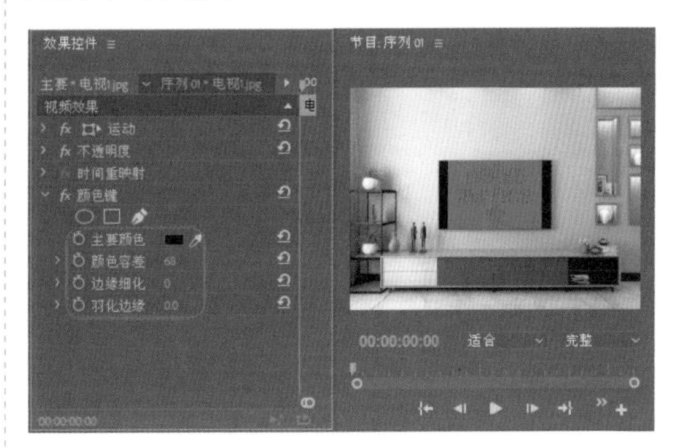

图 4-305

# 第5章 常用字幕的创建与实现

在各种影视节目中，字幕是不可缺少的，字幕起到解释画面、补充内容等作用。作为专业处理影视节目的 Premiere Pro 2023，也必然包括字幕的制作和处理工具。Premiere Pro 2023 在字幕方面进行了更新，与旧版本有较大区别。

## 5.1 文字工具

从 Premiere Pro 2023 起，【旧版标题】功能彻底停用，只能通过【文字工具】或【垂直文字工具】在画面中输入文字内容。

使用【工具箱】中的【文字工具】按钮T，可以在节目监视器中输入文字内容。单击【文字工具】按钮后，在节目监视器中单击，就会生成输入文字的红框，如图 5-1 所示。在红框内就可以输入需要的文字内容，如图 5-2 所示。在【时间轴】面板中会显示新的文字剪辑，如图 5-3 所示。

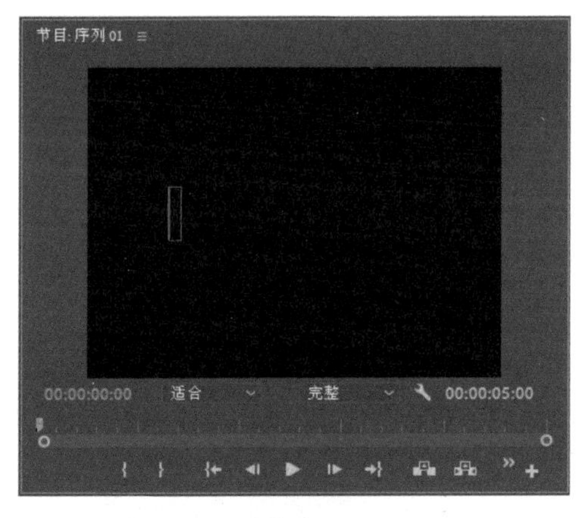


图 5-1

图 5-2

默认情况下文字的颜色是白色，若是要更改文字的相关属性，在【效果控件】面板中展开【文本】卷展栏，就可以更改字体、大小和颜色等属性，如图 5-4 所示。

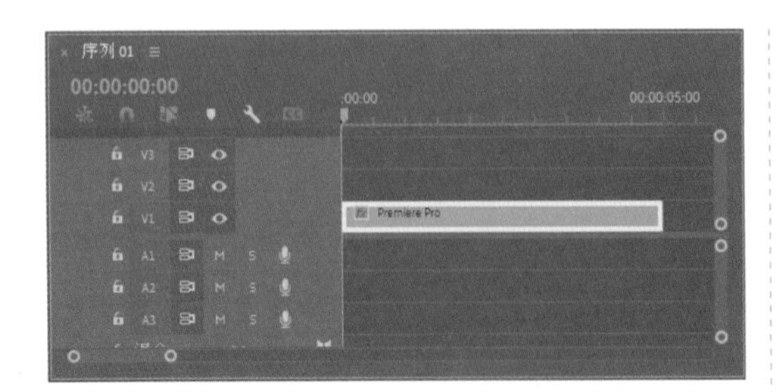

图 5-3

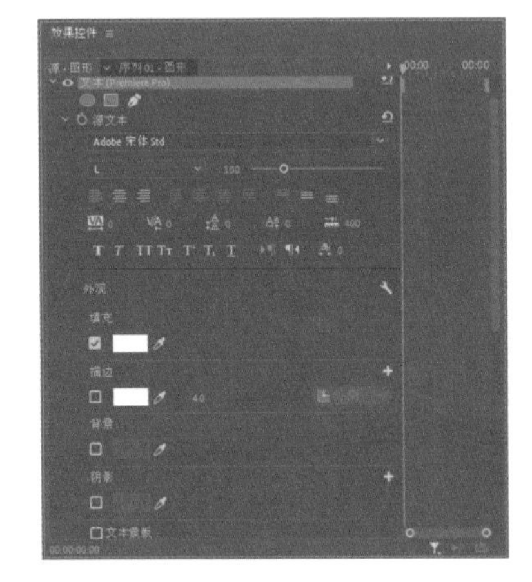

图 5-4

【效果控件】面板各项参数详解如下。

- 【字体】：在该下拉列表中，显示系统中所有安装的字体，可以在其中选择需要的字体进行使用。
- 【字体样式】：选择字体样式。
- 【字体大小】：设置字体的大小。
- 【填充】：设置文字颜色，默认为白色。
- 【描边】：勾选该选项后，可以设置文字描边的颜色，如图 5-5 所示。

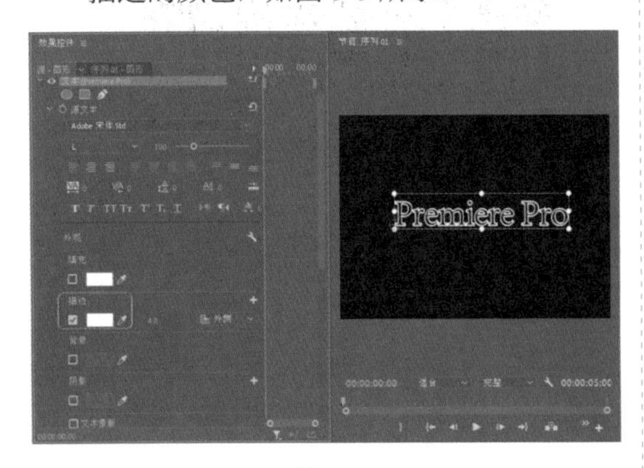

图 5-5

- 【背景】：勾选该选项后，可以在文字的后方显示一个色块，如图 5-6 所示。

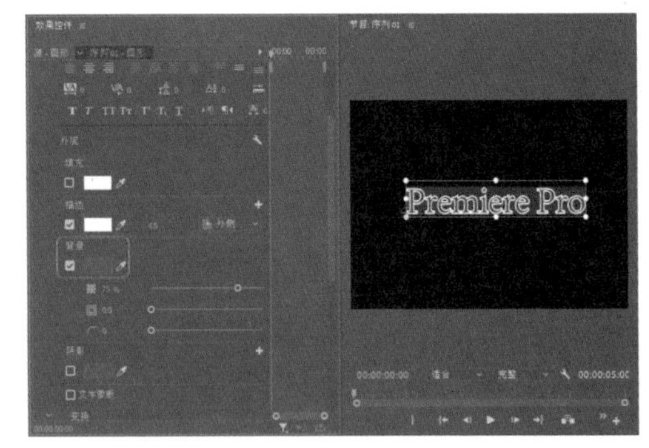

图 5-6

- 【阴影】：勾选该选项后，可以生成文字的投影效果，如图 5-7 所示。

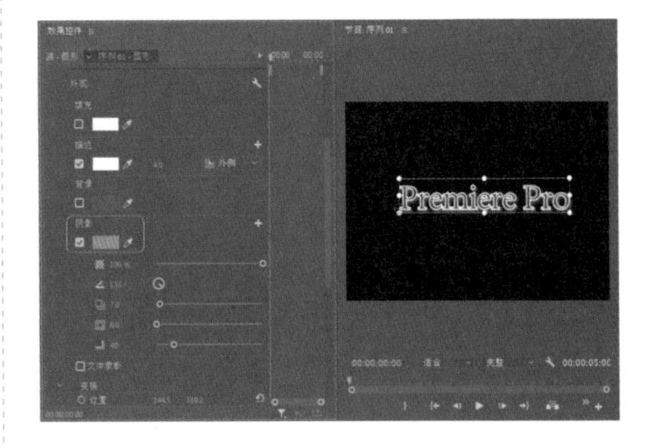

图 5-7

除了可以在【效果空间】面板中调整文字属性，也可以选择菜单栏中的【窗口】|【基本图形】命令，在打开的【基本图形】面板中进行调整，如图 5-8 所示。

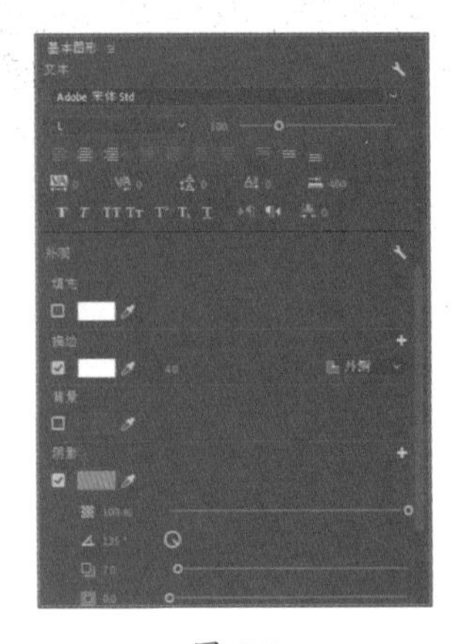

图 5-8

## 5.2 垂直文字工具

长按【文字工具】的按钮，在弹出的菜单中就可以切换【垂直文字工具】。使用【垂直文字工具】就能在画面中输入纵向排列的文本内容，如图 5-9 所示。

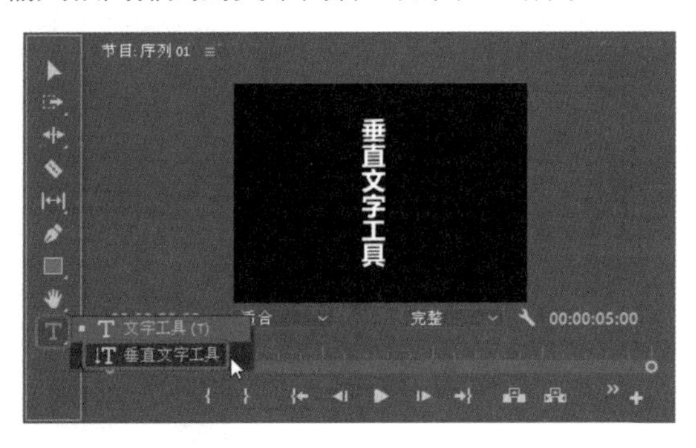


图 5-9

## 5.3 【文本】面板

【文本】面板是 Premiere Pro 2023 的新功能。在该面板中包含【转录文本】、【字幕】和【图形】3 个选项卡。

### 5.3.1 转录文本

【转录文本】可以将一段语音音频自动转换为文字内容，并添加到画面中。可以省去语音音频导入外部软件制作字幕再导入回 Premiere 的麻烦操作，极大的提升用户的操作体验，下面将讲解如何转录文本，具体操作步骤如下。

（1）新建项目文件，在【项目】面板导入“素材 \Cha05\ 古诗 .m4a”素材文件，单击【打开】按钮，按住鼠标拖曳至【序列】面板中，如图 5-10 所示。

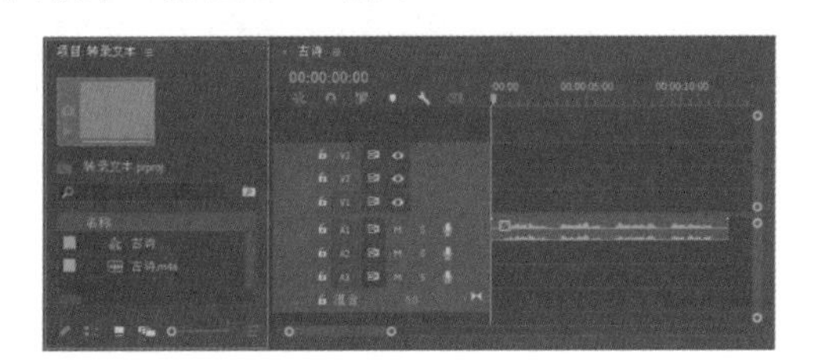

图 5-10

（2）在菜单栏中选择【窗口】|【文本】命令，打开【文本】面板，单击【转录序列】按钮，如图 5-11 所示。

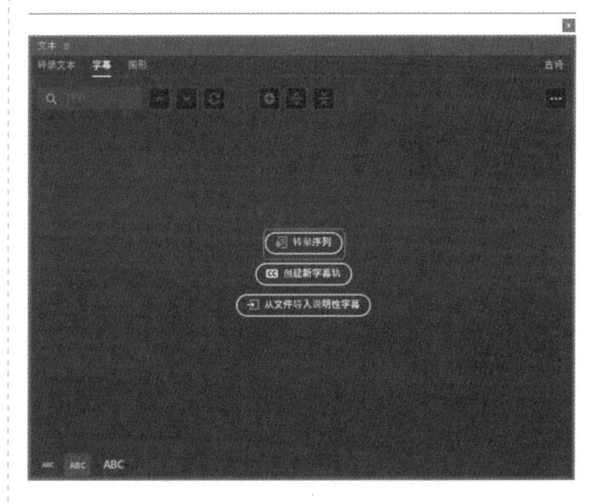


图 5-11

（3）弹出【创建转录文本】对话框，将【语言】设置为简体中文，将【音轨正常】设置为音频 1，单击【转录】按钮，如图 5-12 所示。

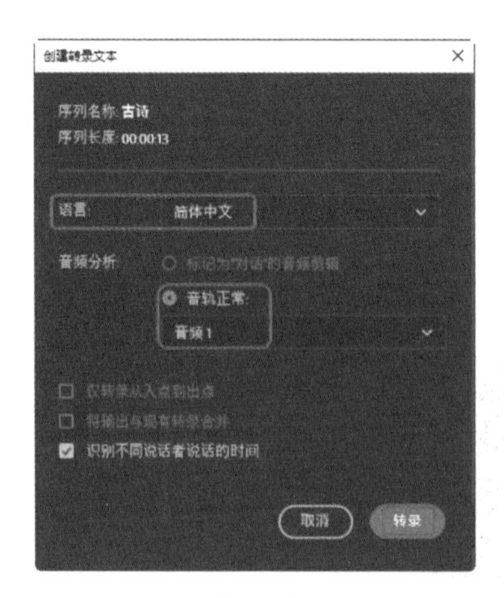


图 5-12

（4）等待软件自动识别语音并转换为文字，如图 5-13 所示。

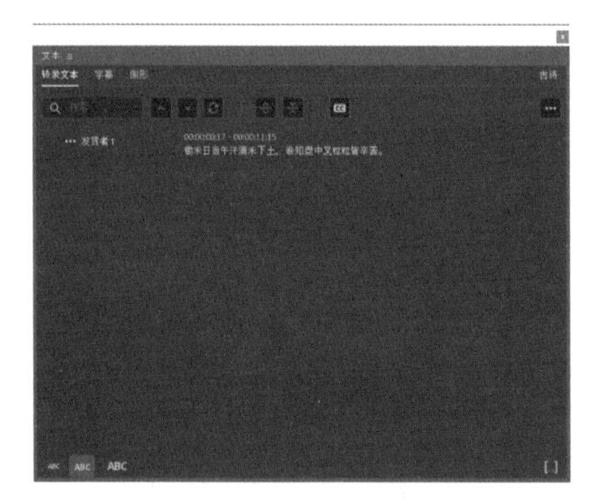


图 5-13

（5）转录完成后发现文字有差错，可以双击文本，进行修改，单击【创建说明性字幕】按钮 CC，如图 5-14 所示。

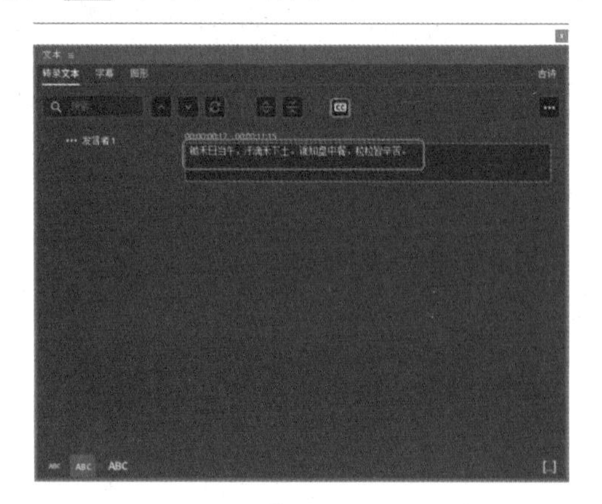


图 5-14

（6）弹出【创建字幕】对话框，根据实际情况可以设置字幕的显示方式，单击【创建】按钮，如图 5-15 所示。

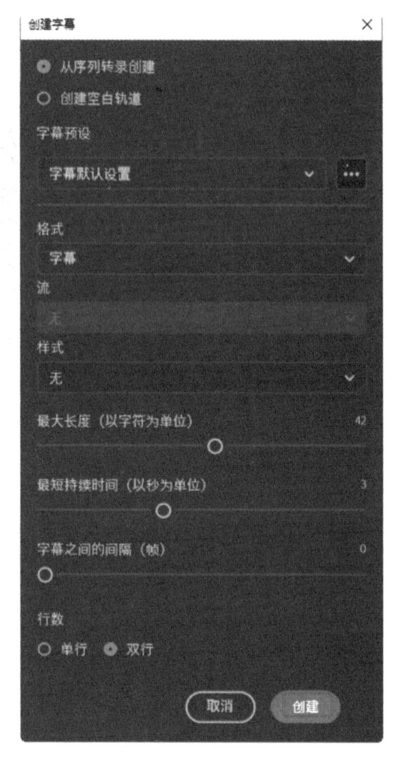


图 5-15

（7）在【字幕】选项卡中显示每一段语音转录的文本，如图 5-16 所示。

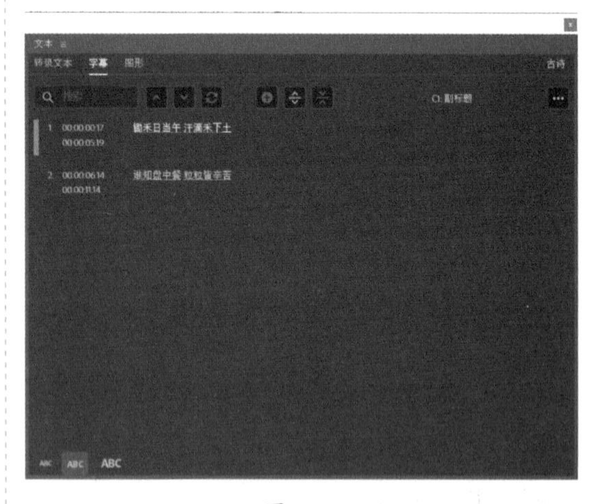


图 5-16

（8）在序列中也能看到对应的文字剪辑，如图 5-17 所示。

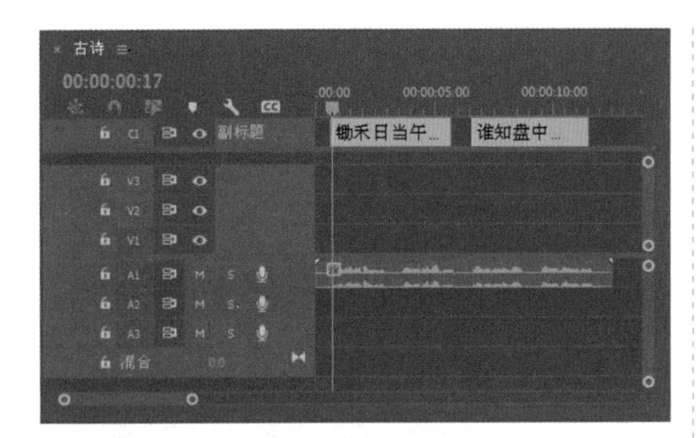


图 5-17

## 5.3.2　字幕

转录完成的文字内容，会显示在【字幕】选项卡中，用户可以边听语音边校正错别字和错误的节奏点。

- 【拆分字幕】按钮：如果需要将一段字幕按照语气或断句位置拆分为两端，可以选中需要拆分的字幕并单击此按钮，就能将这一段字幕分成两段完全一致的字幕，如图 5-18 所示。在分别修改每一段，保留需要的部分即可。

图 5-18

- 【合并字幕】按钮：如果要合并两段语音为一段，选中需要合并的语音，如图 5-19 所示单击【合并字幕】按钮即可合并，如图 5-20 所示。

图 5-19

图 5-20

在【节目】监视器中可以观察到添加的字幕信息，如果要修改文字的字体、大小和颜色等，可以选择【字幕】选项卡中的所有文字，然后在【基本图形】面板中进行修改，如图 5-21 所示。

图 5-21

### 5.3.3 图形

【图形】选项卡中会显示使用【文字工具】、【垂直文字工具】在画面中输入文字内容及相关信息，如图 5-22 所示。

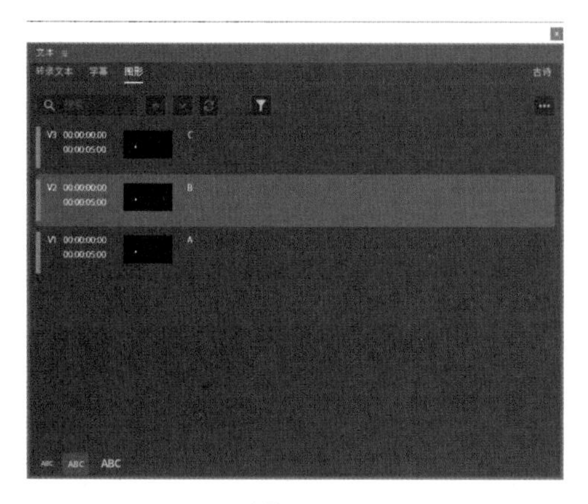

图 5-22

- 【筛选轨道】按钮：单击该按钮，在弹出的下拉菜单中可以选择不同轨道中的文字剪辑，如图 5-23 所示。
- 【设置】按钮：单击该按钮，可以导入或导出文本文件、进行拼写检查等，如图 5-24 所示。

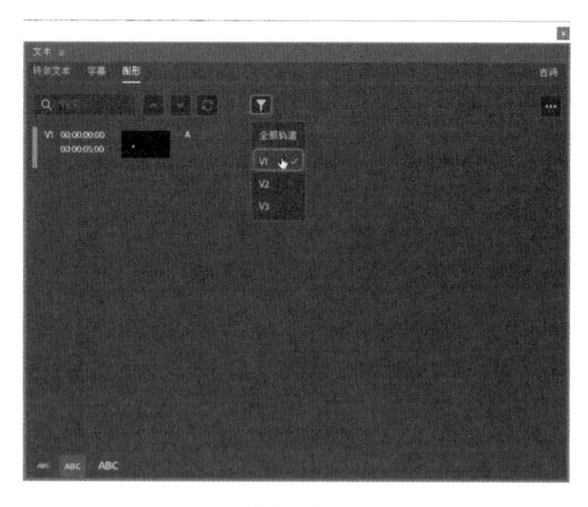

图 5-23

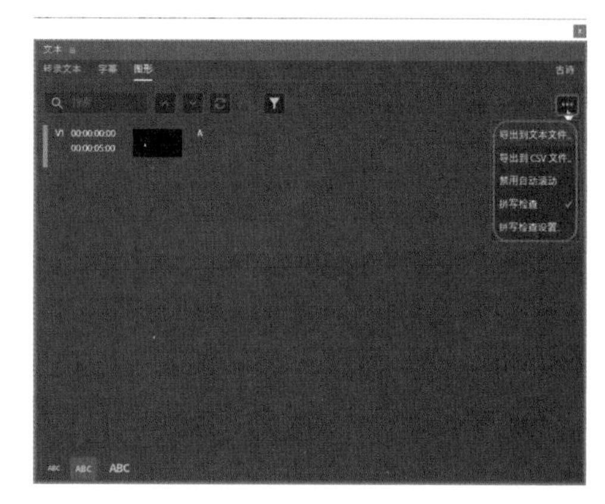

图 5-24

## 5.4 上机练习

下面通过添加视频特效制作数字化字幕动画、片尾滚动字幕动画。

### 5.4.1 影视特效类——数字化字幕

扫码看视频

本案例制作数字化字幕在制作的过程中主要通过文字工具输入文字，效果展示如图 5-25 所示。

图 5-25

（1）新建项目文件和 DV-PAL 制式的标准 48kHz 序列文件，在【项目】面板导入“素材 \Cha05\ 科技背景图 .jpg”素材文件，单击【打开】按钮，导入素材如图 5-26 所示。

图 5-26

（2）选择项目面板中的【科技背景图 .jpg】文件，将其拖至到 V1 轨道中，将【持续时间】设置为 00:00:06:03，并选择添加的素材文件，切换【效果控件】面板，将【运动】选项组下的【位置】设置为 360、300，【缩放】设置为 16，如图 5-27 所示。

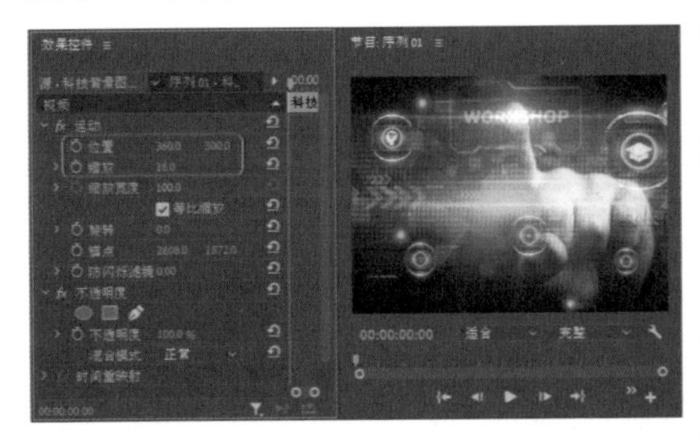

图 5-27

（3）使用【文字工具】输入文本，将【字体】设置为 Courier New，【大小】设置为 100，【填充】设置为【白色】，勾选【描边】复选框，【颜色】为 0、178、255，【描边宽度】设置为 1.2，【类型】设置为外侧，如图 5-28 所示。

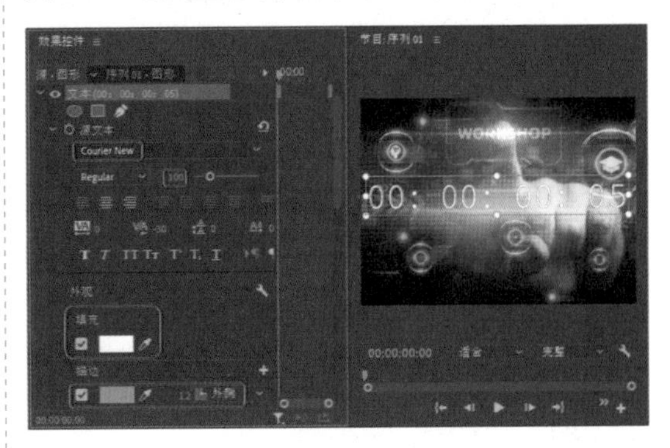

图 5-28

（4）选中【阴影】复选框，设置【颜色】为 0、178、255，【不透明度】设置为 50%，【角度】设置为 45°，【距离】设置为 0，【大小】设置为 8，【模糊】设置为 50，将【X 位置】、【Y 位置】设置为 20.6、279.9，如图 5-29 所示。

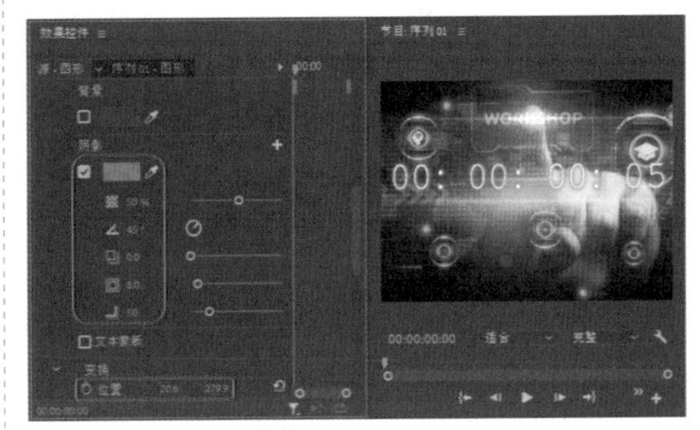

图 5-29

（5）将文字拖曳到 V2 轨道中，设置持续时间为 00:00:06:03，打开【效果控件】面板，确认时间在 00:00:00:00 处，单击【缩放】和【旋转】左侧切换动画添加关键帧，将【缩放】设置为 0，如图 5-30 所示。

图 5-30

（6）将当前时间设置为 00:00:02:00，将【缩放】设置为 100，【旋转】设置为 3x0.0，如图 5-31 所示。

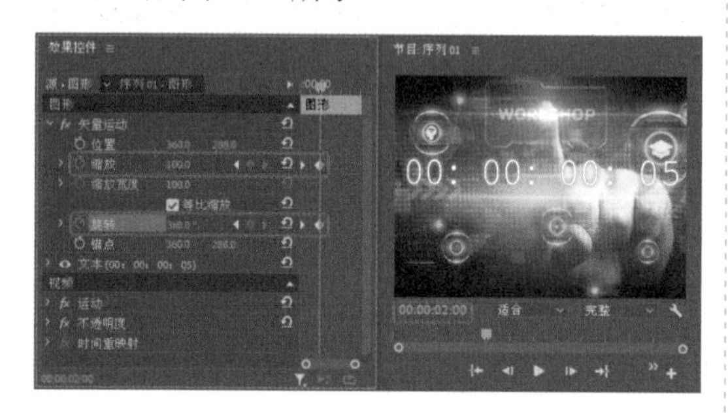

图 5-31

（7）将当前时间设置为 00:00:03:00，将【缩放】设置为 230，【不透明度】设置为 0，单击【不透明度】左侧的切换动画按钮，如图 5-32 所示。

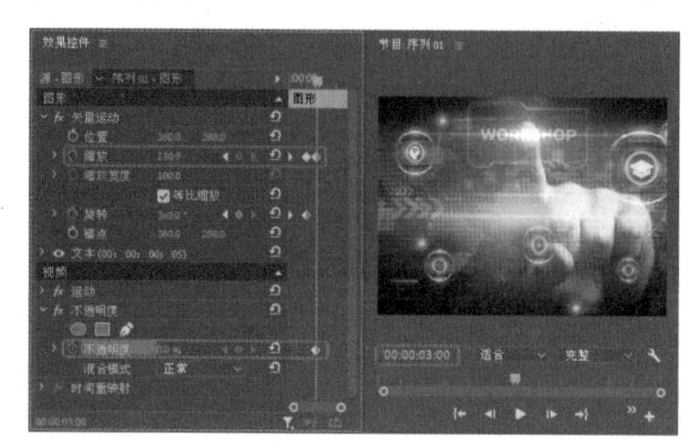

图 5-32

（8）将当前时间设置为 00:00:04:00，将【缩放】设置为 100，【不透明度】设置为 100%，如图 5-33 所示。

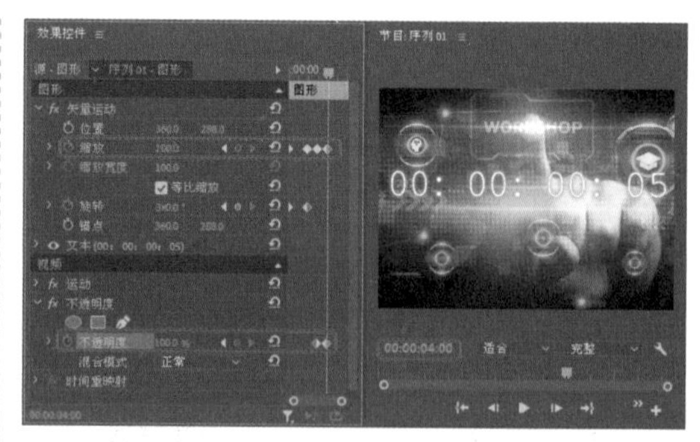

图 5-33

（9）将当前时间设置为 00:00:05:00，单击【位置】左侧切换动画按钮，单击【缩放】右侧移除 / 添加关键帧，如图 5-34 所示。

图 5-34

（10）将当前时间设置为 00:00:06:00，将【位置】设置为 185.2、547.2，【缩放】设置为 40，如图 5-35 所示。

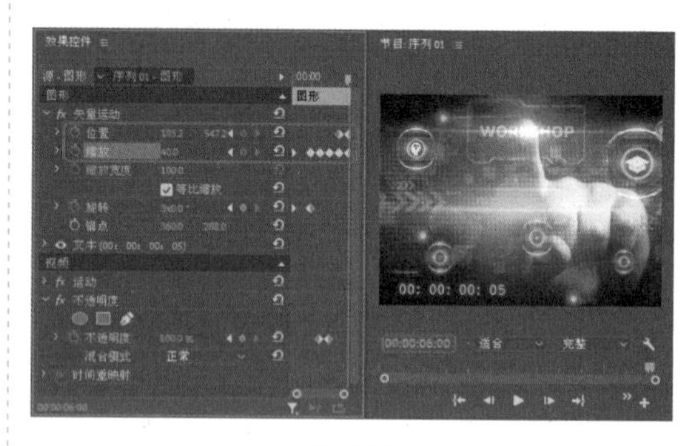

图 5-35

扫码看视频

## 5.4.2 影视动画类——片尾滚动字幕

本案例将讲解如何制作片尾滚动字幕，效果展示如图 5-36 所示。

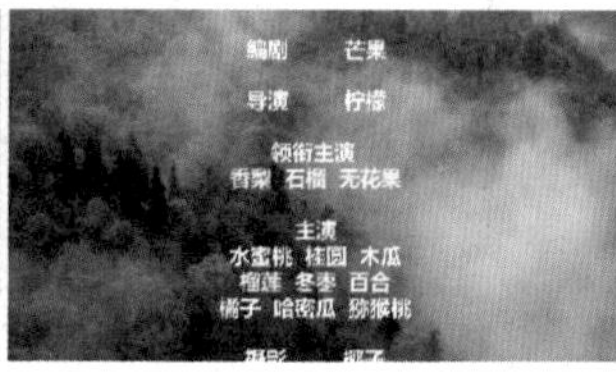

图 5-36

（1）在项目面板导入“素材 \Cha05\ 片尾素材 .mp4”素材文件，按住鼠标拖曳至【序列】面板中，如图 5-37 所示。

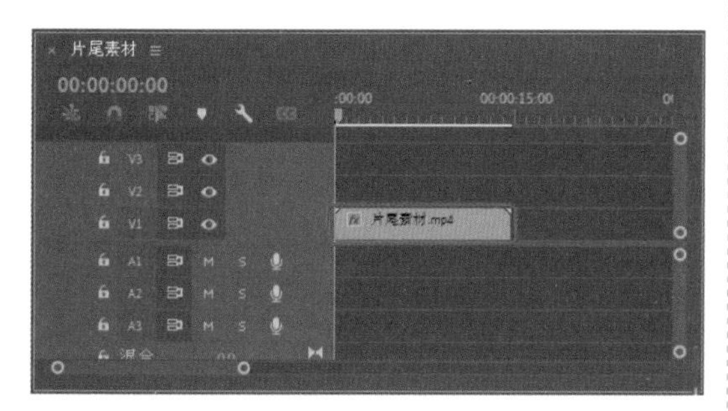

图 5-37

（2）使用【文字工具】在节目监视器中单击，生成输入文字的红框，将“素材 \Cha05\ 文字 .txt”素材文件中的片尾的职工表文字内容复制，粘贴至节目监视器中，如图 5-38 所示。

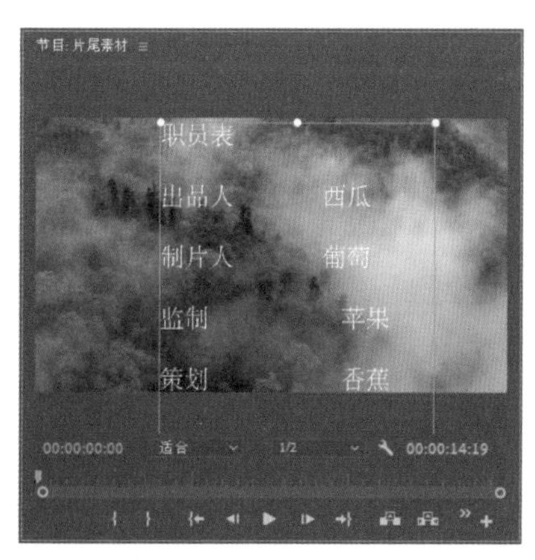


图 5-38

（3）在【基本图形】面板中将【字体】设置为微软雅黑，将【字体样式】设置为 Bold，将【字体大小】设置为 66，单击【居中对齐文本】按钮，【填充】设置为白色，调整文本位置，如图 5-39 所示。

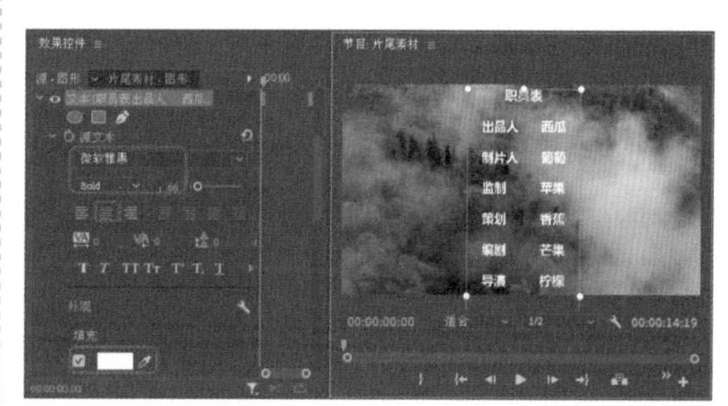

图 5-39

（4）选中文字剪辑，在【基本图形】面板中勾选【滚动】选项，如图 5-40 所示。

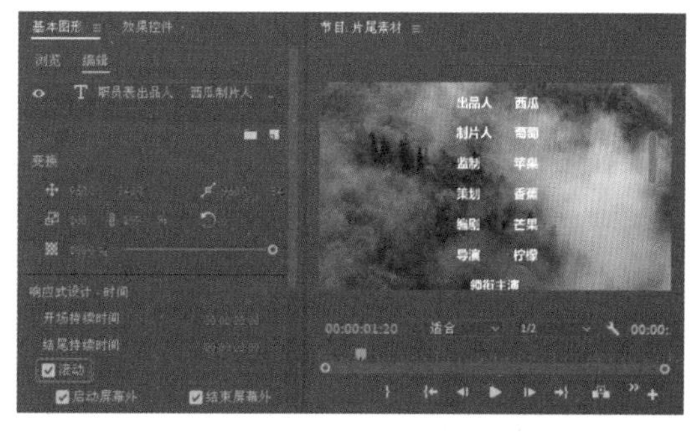

图 5-40

（5）此时观察到文字呈现自下而上滚动效果，如图 5-41 所示。

图 5-41

（6）将 V2 轨道中的【文字】结尾处与 V1 轨道的“片尾素材 .mp4”结尾处对齐，如图 5-42 所示。

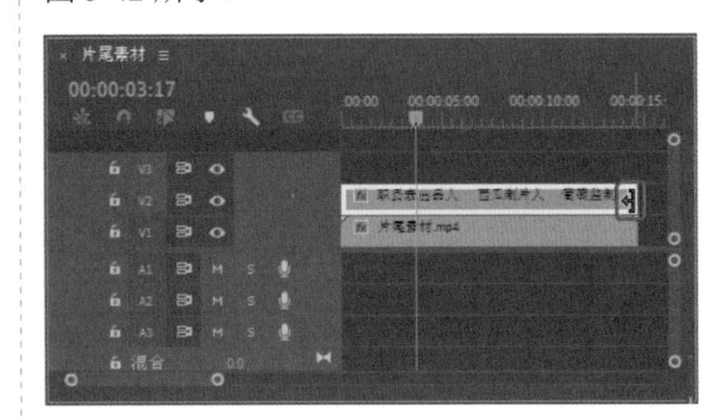


图 5-42

# 文件的设置与输出

影片制作完成后，需要进行输出，在 Premiere Pro 2023 中可以将影片输出为多种格式。本章为大家介绍对输出选项的设置，详细介绍将影片输出为不同格式的方法。

## 6.1　输出设置

视频编辑完成后，需要导出为需要的文件。选中【序列】面板按快捷键 Ctrl+M 或直接单击界面上方的【导出】按钮，就可以切换到【导出】界面，如图 6-1 所示。

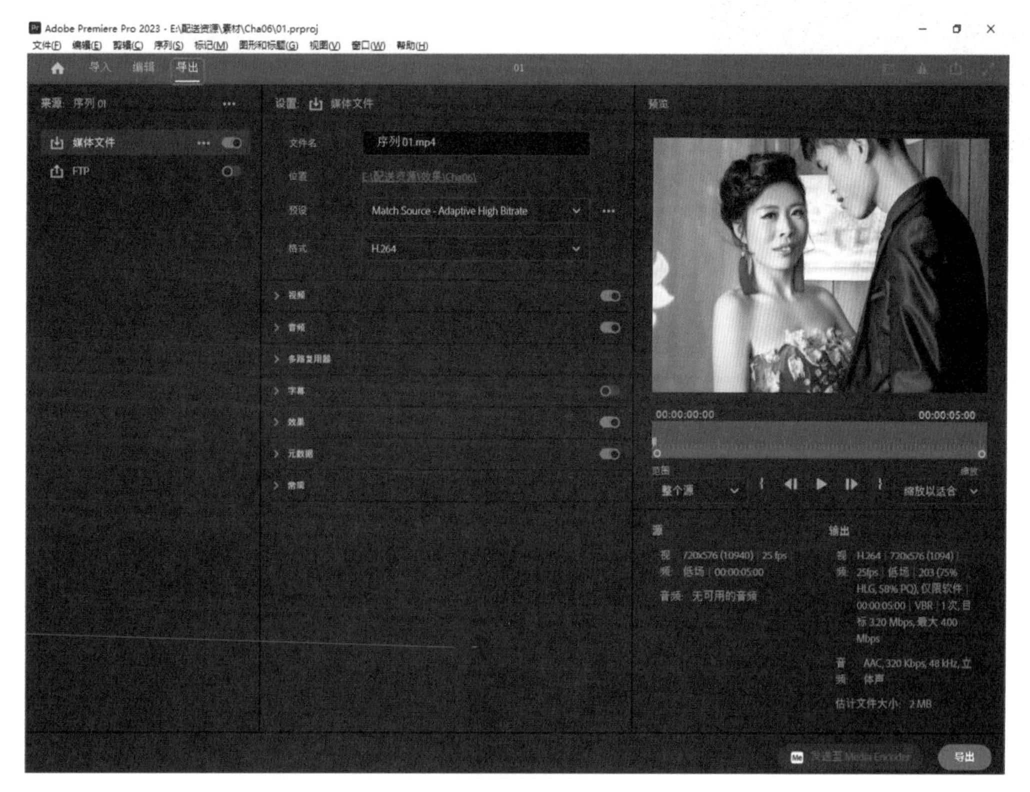


图 6-1

### 6.1.1 设置

在【设置】选项卡中可以设置导出文件的名称、路径和格式等信息，如图 6-2 所示。

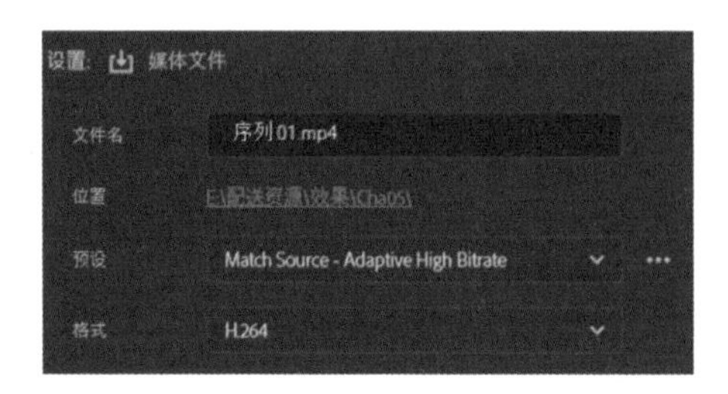


图 6-2

各个选项参数详解如下。

- 【文件名】：设置导出文件的名称。
- 【位置】：设置导出文件的保存路径。
- 【预设】：设置导出文件的预设类型。
- 【格式】：在该下拉菜单中可以选择需要的格式，如图 6-3 所示。

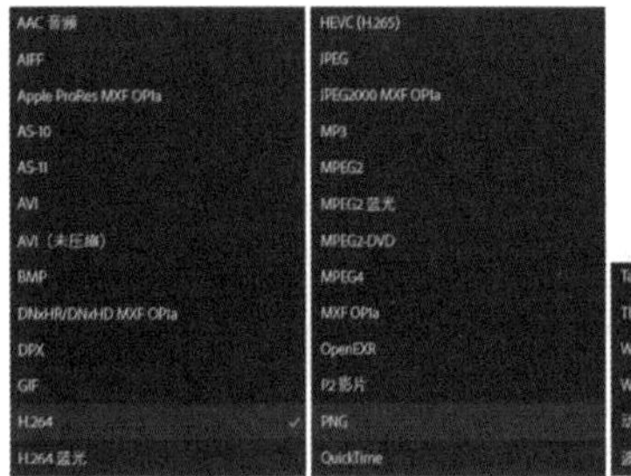


图 6-3

### 6.1.2 视频

【视频】卷展栏中的参数可以设置导出视频画面的相关信息，如图 6-4 所示。

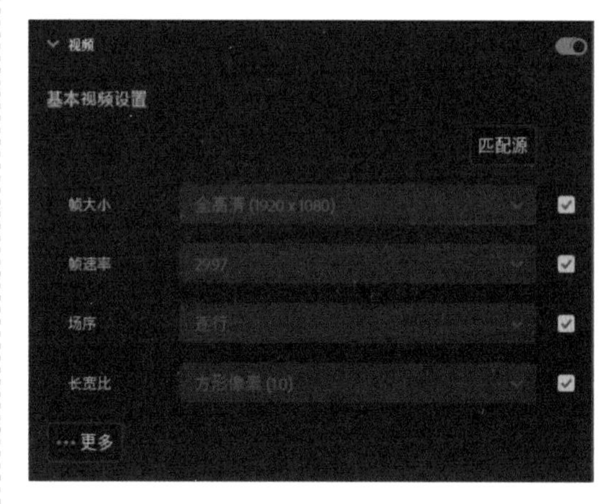


图 6-4

各个选项参数详解如下。

- 【匹配源】：单击该按钮，可以将序列的相关信息与素材的信息统一。
- 【帧大小】：设置画幅的大小。
- 【帧速率】：设置每秒的帧数。
- 【场序】：设置画面扫描方式。
- 【长宽比】：设置画面像素长宽比。

### 6.1.3 音频

在【音频】卷展栏中的参数可以控制输出音频的相关属性，如图 6-5 所示。

提示：Premiere Pro 提供了多种视频和音频格式，但在实际工作中运用到的格式却不多，下面简单介绍一些常用的视频和音频格式。

- AVI：导出后生成 .avi 视频文件，体积较大，输出较慢。
- H.264：导出后生成 .mp4 视频文件，体积适中，输出较快，应用范围最广。
- QuickTime：导出后生成 .mov 视频文件，适用于 macOS 播放器。
- Windows Media：导出后生成 .wmv 视频文件，适用于 Windows 系统播放器。
- MP3：导出后生成 .mp3 音频文件，是常用的音频格式。

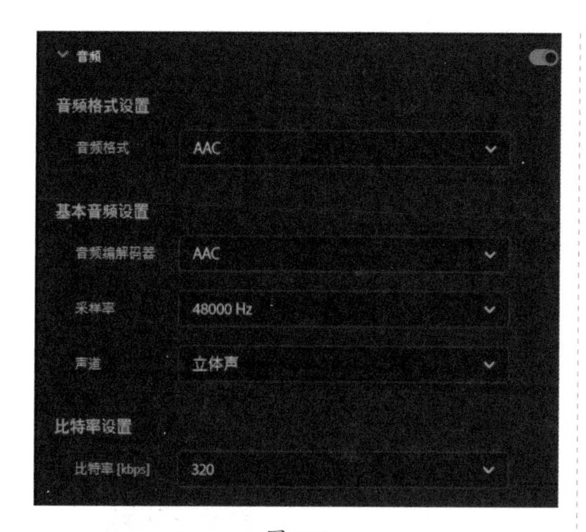


图 6-5

各个选项参数详解如下。

- 【音频格式】：设置输出音频的格式，默认为 AAC，也可以选择 MPEG。
- 【音频编解码器】：设置音频文件的编解码方式。
- 【采样率】：设置录音设备在单位时间内对模拟信号采样的多少，采样频率越高，机械波的波形就越真实自然。
- 【声道】：设置输出音频的声道，如图 6-6 所示。

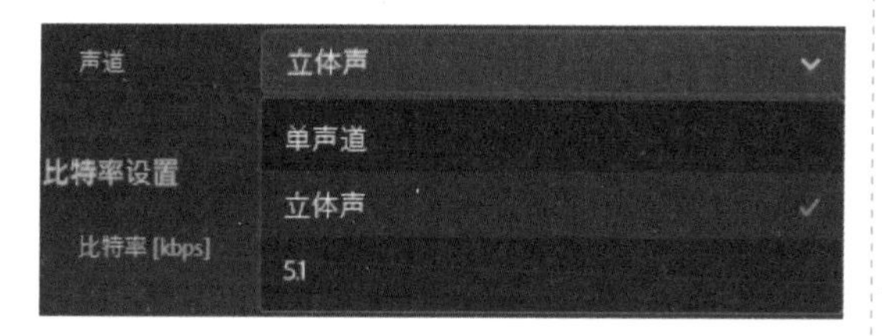


图 6-6

- 【比特率 [kbps]】：设置音频每秒传送的比特 (bit) 数。比特率越高，传送数据的速度越快。

## 6.1.4 字幕

【字幕】是针对导出的文字进行相关参数的调整，如图 6-7 所示。

图 6-7

各个选项参数详解如下。

- 【导出选项】：设置字幕的导出类型。
- 【文件格式】：设置字幕的导出格式。
- 【帧速率】：设置每秒显示的字幕帧数。

## 6.1.5 效果

【效果】卷展栏中的参数可以为输出的视频添加一些额外的效果，如图 6-8 所示。

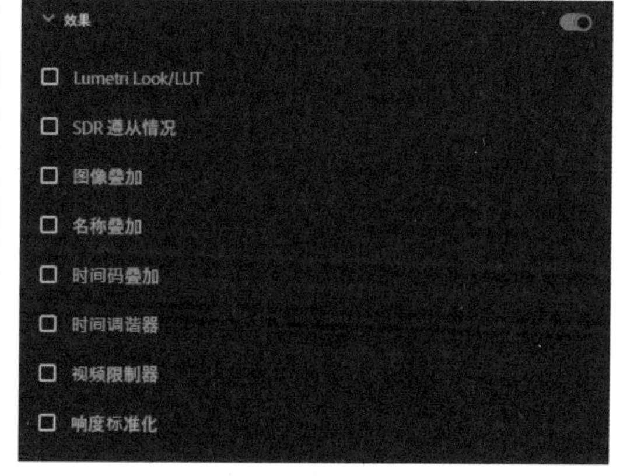


图 6-8

各个选项参数详解如下。

- Lumetri Look/LUT：在其中可以添加 Lumetri 滤镜或 LUT 调色文件。
- 【SDR 遵从情况】：在其中可以调整视频画面的亮度和对比度等。
- 【图像叠加】：可以在其中加载其他图片，常用于添加水印。
- 【名称叠加】：在其中可以添加文字内容，如图 6-9 所示。
- 【时间码叠加】：在其中可以设置时间码效果，如图 6-10 所示。

图 6-9

图 6-10

### 6.1.6 常规

【常规】卷展栏可以帮助用户设置导出文件的其他信息，如图 6-11 所示。

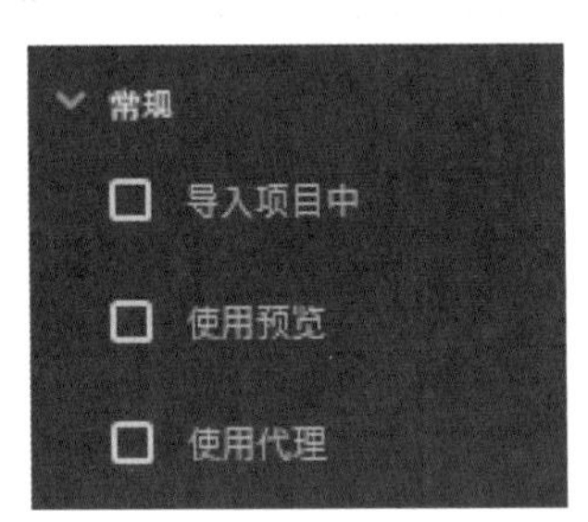


图 6-11

各个选项参数详解如下。

- 【导入项目中】：将视频导入指定的项目中。
- 【使用预览】：如果已经生成预览，选中此选项后所使用的渲染时间将会减少。
- 【使用代理】：将使用代理提升输出速度。

### 6.1.7 预览

在【预览】选项卡中可以预览输出的画面内容，设置输出范围并输出文件，如图 6-12 所示。

图 6-12

各个选项参数详解如下。

- 【范围】：在该下拉菜单中可以设置输出的时间范围，如图 6-13 所示。
- 【导出】：单击该按钮，即可输出文件。

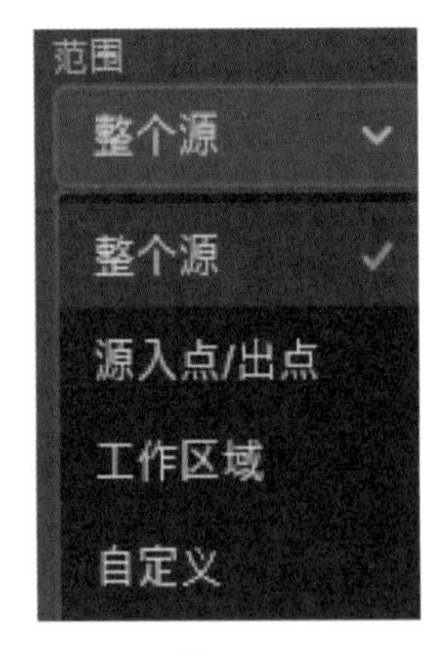


图 6-13

## 6.2　输出文件

在 Premiere Pro 2023 中，可以选择把文件输出成能在电视和上直接播放的电视节目，也可以输出为专门在计算机上播放的 AVI 格式文件、静止图片序列或动画文件。在设置文件的输出操作时，首先必须知道自己制作这个影视作品的目的，以及这个影视作品面向的对象，然后根据节目的应用场合和质量要求选择合适的输出格式。

### 6.2.1　AVI 格式视频文件

AVI 格式英文全称为 Audio Video Interleaved，即音频视频交错格式。AVI 信息主要应用在多媒体光盘上，用来保存电视、电影等各种影像信息。当我们需要将制作的视频文件输出为 AVI 格式时，首先需要在【设置】中将【格式】调整为 AVI，如图 6-14 所示。

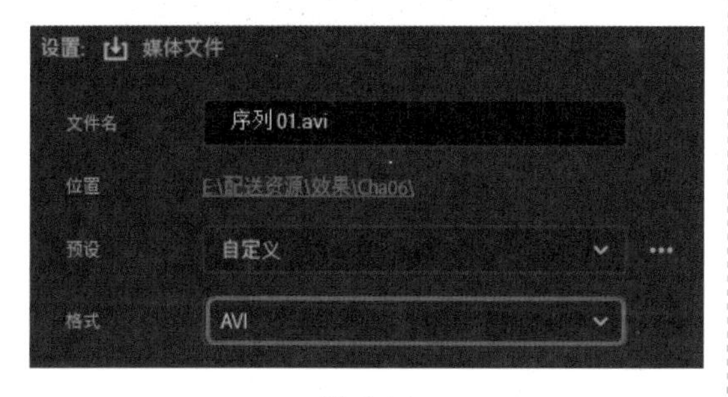


图 6-14

调整完成后会在【预览】中发现输出文件的尺寸、帧率和长宽比都与制作文件时设置的序列参数完成不同，如图 6-15 所示。

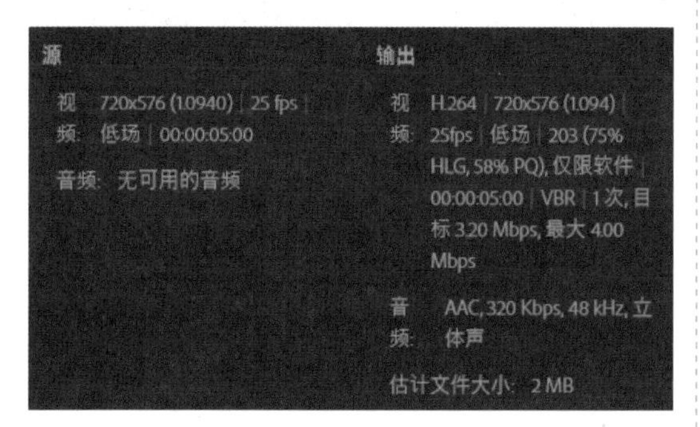


图 6-15

在【视频】卷展栏中设置【视频编解码器】为 Microsoft Video 1，然后在下方设置【帧大小】为【全高清（1920x1080）】，【帧速率】为 29.97，【场序】为【逐行】，【长宽比】为【方形像素（1.0）】，如图 6-16 所示。

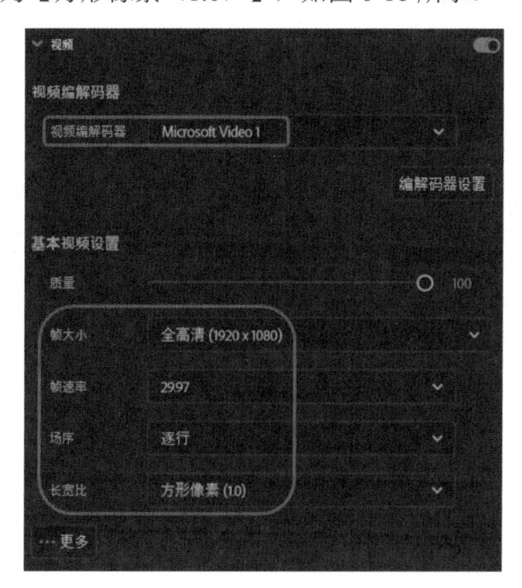


图 6-16

调整完成后，在【预览】界面就能观察到输出的文件参数与源参数一致，单击【导出】按钮，就能导出 AVI 格式的视频文件，如图 6-17 所示。

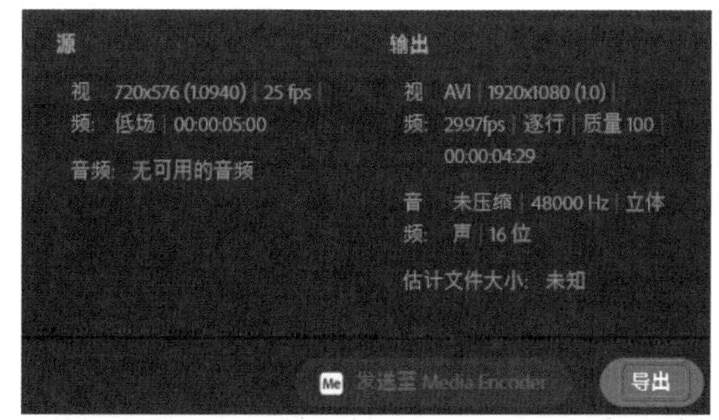


图 6-17

提示：【质量】数值最好调到 100，以保证画质最佳。AVI 格式的文件很大，要想缩小文件，可以适当调低【质量】的数值。

## 6.2.2 MP4 格式视频文件

MP4 格式常用于视频、音频文件的输出。当我们需要输出 MP4 格式的文件时，只需要在【设置】中将【格式】调整为 H.264 即可，如图 6-18 所示。

图 6-18

## 6.2.3 MOV 格式视频文件

MOV 格式是 Apple 公司开发的一种音频、视频文件封装，用于存储常用数字媒体类型。MOV 格式最大的优势是可以储存视频的 Alpha 通道，形成透明背景的视频文件，方便与其他视频软件进行合成。

当我们需要输出 MOV 格式的文件时，需要在【设置】中将【格式】调整为 QuickTime，如图 6-19 所示。

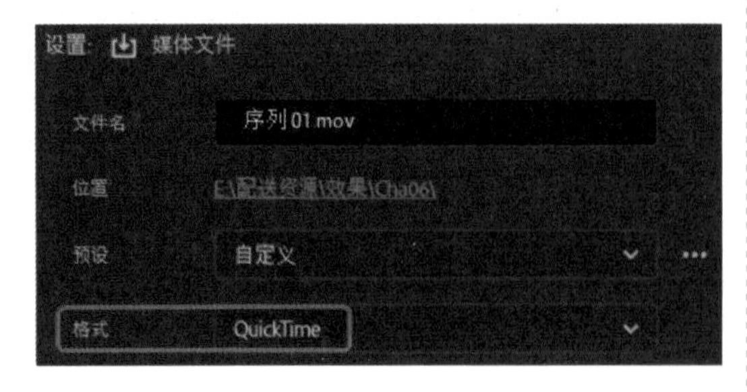


图 6-19

如果只想输出视频的 Alpha 通道，在【视频】卷展栏中勾选【仅渲染 Alpha 通道】选项即可，如图 6-20 所示。

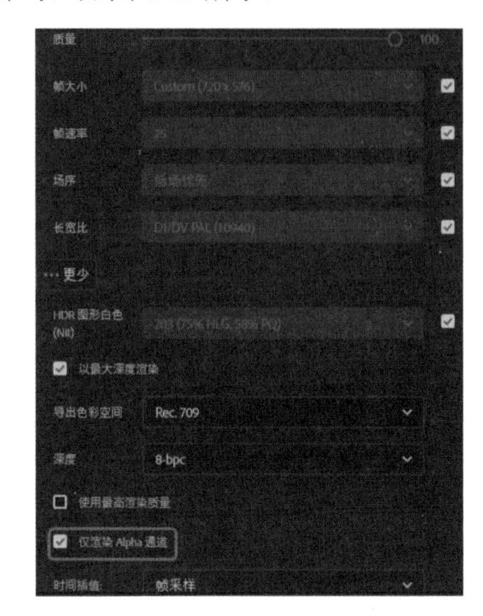


图 6-20

## 6.2.4 JPG 格式图片文件

JPG 格式是一种常见的图片格式。当我们需要输出图片文件的时候，需要在【设置】中将【格式】调整为 JPEG，如图 6-21 所示。

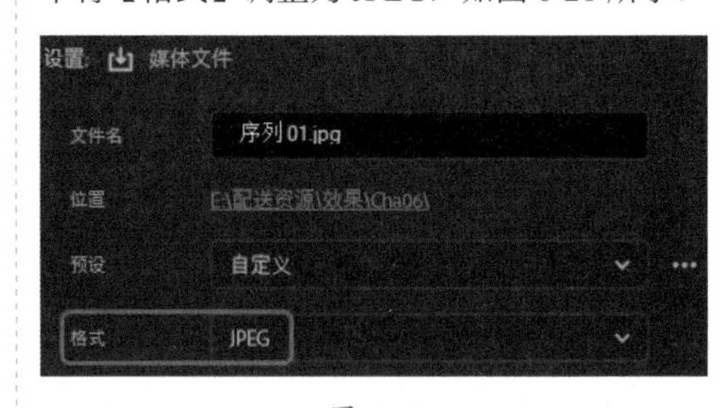


图 6-21

现有的设置会输出序列图片，即序列中的每一帧都会输出为图片。如果我们只想输出某个单帧时，就需要在【视频】卷展栏中取消勾选【导出为序列】选项，如图 6-22 所示，单击【导出】按钮，可以输出 JPG 格式的单帧图片。

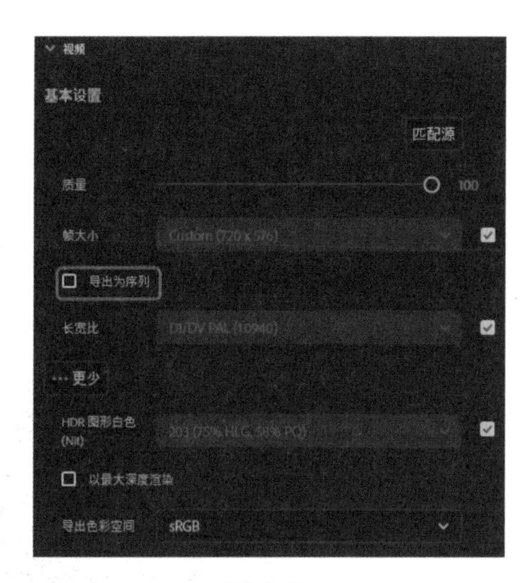


图 6-22

### 6.2.5　动画 GIF 文件

我们日常使用的表情包图片多为 GIF 格式，是将多张图片合并为一张后的动画图片。当我们需要输出 GIF 格式的文件时，需要在【设置】中将【格式】调整为【动画 GIF】，如图 6-23 所示。单击【导出】按钮，输出 GIF 动图。

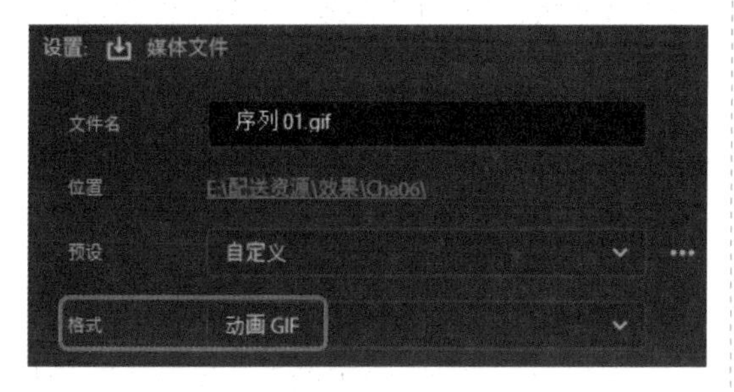


图 6-23

### 6.2.6　MP3 格式音频文件

MP3 格式是常见的音频文件格式。如果我们需要输出一段制作好的音频，或单独提取视频中携带的音频，需要在【设置】中将【格式】调整为 MP3，如图 6-24 所示。

图 6-24

在【音频】卷展栏中可以设置音频的声道及比特率，如图 6-25 所示。

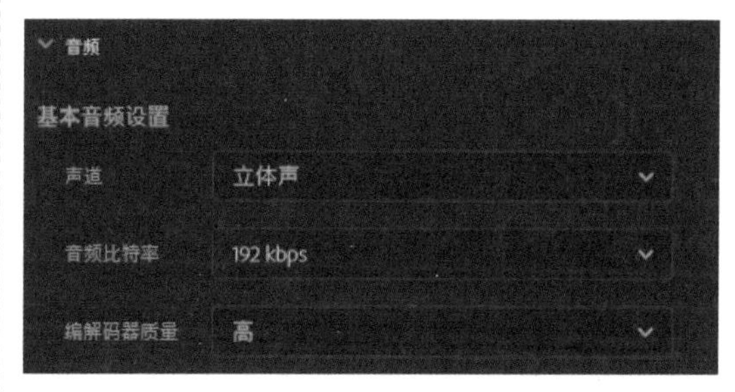


图 6-25

> 提示：除非是特殊情况，否则【声道】保持默认的【立体声】选项，【音频比特率】最好设置为 320kbps。

## 6.3　上机练习

下面将通过实例讲解如何输出 AVI 格式视频和单帧图像。

### 6.3.1　AVI 格式视频文件

下面通过案例说明将文件输出为影片的方法，具体操作步骤如下。

扫码看视频

（1）运行 Premiere Pro 2023 软件，在菜单栏中选择【文件】|【打开项目】命令，如图 6-26 所示。

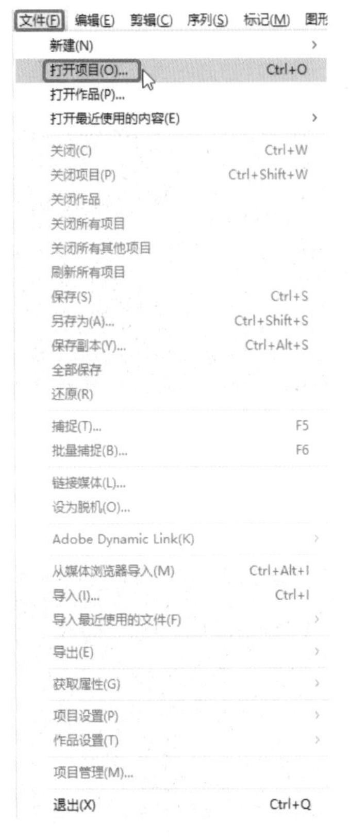


图 6-26

（2）弹出【打开项目】对话框，在该对话框中选择“素材 \Cha06\ 01.prproj”素材文件，单击【打开】按钮，如图 6-27 所示。

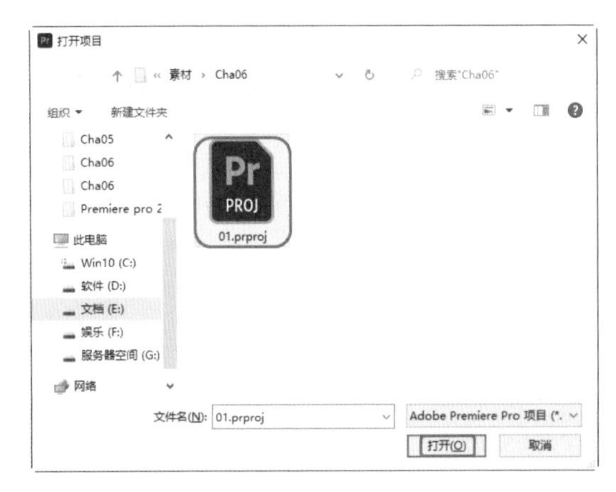


图 6-27

（3）打开素材文件后，在【节目】监视器中单击【播放 - 停止切换】▶按钮预览影片，如图 6-28 所示。

图 6-28

（4）预览完成后，选择【序列】面板，在菜单栏中选择【文件】|【导出】|【媒体】命令，如图 6-29 所示。

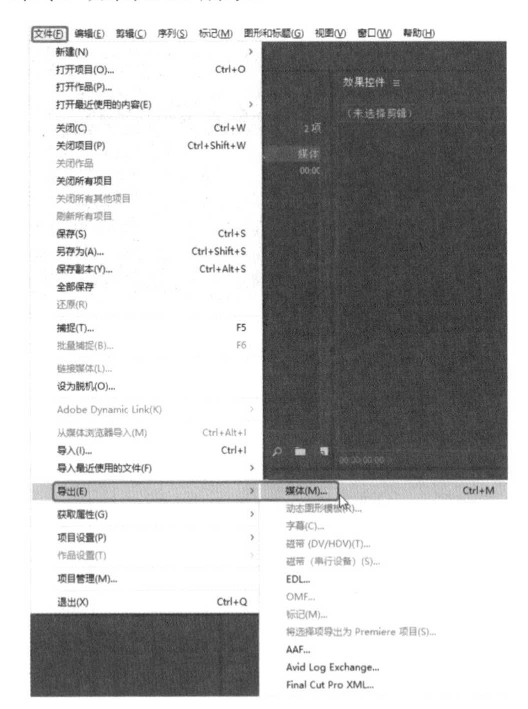


图 6-29

（5）设置【格式】为 AVI，单击【位置】右侧的文字，弹出【另存为】对话框，在该对话框中设置影片名称为【导出影片】，并设置导出路径，设置完成后单击【保存】按钮，如图 6-30 所示。

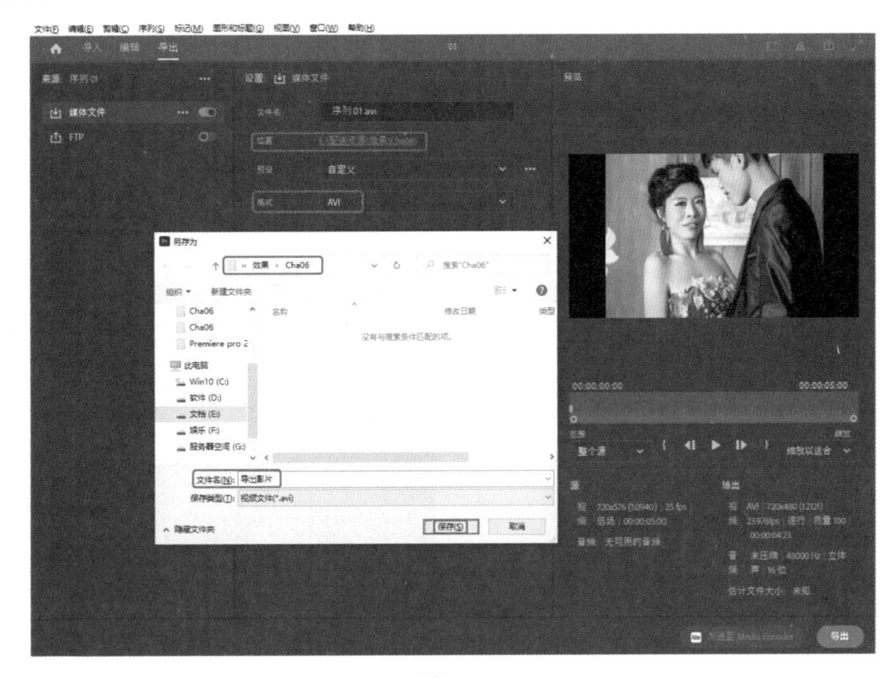

图 6-30

（6）单击【导出】按钮，如图 6-31 所示。

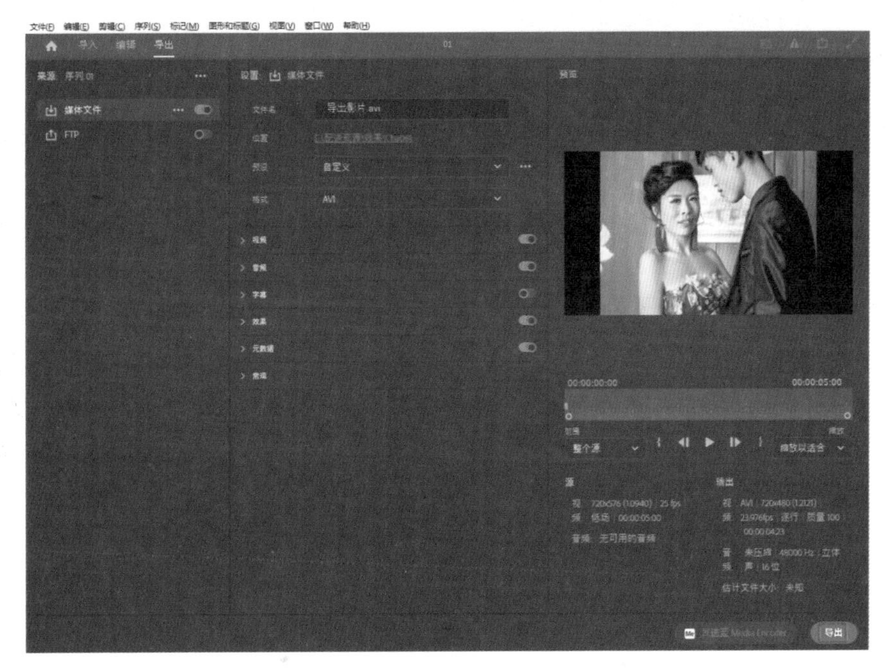

图 6-31

## 6.3.2 输出单帧图像

扫码看视频

在 Adobe Premiere Pro 2023 中，我们可以选择影片中的一帧，将其输出为一个静态图片。输出单帧图像的操作步骤如下。

（1）打开“素材 \Cha06\ 01.prproj”素材文件，在【节目】监视器中，将时间指针移动到 00:00:00:17 位置，如图 6-32 所示。

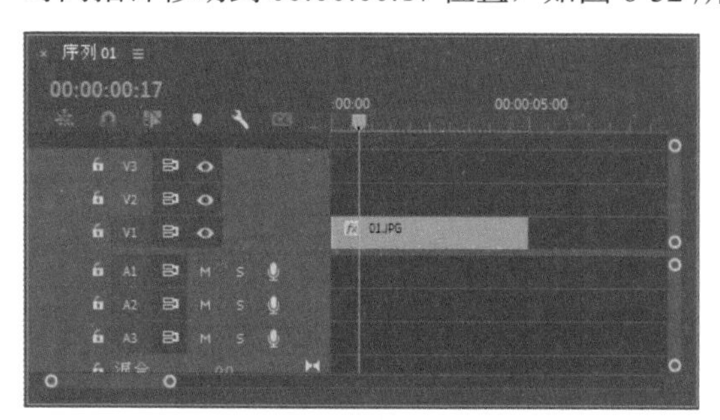


图 6-32

（2）在菜单栏中选择【文件】|【导出】|【媒体】命令，将【格式】设置为 JPEG，单击【输出名称】右侧的文字，弹出【另存为】对话框，在该对话框中设置影片名称和导出路径，设置完成后单击【保存】按钮，如图 6-33 所示。

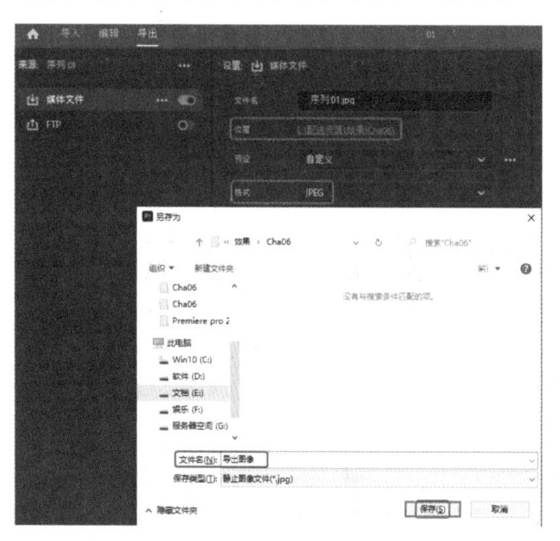


图 6-33

（3）在【视频】选项卡下，取消勾选【导出为序列】复选框，设置完成后，单击【导出】按钮，如图 6-34 所示。

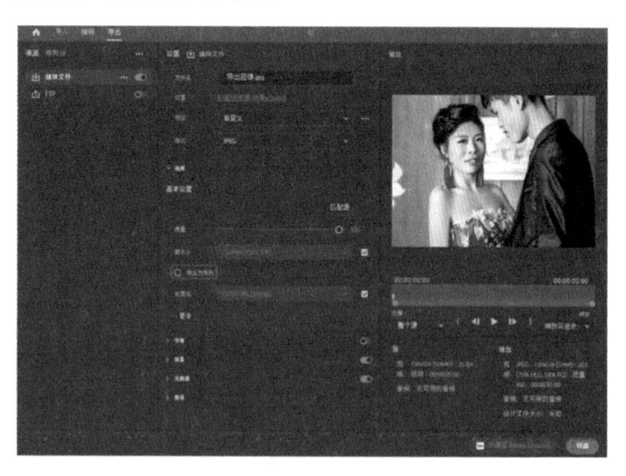

图 6-34

（4）单帧图像输出完成后，可以在其他看图软件中进行查看，效果如图 6-35 所示。

图 6-35

# 项目实战指导——环保宣传动画

环境污染会给生态系统造成直接的破坏和影响，比如沙漠化、森林破坏，也会给人类社会造成间接的危害，本案例将通过制作环保宣传动画来呼吁人们重视环境问题，增强绿色低碳意识，让环保理念更加普及，效果如图 7-1 所示。

图 7-1

## 7.1 制作环境污染动画

扫码看视频

环境污染是由于人为因素使环境的构成或状态发生变化，环境质量下降，从而破坏生态系统和人类的正常生产与生活条件的现象。本案例将制作环境污染动画，通过环境污染动画来警示人们环境污染的危害，使人们认识到保护环境的重要性。

提示：除了可以在【项目】面板中双击鼠标打开【导入】对话框外，还可以按 Ctrl+I 组合键，或是在菜单栏中选择【文件】|【导入】命令，来打开【导入】对话框。

（1）新建项目和序列，序列为 DV-PAL 制式的标准 48 kHz 格式，将【序列名称】设置为“环境污染动画”。在【项目】面板的空白处双击，弹出【导入】对话框，选择“素材\Cha07”文件夹中所有的素材文件，单击【打开】按钮即可导入素材。将当前时间设置为 00:00:00:00，在【项目】面板中选择“视频 01.mp4”素材文件，按住鼠标左键将其拖曳至 V1 视频轨道中，在弹出的对话框中单击【保持现有设置】按钮，在【效果控件】面板中将【缩放】设置为 55，如图 7-2 所示。

图 7-2

（2）将当前时间设置为 00:00:07:10，在【项目】面板中选择“照片 01.jpg”素材文件，按住鼠标左键将其拖曳至 V2 视频轨道中，并将其开始处与时间线对齐，将【持续时间】设置为 00:00:07:16，如图 7-3 所示。

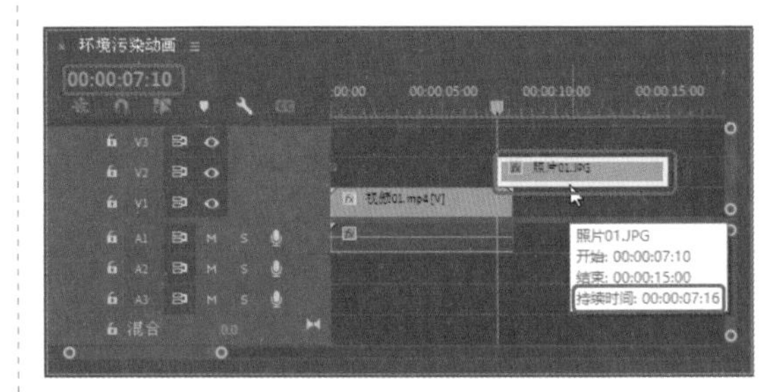


图 7-3

（3）确认当前时间为 00:00:07:10，在【效果控件】面板中将【缩放】设置为 300，将【不透明度】设置为 0，单击【缩放】和【不透明度】左侧的【切换动画】按钮，如图 7-4 所示。

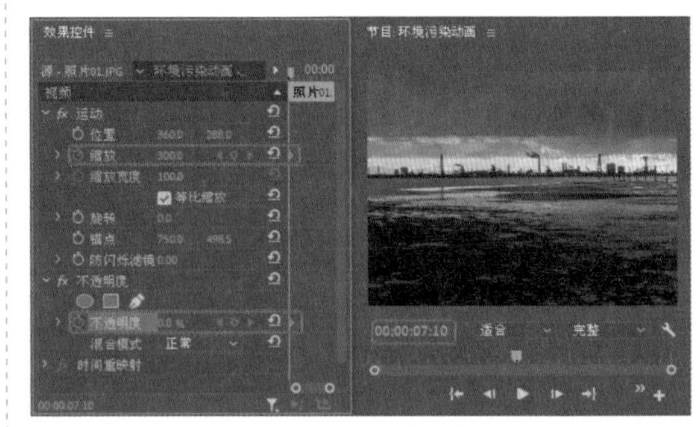

图 7-4

（4）将当前时间设置为 00:00:08:10，在【效果控件】面板中单击【位置】左侧的【切换动画】按钮，将【缩放】设置为 60，将【不透明度】设置为 100%，如图 7-5 所示。

图 7-5

（5）将当前时间设置为 00:00:10:01，将【位置】设置为 411、299，如图 7-6 所示。

图 7-6

（6）将当前时间设置为 00:00:12:01，将【位置】设置为 329、282，如图 7-7 所示。

图 7-7

（7）在【效果】面板中搜索【四色渐变】视频效果，按住鼠标左键将其拖曳至“照片 01.JPG”素材文件上，在【效果控件】面板中将【点 1】设置为 150、100，将【颜色 1】设置为 #372600，将【点 2】设置为 1350、100，将【颜色 2】设置为 #303330，将【点 3】设置为 150、898，将【颜色 3】设置为 #2D012D，将【点 4】设置为 1350、898，将【颜色 4】设置为 #010127，将【不透明度】设置为 64%，将【混合模式】设置为【滤色】，如图 7-8 所示。

图 7-8

（8）将当前时间设置为 00:00:12:10，在【项目】面板中选择“照片 02.JPG”素材文件，按住鼠标左键将其拖曳至 V3 视频轨道中，将其开始处与时间线对齐，将【持续时间】设置为 00:00:08:09，如图 7-9 所示。

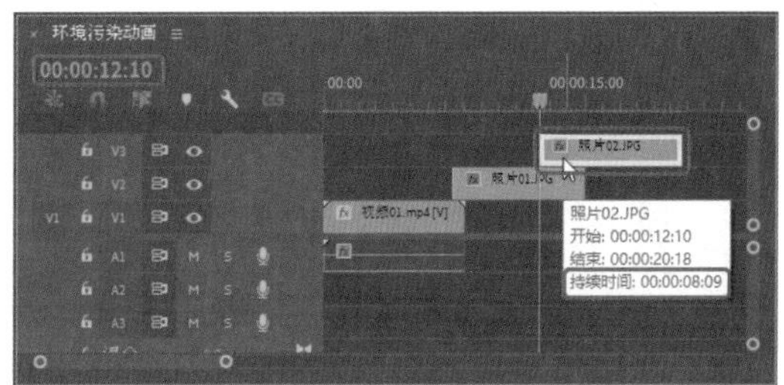

图 7-9

（9）确认当前时间为 00:00:12:10，在【效果控件】面板中将【缩放】设置为 230，将【不透明度】设置为 0，单击【缩放】和【不透明度】左侧的【切换动画】按钮，如图 7-10 所示。

图 7-10

（10）将当前时间设置为 00:00:13:10，单击【位置】左侧的【切换动画】按钮，将【缩放】设置为 65，将【不透明度】设置为 100%，如图 7-11 所示。

图 7-11

（11）将当前时间设置为 00:00:16:02，将【位置】设置为 438、288，如图 7-12 所示。

图 7-12

（12）将当前时间设置为 00:00:19:02，将【位置】设置为 284、288，如图 7-13 所示。

图 7-13

（13）在【效果】面板中搜索【四色渐变】视频效果，按住鼠标左键将其拖曳至“照片 02.JPG”素材文件上。在【效果控件】面板中将【点 1】设置为 150、100，将【颜色 1】设置为 #151500，将【点 2】设置为 1350、100，将【颜色 2】设置为 #303330，将【点 3】设置为 150、900，将【颜色 3】设置为 #222019，将【点 4】设置为 1350、900，将【颜色 4】设置为 #010127，将【不透明度】设置为 27%，将【混合模式】设置为【叠加】，如图 7-14 所示。

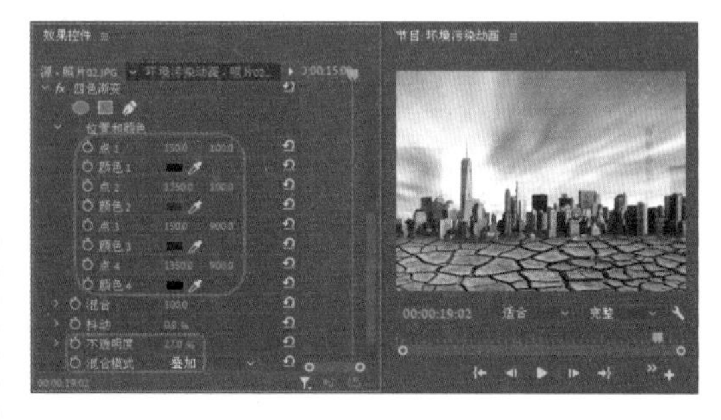

图 7-14

（14）将当前时间设置为 00:00:20:19，在【项目】面板中选择“照片 03.JPG”素材文件，按住鼠标左键将其拖曳至 V1 视频轨道中，将其开始处与时间线对齐，将【持续时间】设置为 00:00:06:10，如图 7-15 所示。

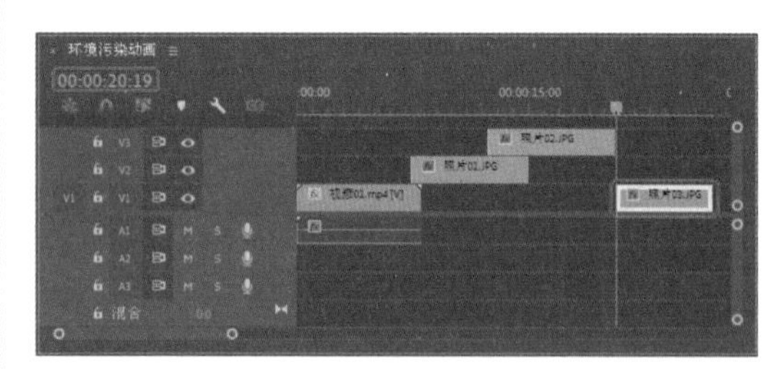

图 7-15

（15）继续选中“照片 03.JPG”素材文件，在【效果控件】面板中将【缩放】设置为 59，如图 7-16 所示。

图 7-16

（16）使用【垂直文字工具】![IT]，在节目监视器中单击鼠标，输入文字【乱砍滥伐的现象】，将【字体】设置为【微软雅黑】，将【字体大小】设置为 26，将【填充】下的【颜色】设置为白色，将【位置】设置为 636.2、88.1，如图 7-17 所示。

图 7-17

（17）将当前时间设置为 00:00:20:19，将字幕拖至 V2 视频轨道中，将其开始处与时间线对齐，将其持续时间设置为 00:00:05:22，如图 7-18 所示。

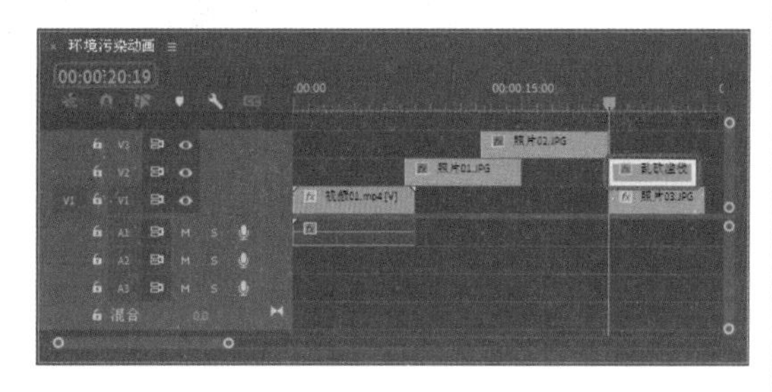

图 7-18

（18）选中字幕对象，确认当前时间为 00:00:20:19，在【效果控件】面板中将【位置】设置为 -300、210，将【不透明度】设置为 0，并单击【位置】和【不透明度】左侧的【切换动画】按钮，打开动画关键帧记录，如图 7-19 所示。

图 7-19

（19）将当前时间设置为 00:00:21:18，在【效果控件】面板中，将【位置】设置为 -100、221，将【不透明度】设置为 100%，如图 7-20 所示。

图 7-20

（20）单击【钢笔工具】，绘制一条垂直直线，取消勾选【填充】复选框，勾选【描边】复选框，将【描边类型】设置为外侧，将【描边】下的【颜色】设置为白色，将【描边宽度】设置为 2，适当调整位置，如图 7-21 所示。

图 7-21

（21）将当前时间设置为 00:00:20:19，将绘制的直线拖至 V3 视频轨道中，将其开始处与时间线对齐，将其结束处与 V2 视频轨道中的字幕结尾处对齐，为直线段添加【裁剪】特效。将当前时间设置为 00:00:21:24，将【底部】和【羽化边缘】分别设置为 100%、0，并单击【底部】和【羽化边缘】左侧的【切换动画】按钮，如图 7-22 所示。

图 7-22

（22）将当前时间设置为 00:00:22:11，将【底部】和【羽化边缘】分别设置为 63%、90，效果如图 7-23 所示。

图 7-23

（23）将文字复制至 V4 轨道中，将文本更改为【使土地沙漠化】，将【文本】|【变换】|【位置】设置为 596、112.1，如图 7-24 所示。

（24）选中 V4 视频轨道中的【文字】，将【位置】和【不透明度】的关键帧删除，在【效果控件】面板中将【位置】设置为 –94、288，将当前时间设置为 00:00:22:16，将【不透明度】设置为 0，单击【不透明度】左侧的切换动画按钮，如图 7-25 所示。

图 7-24

图 7-25

（25）将当前时间设置为 00:00:23:01，将【不透明度】设置为 100%，如图 7-26 所示。

图 7-26

（26）将当前时间设置为 00:00:20:19，将“线”图形拖曳至 V4 视频轨道的上方，自动创建 V5 视频轨道，将【裁剪】特效的关键帧删除，将当前时间设置为 00:00:23:06，在【效果控件】面板中将【底部】、【羽化边缘】分别设置为 84%、0，然后单击其左侧的【切换动画】按钮，将【变换】|【位置】设置为 122.9、111，如图 7-27 所示。

图 7-27

（27）将当前时间设置为00:00:23:18，将【底部】、【羽化边缘】分别设置为63%、90，如图7-28所示。

图 7-28

（28）将当前时间设置为00:00:20:19，将文字复制至V6轨道中，将文字更改为【全球变暖等问题加剧】，将文本【变换】|【位置】设置为555.8、22.1，如图7-29所示。

图 7-29

（29）选中V6视频轨道中的字幕对象，将【不透明度】关键帧删除，将当前时间设置为00:00:23:23，在【效果控件】面板中将【位置】设置为－89、394，将【不透明度】设置为0，单击【不透明度】左侧的切换动画按钮，如图7-30所示。

图 7-30

（30）将当前时间设置为00:00:24:08，将【不透明度】设置为100%，如图7-31所示。

图 7-31

（31）将当前时间设置为00:00:27:04，将“照片04.JPG”素材文件拖至V1视频轨道中，与时间线对齐，并将其【持续时间】设置为00:00:16:06，效果如图7-32所示。

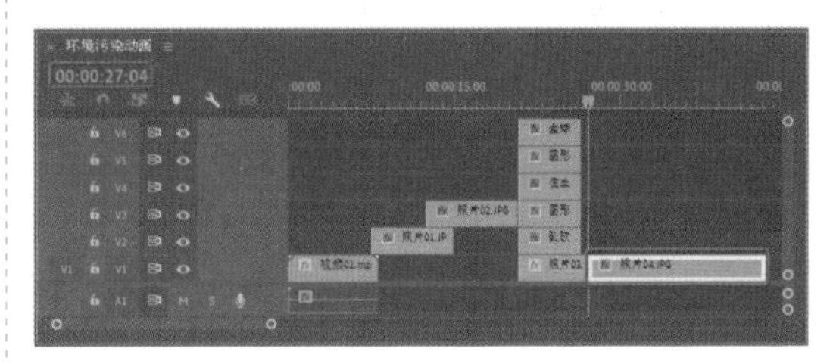

图 7-32

（32）选中素材文件“照片04.JPG”，在【效果控件】面板中将【缩放】设置为68，如图7-33所示。

图 7-33

（33）在【效果】面板中，展开【视频过渡】文件夹，选择【擦除】文件夹下的【油漆飞溅】过渡效果，将其拖至【序列】面板的“照片 03.JPG”和“照片 04.JPG”文件的中间处，如图 7-34 所示。

图 7-34

（34）将当前时间设置为 00:00:27:17，将“吊牌 .png”素材文件拖至 V2 视频轨道中，与时间线对齐，如图 7-35 所示。

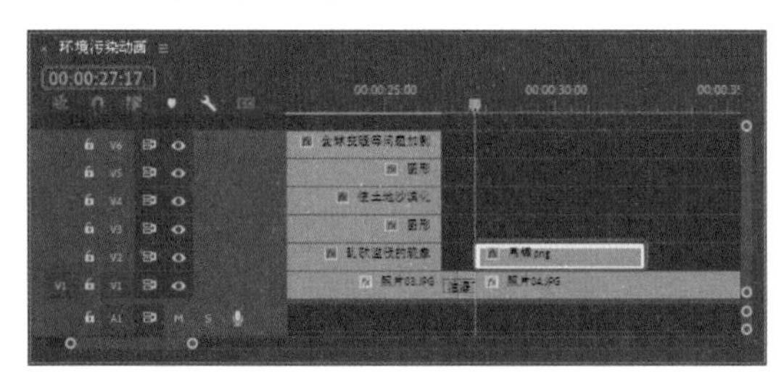


图 7-35

（35）选中素材文件“吊牌 .png”，确认当前时间为 00:00:27:17，在【效果控件】面板中将【位置】设置为 125、-181，并单击其左侧的【切换动画】按钮，打开动画关键帧记录，如图 7-36 所示。

图 7-36

（36）将当前时间设置为 00:00:28:17，在【效果控件】面板中将【位置】设置为 125、170，如图 7-37 所示。

图 7-37

（37）将当前时间设置为 00:00:29:02，在【效果控件】面板中将【位置】设置为 125、130，如图 7-38 所示。

图 7-38

（38）将当前时间设置为 00:00:29:12，在【效果控件】面板中将【位置】设置为 125、170，如图 7-39 所示。

图 7-39

（39）将当前时间设置为 00:00:30:17，在【效果控件】面板中单击【位置】右侧的【添加 / 移除关键帧】按钮，添加关键帧，如图 7-40 所示。

图 7-40

（40）将当前时间设置为 00:00:31:17，在【效果控件】面板中将【位置】设置为 125、-181，如图 7-41 所示。

图 7-41

（41）继续使用【文字工具】输入文字“因为环境问题 珍稀动物濒临”，选中输入的文字，将【字体】设置为【方正舒体】，将【字体大小】设置为 22，将【行距】设置为 15，将【填充】下的【颜色】设置为黑色，将【变换】|【位置】设置为 38.5、224.5，如图 7-42 所示。

图 7-42

（42）选中文本，继续输入文字【灭绝】，选中输入的文字，将【字体】设置为【方正舒体】，将【字体大小】设置为 26，将【行距】设置为 0，将【填充】下的【颜色】设置为 # A40000，将【变换】|【位置】设置为 161、264.5，如图 7-43 所示。

图 7-43

（43）将当前时间设置为 00:00:27:17，选中字幕，按住鼠标将其拖曳至 V3 视频轨道中，将其与时间线对齐，将结尾处与“吊牌 .png”结尾处对齐，在【效果控件】面板中将【位置】设置为 360、-34，并单击其左侧的【切换动画】按钮，打开动画关键帧记录，如图 7-44 所示。

图 7-44

（44）将当前时间设置为 00:00:28:17，在【效果控件】面板中将【位置】设置为 360、288，如图 7-45 所示。

图 7-45

（45）将当前时间设置为 00:00:29:02，在【效果控件】面板中将【位置】设置为 360、255，如图 7-46 所示。

图 7-46

（46）将当前时间设置为 00:00:29:12，在【效果控件】面板中将【位置】设置为 360、288，如图 7-47 所示。

图 7-47

（47）将当前时间设置为 00:00:30:17，在【效果控件】面板中单击【位置】右侧的【添加 / 移除关键帧】按钮，添加关键帧，如图 7-48 所示。

图 7-48

（48）将当前时间设置为 00:00:31:17，在【效果控件】面板中，将【位置】设置为 360、-34，如图 7-49 所示。

图 7-49

（49）将当前时间设置为 00:00:27:04，将“照片 04.JPG”添加至 V4 视频轨道中，将其开始处与时间线对齐，将其【持续时间】设置为 00:00:16:06，为其添加【黑白】特效。将当前时间设置为 00:00:31:17，在【效果控件】面板中将【缩放】设置为 68，将【不透明度】设置为 0，单击【不透明度】左侧的切换动画按钮，如图 7-50 所示。

图 7-50

（50）将当前时间设置为 00:00:32:22，将【不透明度】设置为 100%，如图 7-51 所示。

图 7-51

（51）将当前时间设置为 00:00:31:24，将“透明矩形.png”素材文件拖至 V5 视频轨道中，将其开始处与时间线对齐，并将其【持续时间】设置为 00:00:06:11。选中“透明矩形 .png”素材文件，在【效果控件】面板中将【位置】设置为 361、471，取消选中【等比缩放】复选框，将【缩放高度】和【缩放宽度】分别设置为 28、214，如图 7-52 所示。

图 7-52

（52）在【效果】面板中选择【百叶窗】过渡效果，将其拖至 V5 视频轨道中“透明矩形 .png”素材文件的开始处。选中添加的【百叶窗】过渡效果，在【效果控件】面板中单击【自西向东】按钮。效果如图 7-53 所示。

图 7-53

（53）将当前时间设置为 00:00:33:10，将“照片 05.jpg”素材文件拖至 V6 视频轨道中，将其开始处与时间线对齐，将其结束处与 V5 视频轨道中的“透明矩形 .png”文件结尾处对齐，如图 7-54 所示。

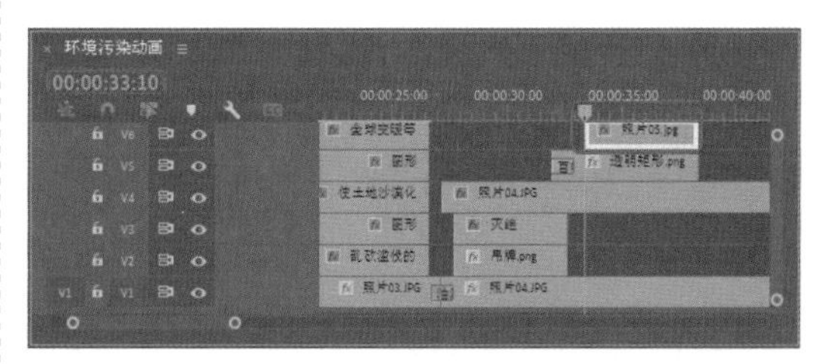

图 7-54

（54）选中 V6 视频轨道中的“照片 05.jpg”素材文件，确定当前时间为 00:00:33:10，在【效果控件】面板中，将【位置】设置为 -176、473，并单击其左侧的【切换动画】按钮，打开动画关键帧记录，将【缩放】设置为 24，如图 7-55 所示。

图 7-55

（55）将当前时间设置为 00:00:34:19，在【效果控件】面板中将【位置】设置为 130、473，将【不透明度】设置为 50%，单击【不透明度】左侧的【切换动画】按钮，如图 7-56 所示。

图 7-56

（56）将当前时间设置为 00:00:34:20，在【效果控件】面板中，将【不透明度】设置为 100%，如图 7-57 所示。

图 7-57

（57）将当前时间设置为 00:00:34:19，将“照片 06.jpg”素材文件拖至 V6 视频轨道的上方，自动创建 V7 视频轨道，将其开始处与时间线对齐，将其结束处与 V6 视频轨道中的“照片 05.jpg”文件结束处对齐，效果如图 7-58 所示。

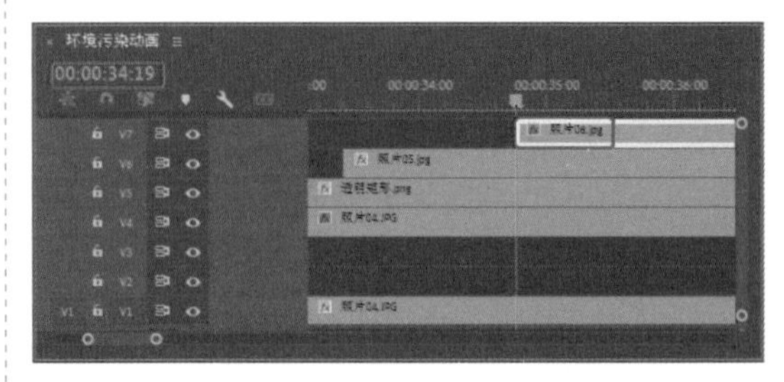

图 7-58

（58）选中 V7 视频轨道中的“照片 06.jpg”素材文件，将当前时间设置为 00:00:35:04，在【效果控件】面板中将【位置】设置为 130、473，并单击其左侧的【切换动画】按钮，打开动画关键帧记录，将【缩放】设置为 24，将【不透明度】设置为 0，单击【不透明度】左侧的【切换动画】按钮，如图 7-59 所示。

图 7-59

（59）将当前时间设置为 00:00:36:04，在【效果控件】面板中将【位置】设置为 361、473，将【不透明度】设置为 100%，如图 7-60 所示。

图 7-60

（60）将当前时间设置为 00:00:35:24，将“照片 07.jpg”素材文件拖至 V7 视频轨道的上方，自动创建 V8 视频轨道，将其开始处与时间线对齐，将其结束处与 V7 视频轨道中的“照片 06.jpg”文件结束处对齐，选中 V8 视频轨道中的“照片 07.jpg”素材文件，将当前时间设置为 00:00:36:10，在【效果控件】面板中将【位置】设置为 361、473，并单击其左侧的【切换动画】按钮，打开动画关键帧记录，将【缩放】设置为 50，将【不透明度】设置为 0，单击【不透明度】左侧的【切换动画】按钮，如图 7-61 所示。

图 7-61

（61）将当前时间设置为 00:00:37:10，在【效果控件】面板中，将【位置】设置为 590、473，将【不透明度】设置为 100%，如图 7-62 所示。

图 7-62

（62）将 V2 视频轨道中【吊牌】素材，按住 Alt 键拖曳至【透明矩形】的结尾处，如图 7-63 所示。

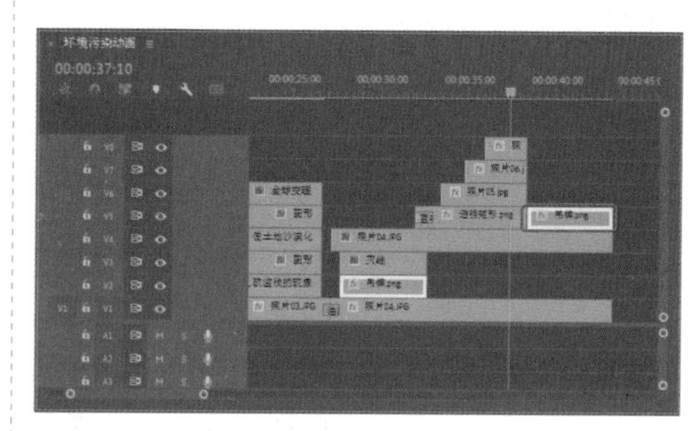
图 7-63

（63）将 V3 轨道中的【因为环境问题珍稀动物濒临灭绝】文字，按住 Alt 键拖曳至“照片 05.jpg”的结尾处，将【字体大小】设置为 30，并适当调整文本位置，如图 7-64 所示。

图 7-64

## 7.2 制作保护环境动画

扫码看视频

制作完成环境污染动画后，我们需要再制作一个保护环境动画，通过保护环境动画，呼吁人们保护环境，爱护地球。

（1）新建一个【序列名称】为“保护环境动画”的 DV-PAL 制式的标准 48kHz 序列，将当前时间设置为 00:00:00:00，将“照片 08.JPG”拖曳至 V1 视频轨道中，将其与时间线对齐，并将其【持续时间】设置为 00:00:12:18。在【效果控件】面板中将【位置】设置为 357、286，将【缩放】设置为 60，效果如图 7-65 所示。

图 7-65

（2）将当前时间设置为 00:00:00:24，选择“气泡 01.png”素材文件，将其添加至 V2 视频轨道中，将其【持续时间】设置为 00:00:09:00。确认当前时间为 00:00:00:24，在【效果控件】面板中，将【位置】设置为 –83、345，并单击其左侧的【切换动画】按钮，打开动画关键帧记录，如图 7-66 所示。

图 7-66

（3）将当前时间设置为 00:00:01:24，在【效果控件】面板中，将【位置】设置为 231、252，将【缩放】设置为 40，并单击其左侧的【切换动画】按钮，打开动画关键帧记录，如图 7-67 所示。

图 7-67

（4）将当前时间设置为 00:00:02:11，在【效果控件】面板中，将【缩放】设置为 55，如图 7-68 所示。

图 7-68

（5）将当前时间设置为 00:00:02:24，在【效果控件】面板中，将【缩放】设置为 40，如图 7-69 所示。

图 7-69

（6）将当前时间设置为 00:00:03:11，在【效果控件】面板中，将【缩放】设置为 55，如图 7-70 所示。

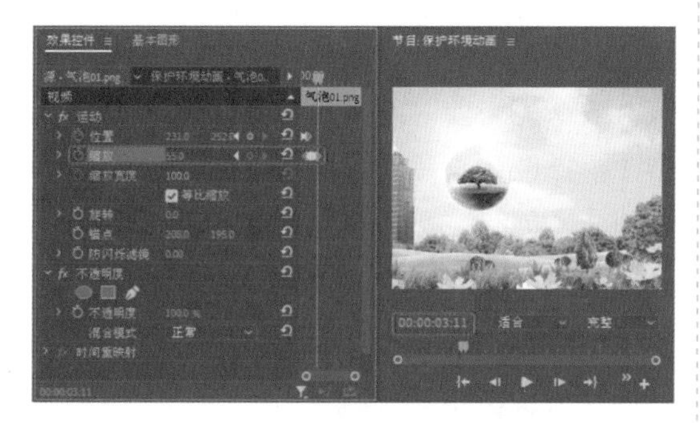

图 7-70

（7）将当前时间设置为 00:00:03:24，在【效果控件】面板中，将【缩放】设置为 40，如图 7-71 所示。

图 7-71

（8）使用同样的方法，继续设置【缩放】关键帧，效果如图 7-72 所示。

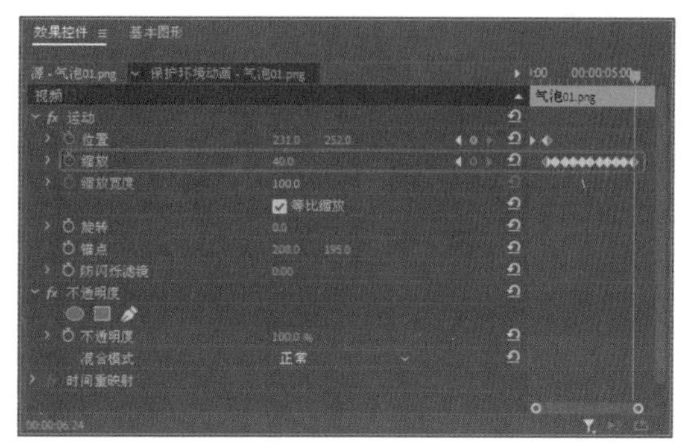

图 7-72

（9）将当前时间设置为 00:00:06:24，在【效果控件】面板中，单击【位置】右侧的【添加 / 移除关键帧】按钮，添加关键帧，如图 7-73 所示。

图 7-73

（10）将当前时间设置为 00:00:07:19，在【效果控件】面板中，将【位置】设置为 420、360，将【缩放】设置为 0，如图 7-74 所示。

图 7-74

（11）使用相同的方法在 V3 至 V5 视频轨道中添加“气泡 02.png”“气泡 03.png”“气泡 04.png”素材，并对其进行相应的设置，效果如图 7-75 所示。

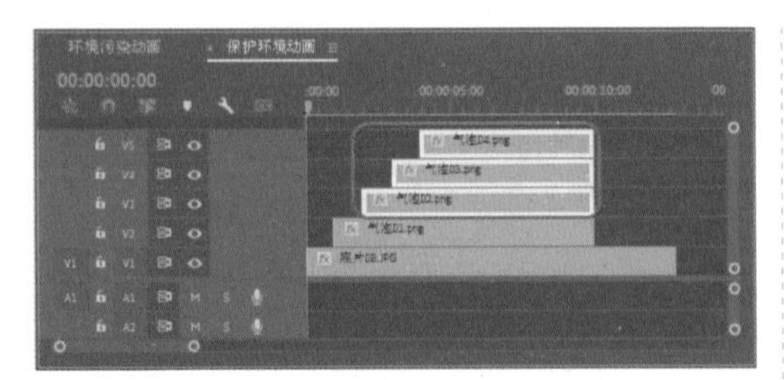

图 7-75

（12）将当前时间设置为 00:00:07:19，将“地球 .png”素材文件拖曳至 V5 视频轨道上方，自动创建 V6 视频轨道，将其开始处与时间线对齐，并将其【持续时间】设置为 00:00:04:22，如图 7-76 所示。

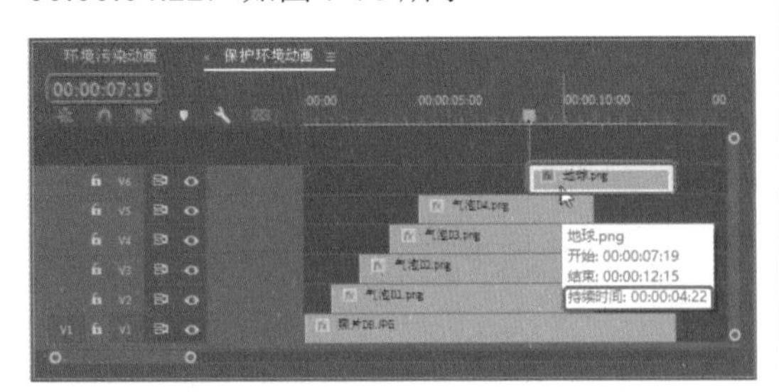

图 7-76

（13）选择“地球 .png”素材文件，确认当前时间为 00:00:07:19，在【效果控件】面板中将【位置】设置为 361、305，将【缩放】设置为 0，并单击其左侧的【切换动画】按钮 ，打开动画关键帧记录，如图 7-77 所示。

图 7-77

（14）将当前时间设置为 00:00:09:19，在【效果控件】面板中将【缩放】设置为 45，如图 7-78 所示。

图 7-78

（15）选择 V1 视频轨道中的“照片 08.JPG”素材文件，在【效果】面板中选择【视频效果】|【模糊与锐化】|【高斯模糊】特效，双击该特效，为选中的素材文件添加该特效。将当前时间设置为 00:00:07:19，单击【模糊度】左侧的【切换动画】按钮 ，如图 7-79 所示。

图 7-79

（16）将当前时间设置为 00:00:09:07，在【效果控件】面板中将【模糊度】设置为 61，如图 7-80 所示。

图 7-80

## 7.3 制作结尾宣传标题动画

扫码看视频

本案例将介绍如何制作结尾宣传标题动画，首先需要添加一个视频素材，然后通过字幕创建标题效果，最后为创建的标题添加动画效果。

（1）将当前时间设置为 00:00:12:05，在【项目】面板中选择“视频 02.mp4”素材文件，按住鼠标左键将其拖曳至 V6 视频轨道的上方，自动创建 V7 视频轨道，将其开始处与时间线对齐。在【效果】面板中选择【交叉溶解】过渡效果，按住鼠标左键将其拖曳至“视频 02.mp4”的开始处，如图 7-81 所示。

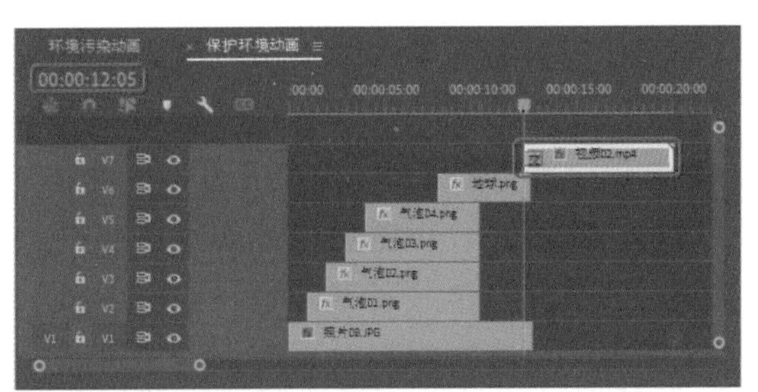

图 7-81

（2）选中 V7 视频轨道中的“视频 02.mp4”素材文件，在【效果控件】面板中将【缩放】设置为 55，如图 7-82 所示。

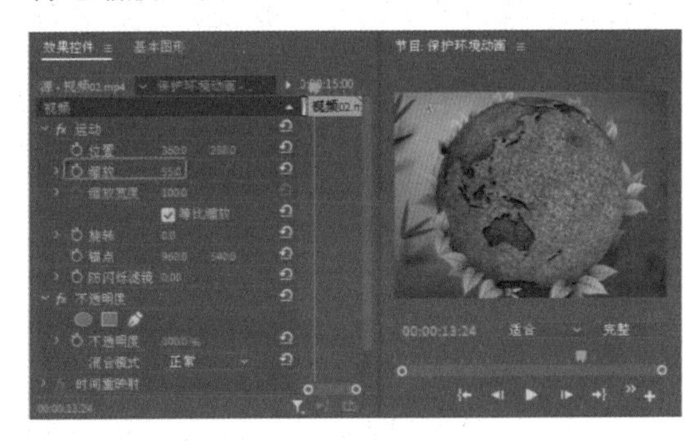

图 7-82

（3）单击【文字工具】，单击鼠标，输入文字“4 22”，将【字体】设置为【微软繁综艺】，将【字体大小】设置为 160，将【行距】设置为 0，将【填充】下的【颜色】设置为 # FFFFFF，选中【阴影】复选框，将【颜色】设置为 # 000000，将【不透明度】、【角度】、【距离】、【大小】、【模糊】分别设置为 26%、－204°、6、0、7，将【位置】设置为 198.3、238.4，如图 7-83 所示。

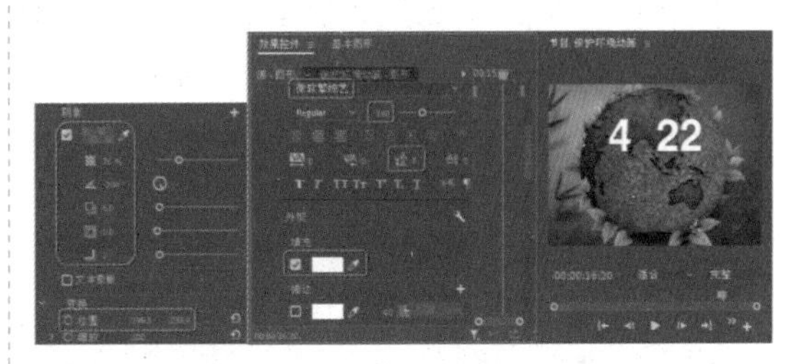


图 7-83

（4）继续选中该文本，单击【椭圆工具】，按住 Shift 键绘制一个正圆，将【填充】下的【颜色】设置为 # FFFFFF，适当调整位置，效果如图 7-84 所示。

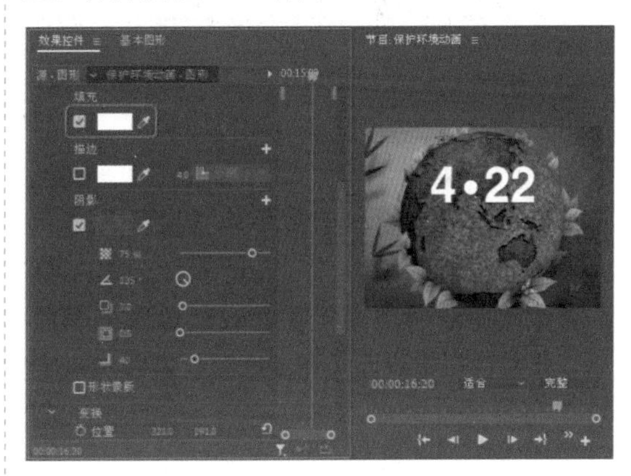


图 7-84

（5）单击【文字工具】，单击鼠标，输入文字，选中输入文字“世界地球日”，将【字体】设置为【微软繁综艺】，将【字体大小】设置为 115，将【填充】下的【颜色】设置为 # FFFFFF，将【位置】设置为 88、391，如图 7-85 所示。

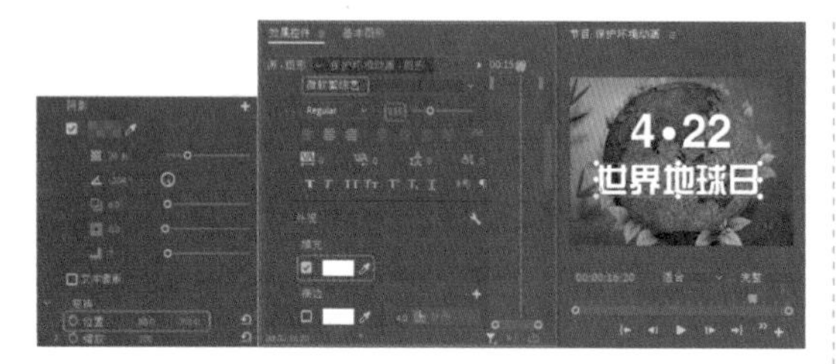

图 7-85

（6）将当前时间设置为 00:00:13:05，在【项目】面板中将字幕拖曳至 V8 视频轨道，将其开始处与时间线对齐，将其持续时间设置为 00:00:06:23，如图 7-86 所示。

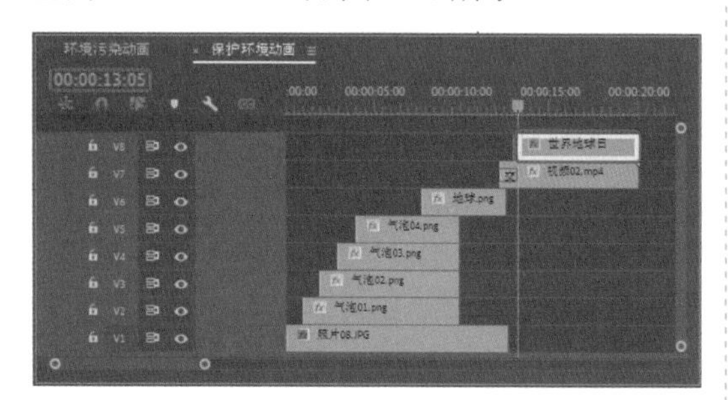

图 7-86

（7）将当前时间设置为 00:00:13:05，选中字幕，在【效果控件】面板中将“位置”设置为 360、276，将【缩放】设置为 0，单击其左侧的【切换动画】按钮，将【旋转】设置为 1080，单击其左侧的【切换动画】按钮，将【不透明度】设置为 0，单击其左侧的【切换动画】按钮，如图 7-87 所示。

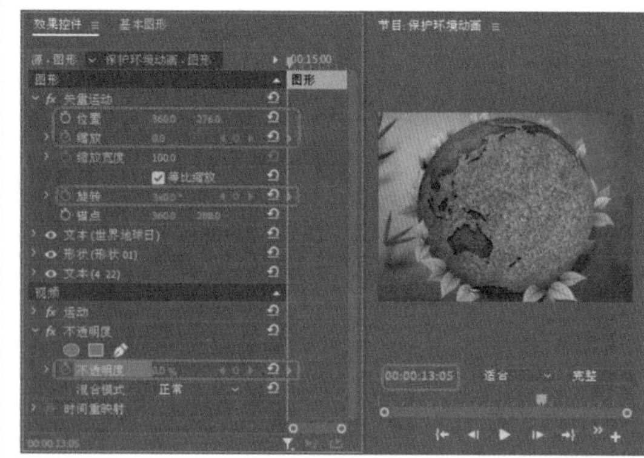

图 7-87

（8）将当前时间设置为 00:00:15:08，将【缩放】、【旋转】、【不透明度】分别设置为 100、0°、100%，如图 7-88 所示。

图 7-88

## 7.4　嵌套序列并添加背景音乐

扫码看视频

本案例主要介绍如何将前面所制作的内容连接起来，使每个分段动画组合成一个完成的宣传动画，并为宣传动画添加背景音乐。

（1）新建一个【序列名称】为“环保宣传动画”的 DV-PAL 制式的标准 48kHz 序列，将当前时间设置为 00:00:00:00，在【项目】面板中选择“环境污染动画”，按住鼠标左键将其拖曳至 V1 视频轨道中，将其开始处与时间线对齐，如图 7-89 所示。

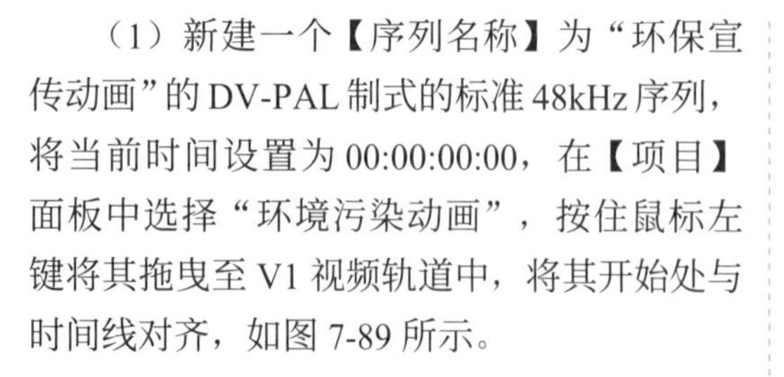

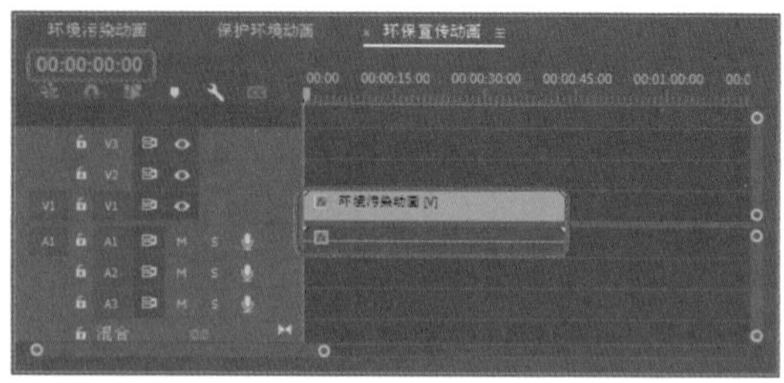

图 7-89

（2）将当前时间设置为 00:00:43:12，在【项目】面板中选择“保护环境动画”，按住鼠标左键将其拖曳至 V1 视频轨道中，将其开始处与时间线对齐，效果如图 7-90 所示。

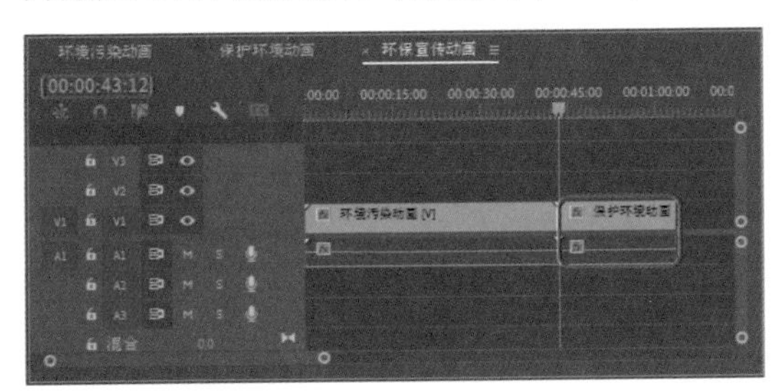

图 7-90

（3）将当前时间设置为 00:00:00:00，在【项目】面板中选择“背景音乐 .mp3”素材文件，按住鼠标左键将其拖曳至 A2 音频轨道中，将其开始处与时间线对齐，如图 7-91 所示。

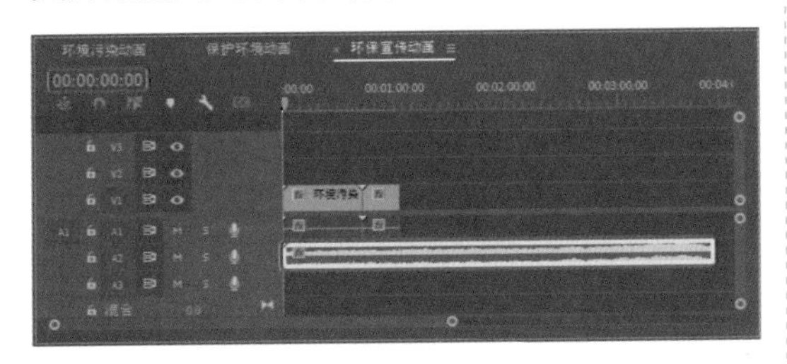

图 7-91

（4）将当前时间设置为 00:01:03:14，在工具箱中单击【剃刀工具】，选中 A2 音频轨道中的音频文件，在时间线位置处单击鼠标，对音频进行裁剪，效果如图 7-92 所示。

（5）将时间线右侧的音频文件删除，然后选中 A2 音频轨道中的音频文件，将当前时间设置为 00:01:01:20，在【效果控件】面板中单击【级别】右侧的【添加 / 移除关键帧】按钮，添加一个关键帧，如图 7-93 所示。

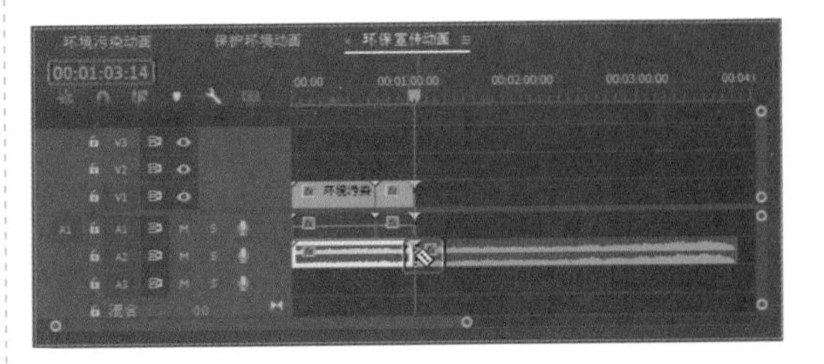

图 7-92

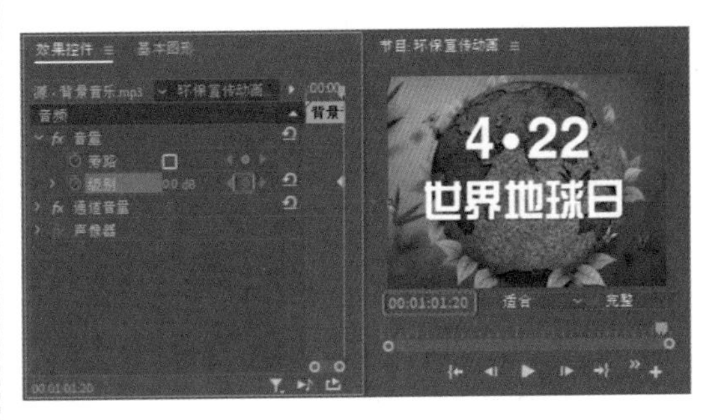


图 7-93

（6）将当前时间设置为 00:01:03:14，在【效果控件】面板中将【级别】设置为 –23dB，如图 7-94 所示。对完成后的场景进行保存、输出即可。

图 7-94

# 第8章 项目实战指导——电影片投

随着影视的发展，片头的种类越来越多，所涉及的方面的越来越广泛。本章节将重点讲解如何制作电影片头，如何将剪辑的精彩片段进行加工，将其成为绚丽的动画片头，如图 8-1 所示。

图 8-1

## 8.1 导入素材

下面将讲解如何导入电影片头所需要的素材文件，具体操作步骤如下。

（1）启动软件后，新建项目文件，在【项目】面板中单击面板底部的【新建素材箱】按钮，将名称修改为【素材】，如图 8-2 所示。

（2）在【项目】面板的空白处双击鼠标，在弹出的【导入】对话框，选择“素材 \Cha08”文件夹里的所有素材文件，单击【打开】按钮，将导入的素材文件，拖曳至【项目】面板中的【素材】文件夹中，如图 8-3 所示。

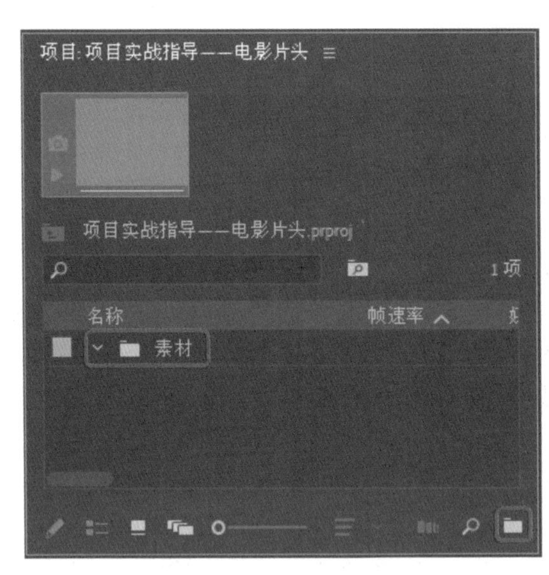

图 8-2

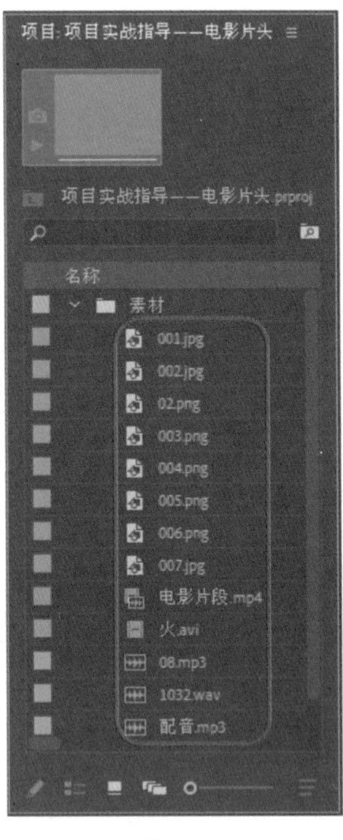


图 8-3

## 8.2 标题动画

标题字幕制作完成后，下面将详细讲解如何制作标题动画，通过本案例的制作可以对标题动画的制作有一定的了解，动画的标题是“票房最佳镜头”，所以在选择背景素材时，选择了一个镜头作为背景，使用【基本 3D】和【镜头光晕】特效使其具有立体感。

（1）在【项目】面板的空白处右击，在弹出的快捷菜单中选择【新建项目】|【序列】命令，如图 8-4 所示。

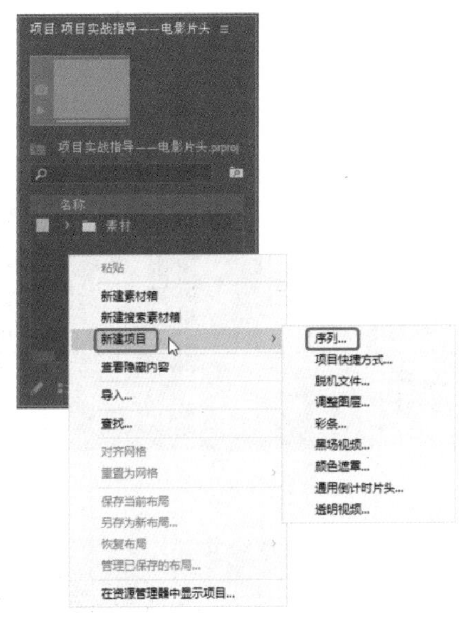

图 8-4

（2）弹出【新建序列】对话框，选择 DV-24P 文件下的【标准 48kHz】选项，并将【序列名称】设置为“标题动画”，单击【确定】按钮，如图 8-5 所示。

图 8-5

提示：新建序列的方法有很多种，最常用的方法是按 Ctrl+N 组合键，也可以在菜单栏中选择【文件】|【新建】|【序列】命令，创建新的序列。

（3）在【项目】面板中选择“标题动画”序列，将其拖至“标题动画”文件夹中，在“素材”文件夹中选择“001.jpg”素材文件，并将其拖至 V1 轨道中，如图 8-6 所示。

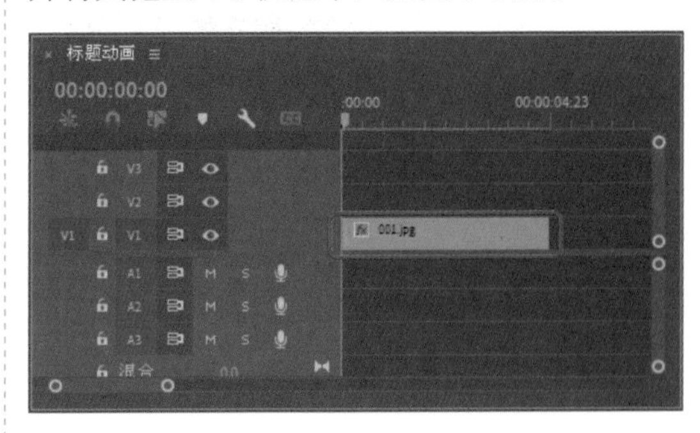

图 8-6

（4）在 V1 轨道中选择添加的素材文件，右击，在弹出的快捷菜单中选择【速度 / 持续时间】命令，如图 8-7 所示。

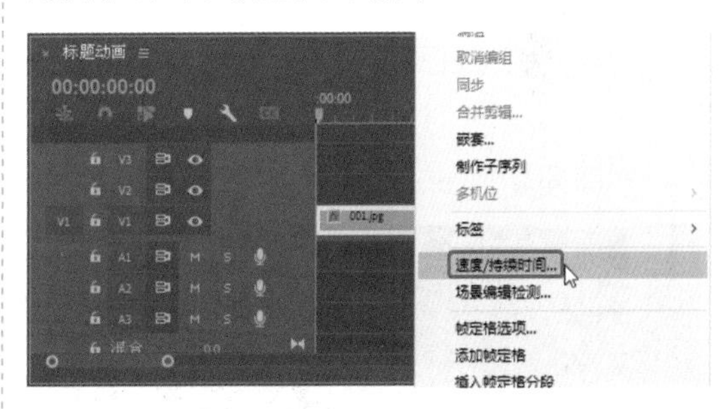

图 8-7

（5）弹出【剪辑速度 / 持续时间】对话框，将【持续时间】设置为 00:00:10:05，单击【确定】按钮，如图 8-8 所示。

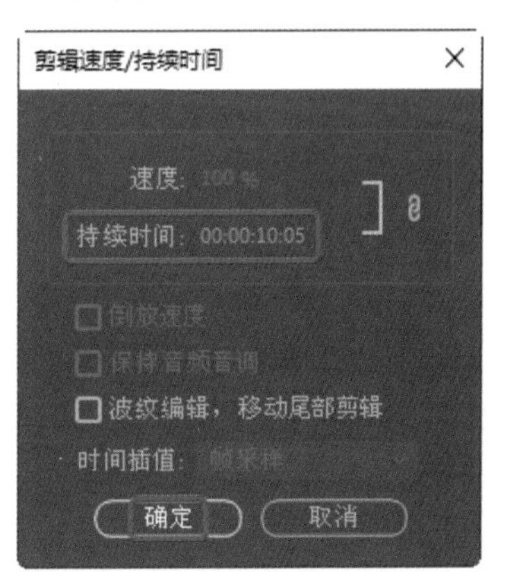


图 8-8

（6）选择添加的素材文件，切换到【效果控件】面板中，将【位置】设置为 360、240，将【缩放】设置为 34，如图 8-9 所示。

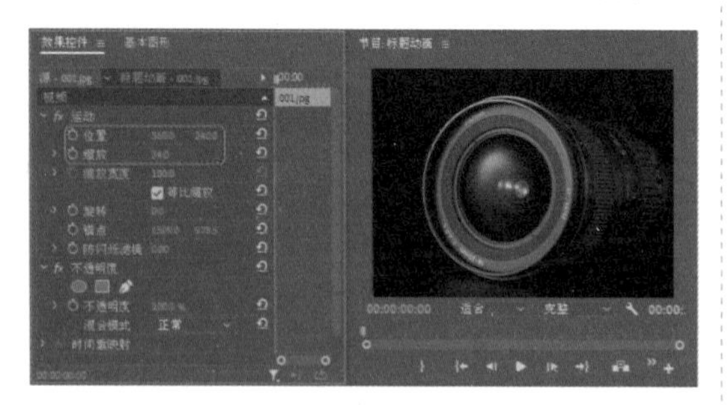

图 8-9

（7）切换到【效果】面板，选择【视频效果】|【透视】|【基本 3D】特效，添加到素材图片上。将当前时间设置为 00:00:00:00，切换到【效果控件】面板中，分别单击【旋转】和【倾斜】左侧的【切换动画】按钮，添加关键帧，将【旋转】设置为 90°，【倾斜】设置为 - 17°，并选中【显示镜面高光】复选框，如图 8-10 所示。

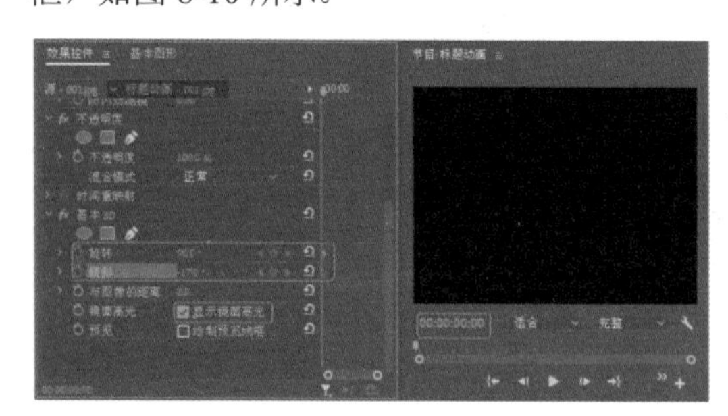

图 8-10

（8）将当前时间设置为 00:00:02:05，将【旋转】设置为 0°，【倾斜】设置为 0°，如图 8-11 所示。

（9）切换到【效果】面板中，搜索【镜头光晕】特效，将其添加到 V1 轨道中的“001.jpg”素材文件上。将当前时间设置为 00:00:00:00，将【镜头光晕】选项组中的【光晕中心】设置为 - 58.7、937.2，【光晕亮度】设置为 0，单击【光晕中心】、【光晕亮度】左侧的【切换动画】按钮，将【镜头类型】设置为【50-300 毫米变焦】，将【与原始图像混合】设置为 0，如图 8-12 所示。

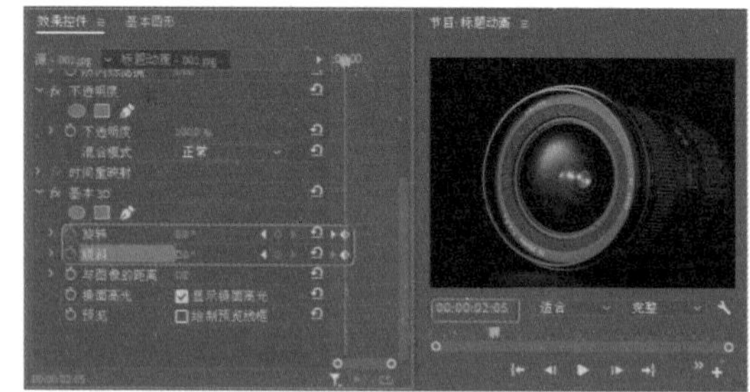

图 8-11

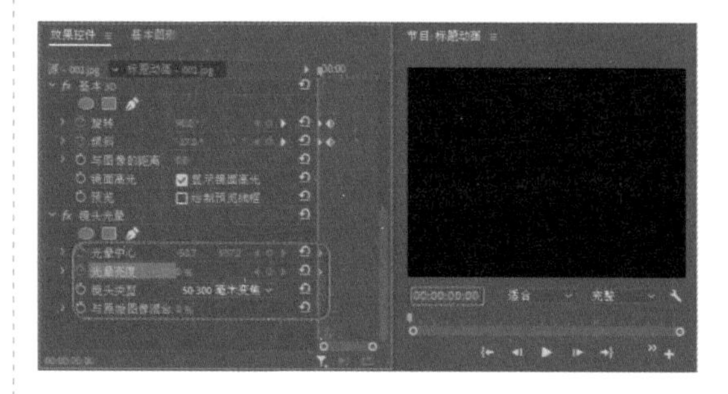

图 8-12

（10）将当前时间设置为 00:00:01:07，将【光晕亮度】设置为 166。将当前时间设置为 00:00:08:21，单击【光晕亮度】右侧的【添加 / 移除关键帧】按钮，添加关键帧，如图 8-13 所示。

图 8-13

（11）将当前时间设置为 00:00:10:05，将【光晕中心】设置为 4484、937.2，【光晕亮度】设置为 0，如图 8-14 所示。

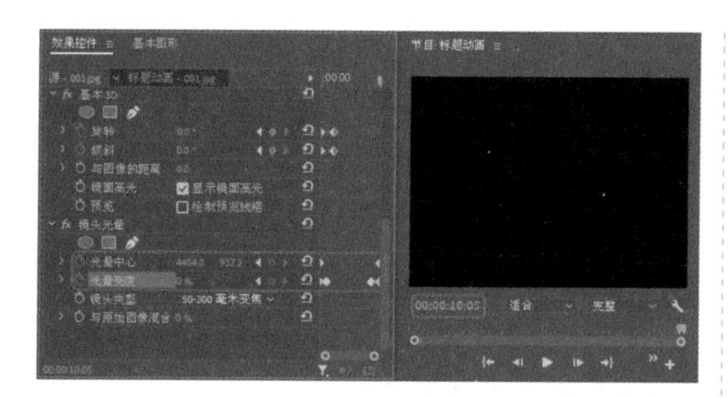

图 8-14

（12）将当前时间设置为 00:00:05:00，使用【文字工具】输入“票房最佳镜头”，将【填充】设置为＃1C1C1C，勾选【描边】复选框，将【描边类型】设置为【外侧】，将【描边】选项组下的【填充类型】设置为线性渐变，将 0% 位置处色标设置为＃1C1C1C，将 Angle 设置为 78，将 50% 位置处色标设置为＃F6F9F9，调整色标的中点，单击【确定】按钮，如图 8-15 所示。

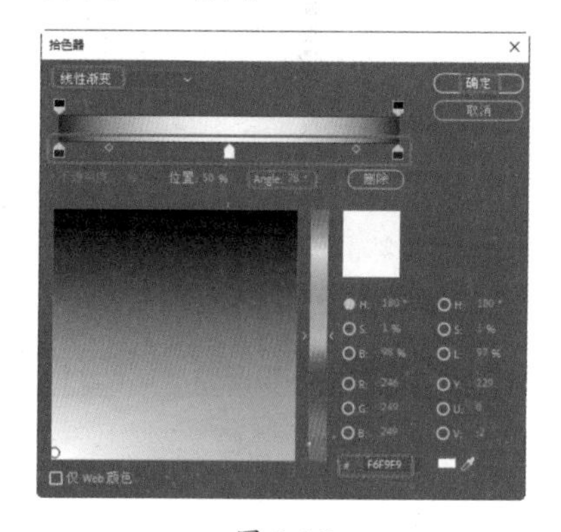

图 8-15

（13）将【描边宽度】设置为 5，将【字体】设置为汉仪菱心体简，将【字体大小】设置为 88，如图 8-16 所示。

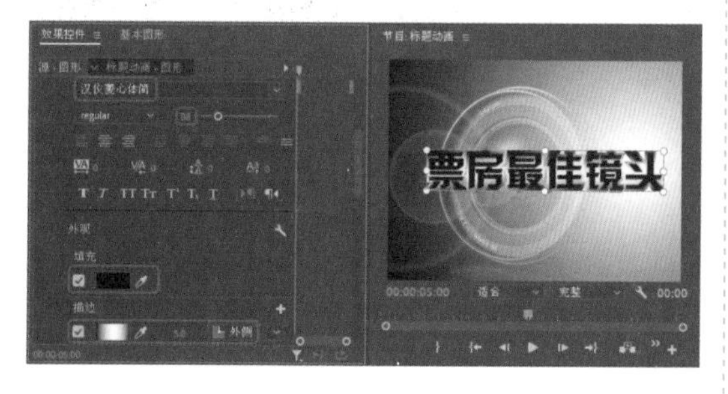


图 8-16

（14）勾选【阴影】复选框，将【颜色】设置为 0、0、0，将【不透明度】、【角度】、【距离】、【大小】、【模糊】设置为 58%、−205、13、0、35，在【变换】选项组中将【位置】设置为 77、264.3，如图 8-17 所示。

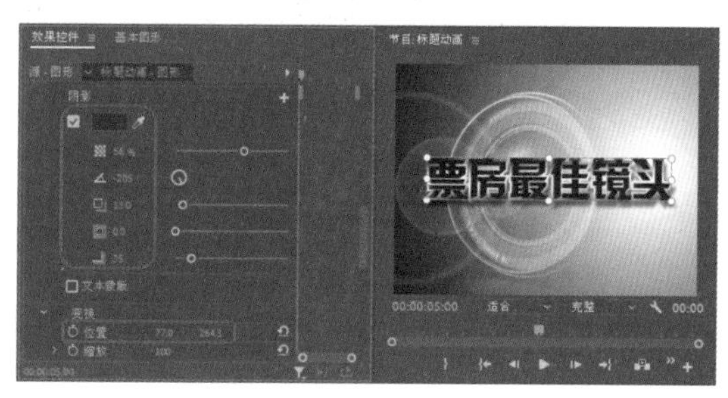


图 8-17

（15）将当前时间设置为 00:00:05:00，选择字幕拖至 V2 轨道中，将开始处与时间线对齐，结束处与 V1 轨道中的素材文件的结束处对齐，如图 8-18 所示。

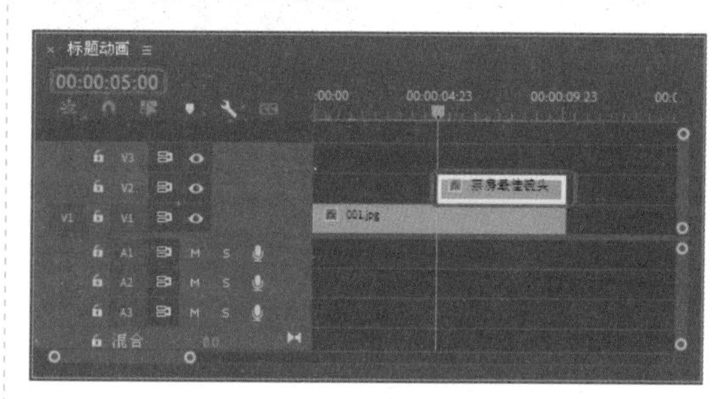


图 8-18

（16）将【位置】设置为 640、240，将【缩放】设置为 600，单击【位置】和【缩放】左侧的切换动画按钮，如图 8-19 所示。

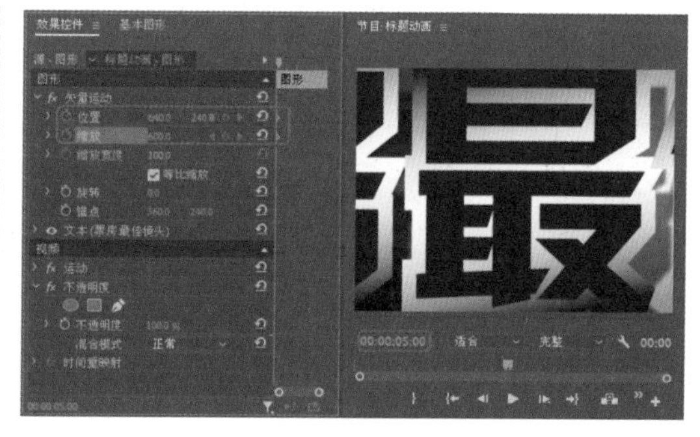

图 8-19

（17）将当前时间设置为 00:00:05:02，将【位置】设置为 338、240，将【缩放】设置为 91，如图 8-20 所示。

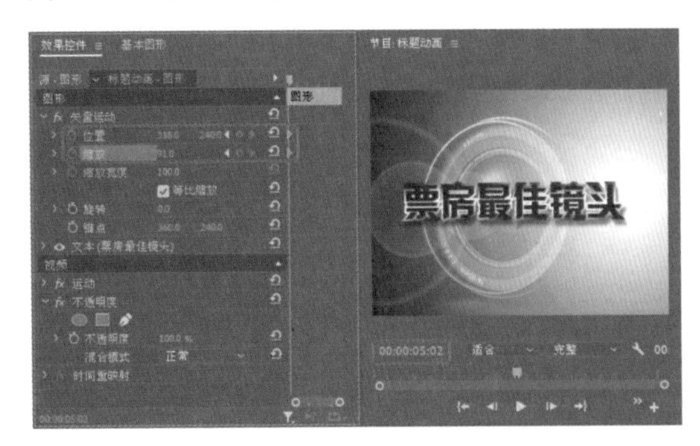


图 8-20

（18）将当前时间设置为 00:00:10:02，将【位置】设置为 360、240，将【缩放】设置为 100，如图 8-21 所示。

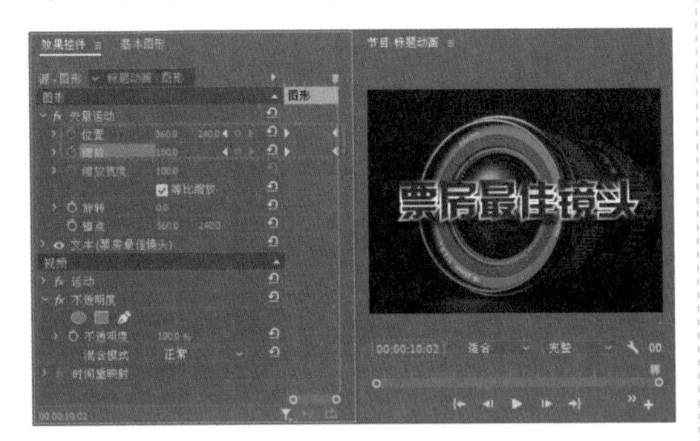


图 8-21

（19）将当前时间设置为 00:00:10:05，将【位置】设置为 620、240，将【缩放】设置为 600，如图 8-22 所示。

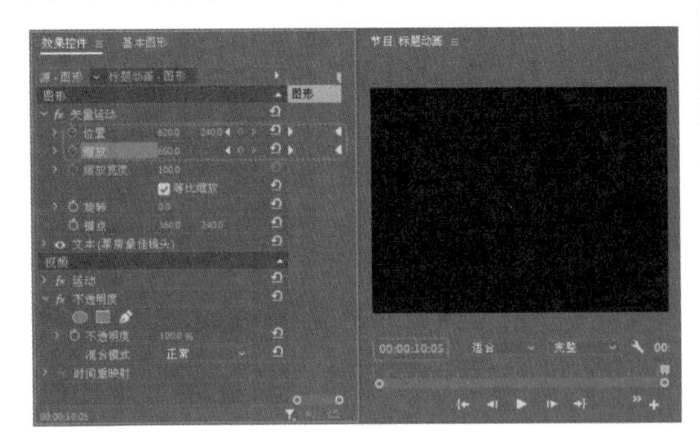

图 8-22

（20）为文本添加【镜头光晕】特效，将当前时间设置为 00:00:05:00，将【光晕中心】设置为 – 14、229.9，将【光晕亮度】设置为 0%，单击【光晕中心】、【光晕亮度】左侧的切换动画按钮，将【镜头类型】设置为 50-300 毫米变焦，将【与原始图像混合】设置为 0%，如图 8-23 所示。

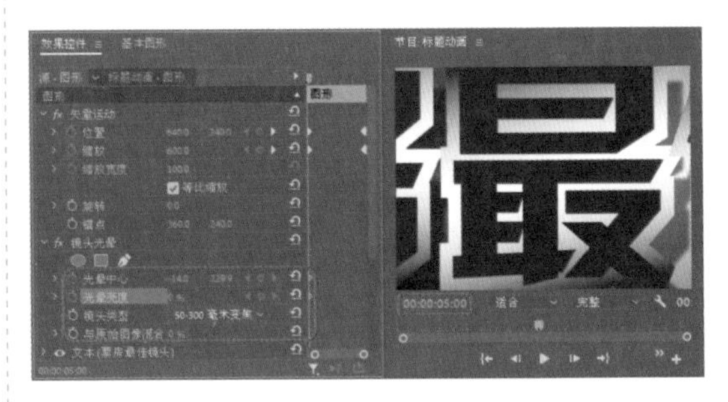

图 8-23

（21）将当前时间设置为 00:00:05:16，将【光晕亮度】设置为 166%，如图 8-24 所示。

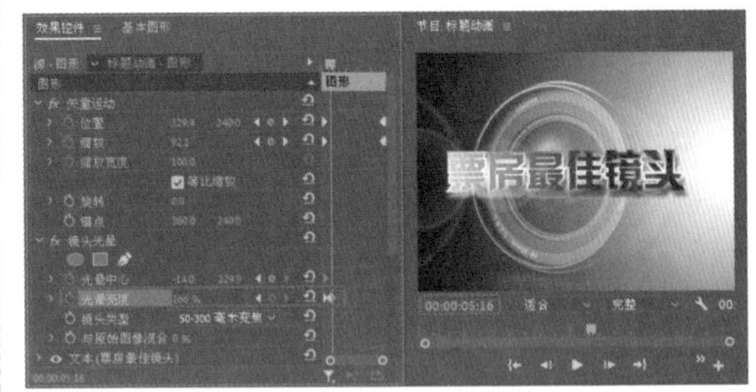


图 8-24

（22）将当前时间设置为 00:00:09:12，单击【光晕亮度】右侧的【添加 / 移除关键帧】按钮，如图 8-25 所示。

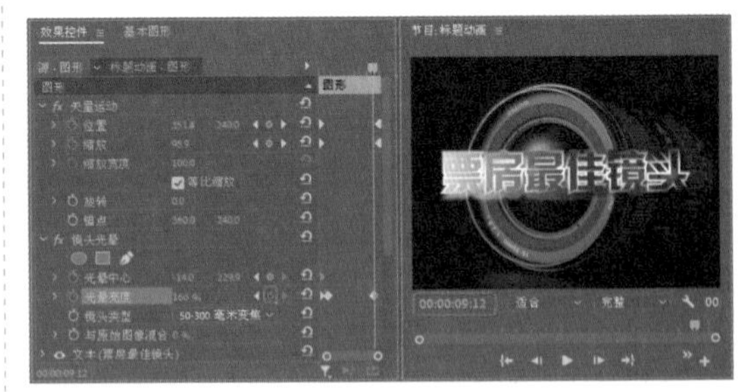


图 8-25

（23）将当前时间设置为 00:00:10:05，将【光晕中心】设置为 1069.7、229.9，将【光晕亮度】设置为 0%，如图 8-26 所示。

（24）为文本添加【残影】特效，将【残影时间（秒）】设置为 – 0.033，将【残影数量】、【起始强度】、【衰减】设置为 1，【残影运算符】设置为相加，如图 8-27 所示。

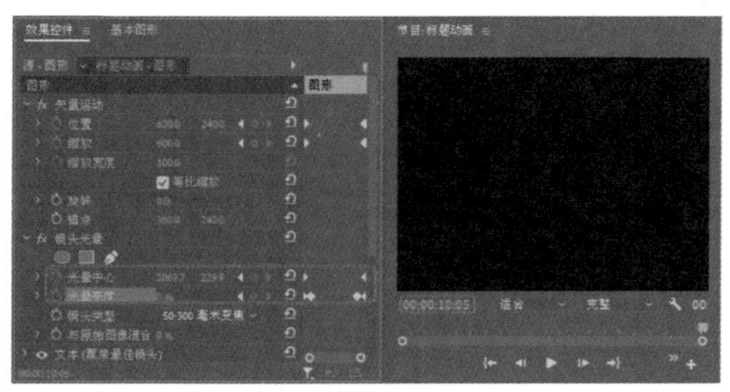

图 8-26

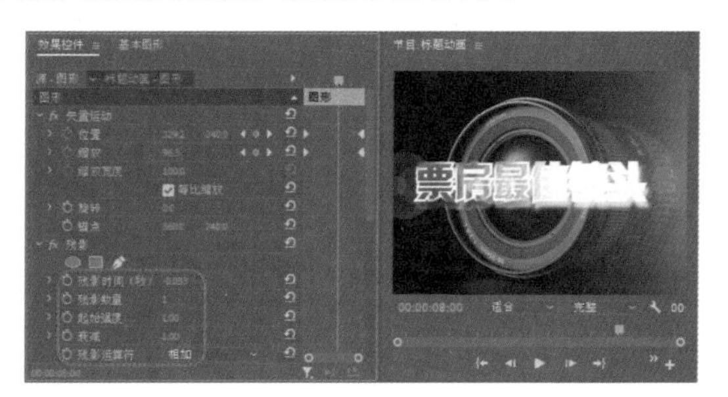

图 8-27

## 8.3　电影 01

扫码看视频

将普通的电影进行切换过于单调，在该案例中利用了 Color Balance（RGB）特效将电影调整成暖色调，然后利用火的视频进行叠加，使整个电影片段在火光中进行，使电影画面更炫丽。

（1）在【项目】面板中新建“电影”文件夹，在该文件夹中新建 DV-24P 制式的标准 48kHz 序列，并将【序列名称】设置为“电影 01”，如图 8-28 所示。

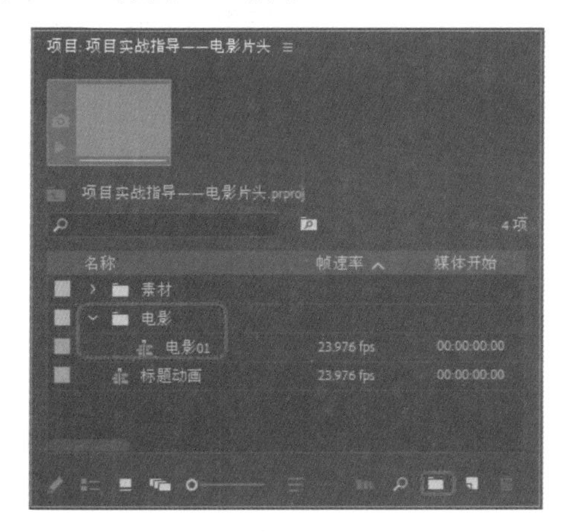


图 8-28

（2）激活“电影 01”序列，在【项目】面板的“素材”文件夹中选择“电影片段 .mp4”并将其拖至 V1 轨道中。弹出【剪辑不匹配警告】对话框，单击【保持现有设置】按钮，添加视频素材，如图 8-29 所示。

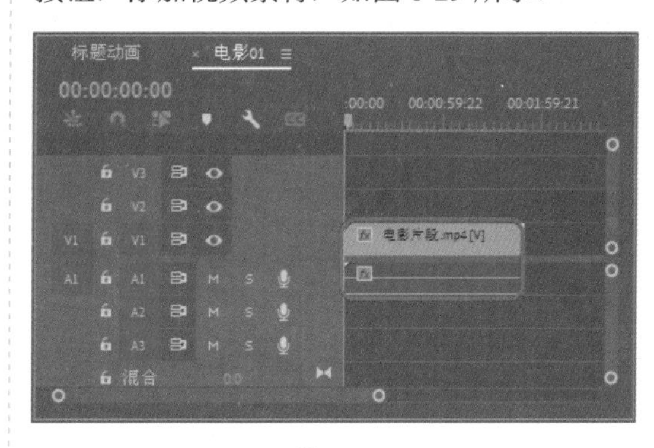


图 8-29

（3）选择上一步添加的视频素材文件，右击，在弹出的快捷菜单中选择【取消链接】命令，然后将 V1 轨道中的音频删除，将【持续时间】设置为 00:01:49:22，如图 8-30 所示。

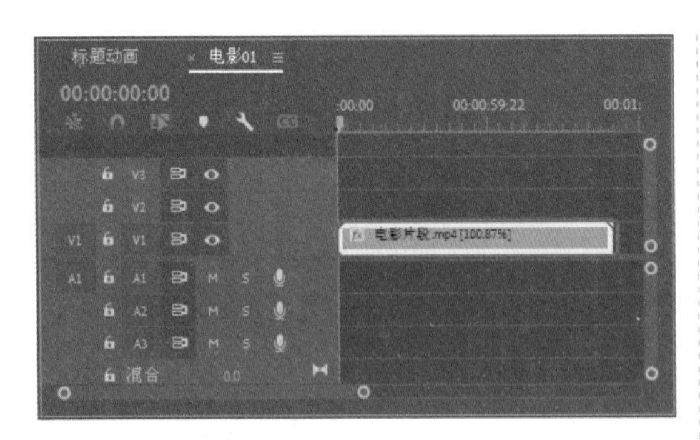

图 8-30

（4）切换到【效果】面板，选择【视频效果】|【过时】|Color Balance（RGB）特效，并将其添加到“电影片段 .mp4”视频素材文件上。切换到【效果控件】面板中，将Color Balance（RGB）选项组中的Red设置为120，Green设置为100，Blue设置为60，如图8-31所示。

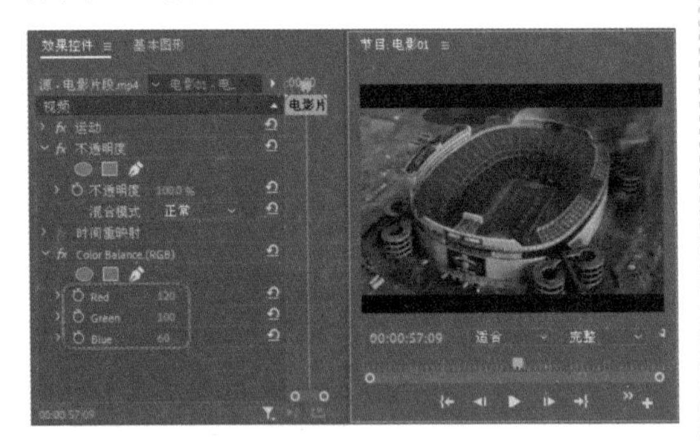

图 8-31

> 提示：利用Color Balance（RGB）特效可以将对象按RGB颜色模式调节素材的颜色，达到校色的效果。

（5）将当前时间设置为00:00:00:00，在【项目】面板的“素材”文件夹中选择“火 .avi”视频素材，按住鼠标左键将其拖曳至V2轨道中，将开始处与时间线对齐，将【持续时间】设置为00:01:49:22，如图8-32所示。

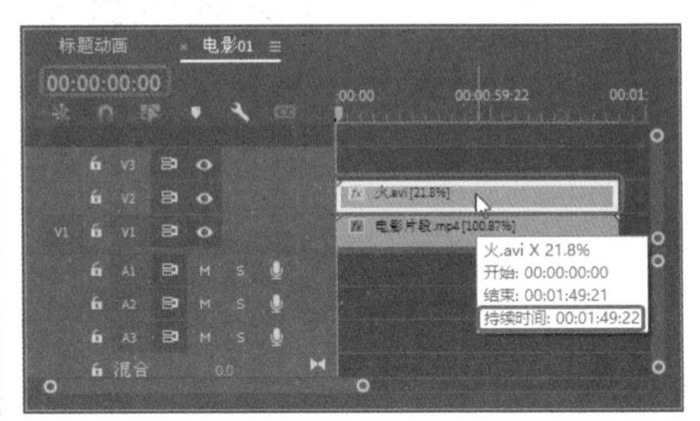


图 8-32

（6）选择上一步添加的素材文件，切换到【效果控件】面板，将【缩放】设置为112，在【不透明度】选项组中将【混合模式】设置为【颜色】，如图8-33所示。

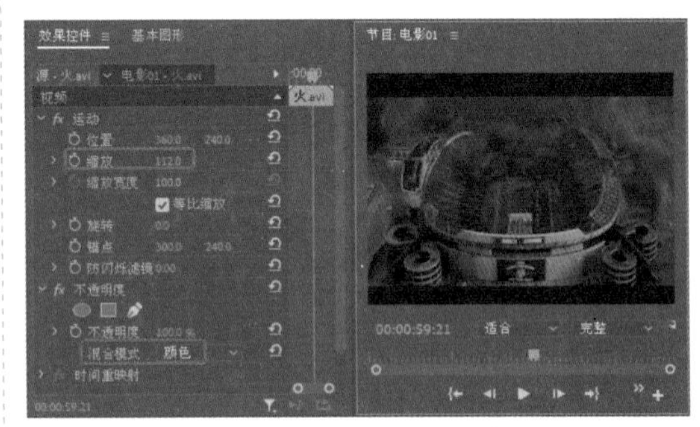

图 8-33

## 8.4　电影 02

扫码看视频

本案例讲解如何对电影进行去色，将其变为黑白效果。通过上面的制作电影01序列可以发现“电影01”画面比较绚丽，而“电影02”序列采用了黑白效果，这样可以使两个影片更醒目，给人以冲击的感觉。

（1）在【项目】面板中新建“电影 02”序列，并将其拖至到“电影”文件夹中，如图 8-34 所示。

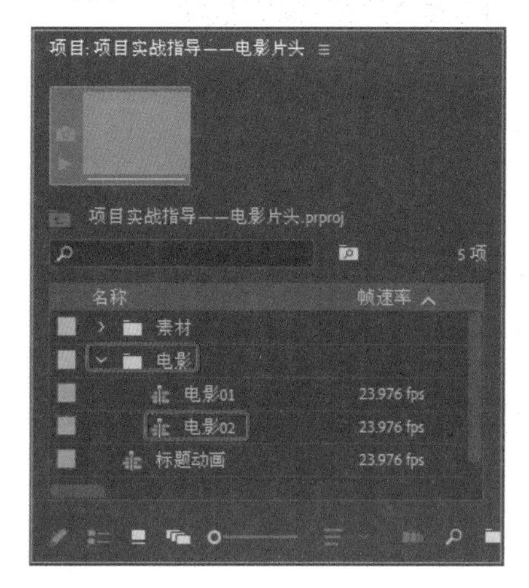


图 8-34

（2）在【项目】面板中选择“素材”文件夹中的“电影片段 .mp4”视频素材，并将其添加到 V1 轨道中。弹出【剪辑不匹配警告】对话框，单击【保持现有设置】按钮，将【持续时间】设置为 00:01:49:22，如图 8-35 所示。

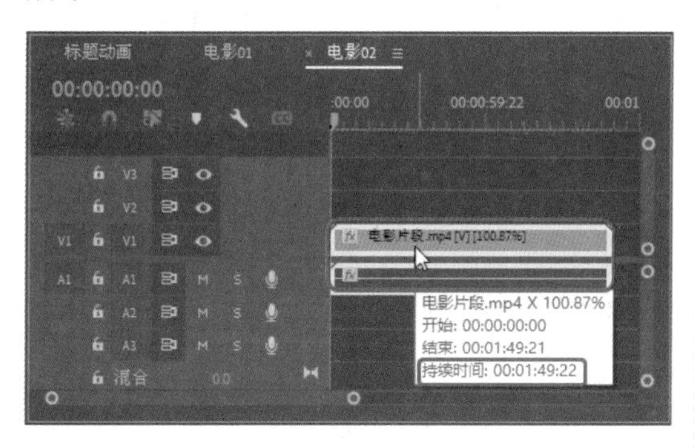


图 8-35

（3）选择上一步添加的视频素材，右击，在弹出的快捷菜单中选择【取消链接】命令，如图 8-36 所示。

（4）选择 V1 轨道中的音频，按 Delete 键将其删除，完成后的效果如图 8-37 所示。

图 8-36

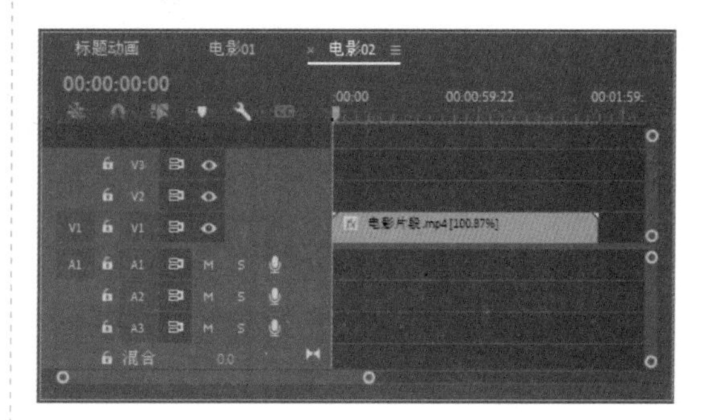


图 8-37

（5）切换到【效果】面板选择【视频效果】|【图像控制】|【黑白】特效命令，如图 8-38 所示。

图 8-38

提示：黑白特效可以将任何色彩的对象变成灰度图像，是常用的去色特效之一。

（6）将选择的【黑白】特效添加到 V1 轨道的素材文件上，如图 8-39 所示

图 8-39

## 8.5 电影 03

扫码看视频

本案例讲解如何利用素材图片，制作冷色调电影。本案例在制作思路上与“电影 01”的暖色调恰恰相反，通过利用冷色图片通过叠加的方式，将视频转变为冷色调，目的是为了和“电影 01”序列形成对比。

（1）在【项目】面板中新建“电影 03”序列，并将其拖至“电影”文件夹中，如图 8-40 所示。

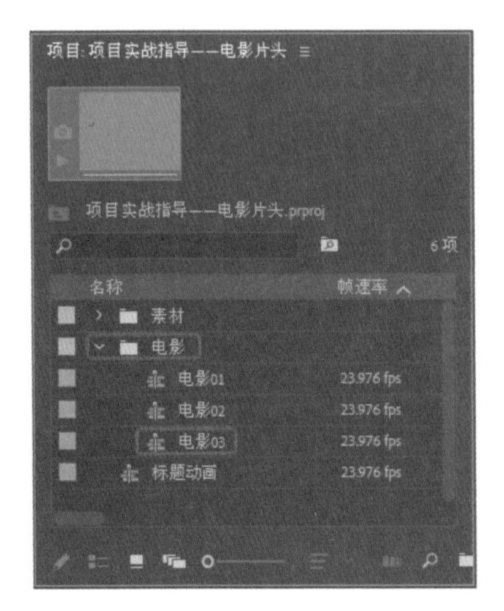

图 8-40

（2）在【项目】面板中选择“素材”文件夹中的“电影片段 .mp4”视频素材，并将其添加到 V1 轨道中。弹出【剪辑不匹配警告】对话框，单击【保持现有设置】按钮，将【持续时间】设置为 00:01:49:22，如图 8-41 所示。

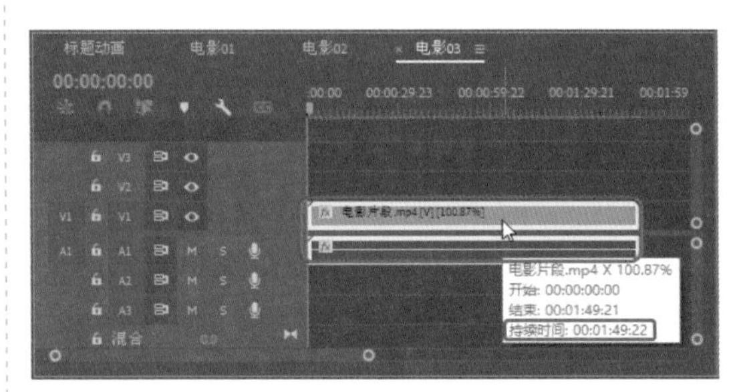

图 8-41

（3）选择上一步添加的视频素材，右击，在弹出的快捷菜单中选择【取消链接】命令，如图 8-42 所示。

图 8-42

（4）选择 V1 轨道中的音频，按 Delete 键将其删除，完成后的效果如图 8-43 所示。

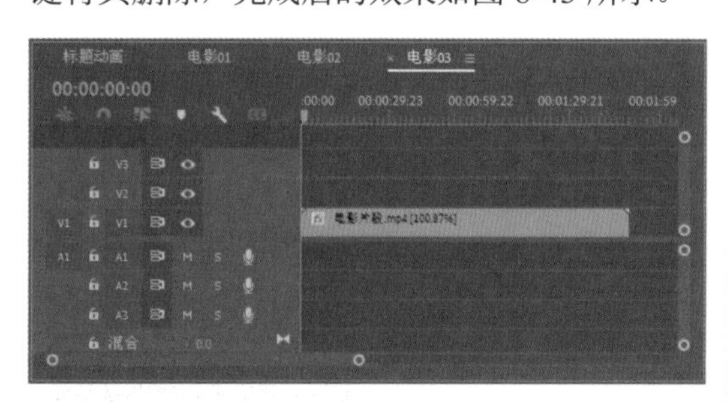

图 8-43

（5）切换到【项目】面板，选择“素材”文件夹下的“002.jpg”文件，并将其拖至 V2 轨道中，使其开始处和结束处分别与 V1 轨道中的素材文件的开始处和结束处对齐，如图 8-44 所示。

（6）选择上一步添加的素材文件，切换到【效果控件】面板中，将【缩放】设置为 93，在【不透明度】选项组中将【不透明度】设置为 50%，将【混合模式】设置为【强光】，如图 8-45 所示。

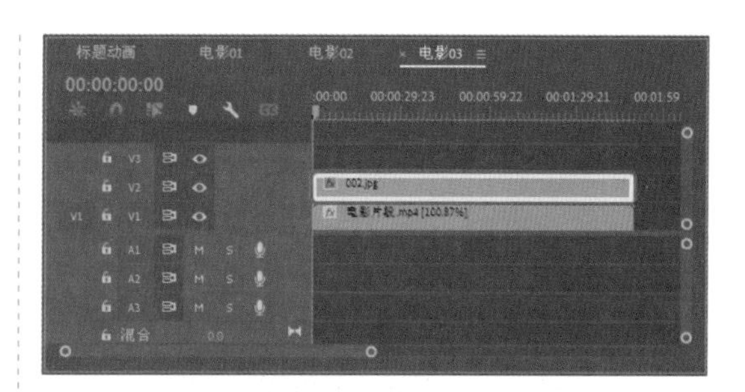

图 8-44

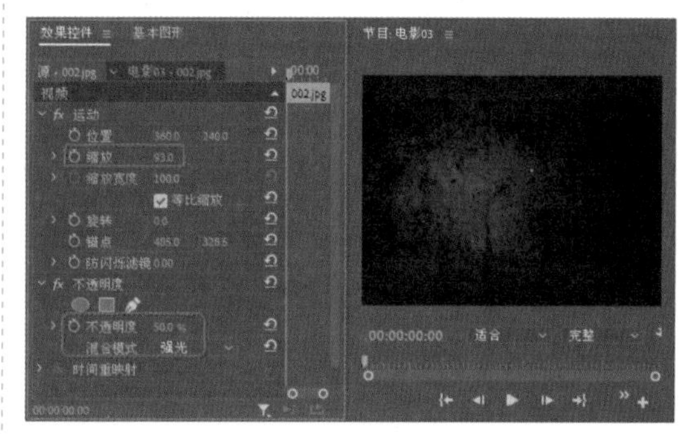

图 8-45

提示：选择【强光】选项后，根据绘图色来决定是执行【正片叠底】模式还是【滤色】模式。当绘图色比 50% 的灰要亮时，则底色变亮，就执行【滤色】模式一样，这对增加图像的高光非常有帮助；当绘图色比 50% 的灰要暗时，则底色变暗，就执行【正片叠底】模式一样，可增加图像的暗部。当绘图色是纯白色或黑色时得到的是纯白色和黑色，此效果与耀眼的聚光灯照在图像上效果相似。

## 8.6　胶卷电影动画

扫码看视频

本案例的制作思路是结合实际生活中的电影胶卷，通过设置关键帧使胶卷不停地运动，然后通过将不同效果的影片添加到胶卷中，使其呈现电影放映的效果。

（1）在【项目】面板中单击【新建素材箱】按钮，并将新建的文件夹名称修改为“胶卷动画”。使用前面介绍的方法，在文件夹内新建“胶卷动画”序列，如图 8-46 所示。

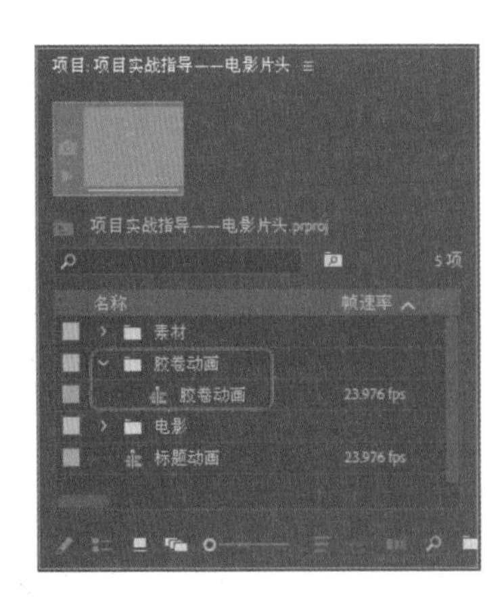

图 8-46

（2）在【项目】面板中选择“素材”文件夹中的“003.png”素材，并将其添加到 V1 轨道中，设置其【持续时间】为 00:01:49:22，如图 8-47 所示。

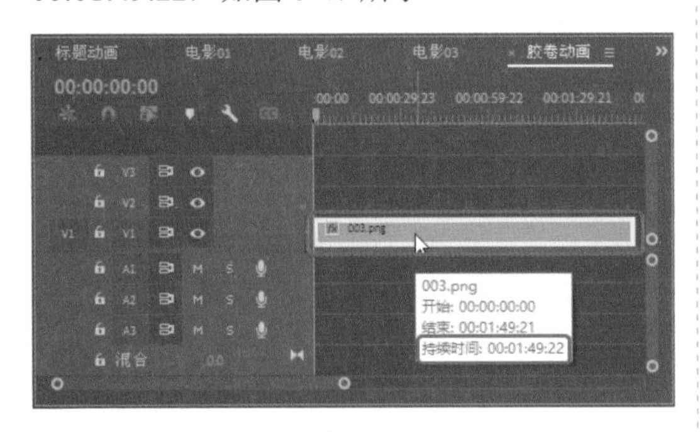

图 8-47

（3）选择添加的素材文件，切换到【效果控件】面板中，将【位置】设置为 97、313，【缩放】设置为 39，如图 8-48 所示。

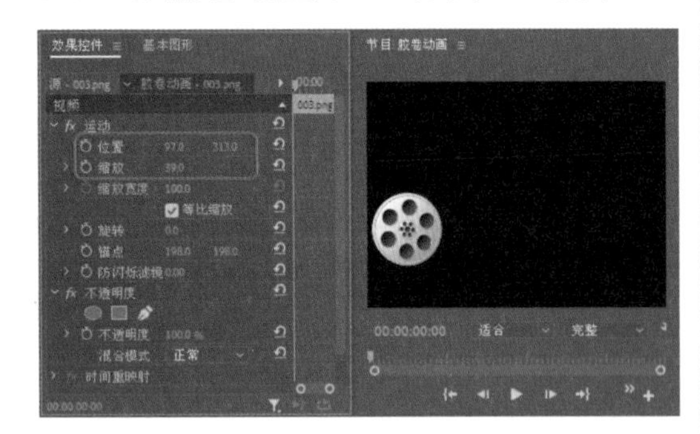

图 8-48

（4）将当前时间设置为 00:00:00:00，在【效果控件】面板中单击【旋转】左侧的【切换动画】按钮，添加关键帧，如图 8-49 所示。

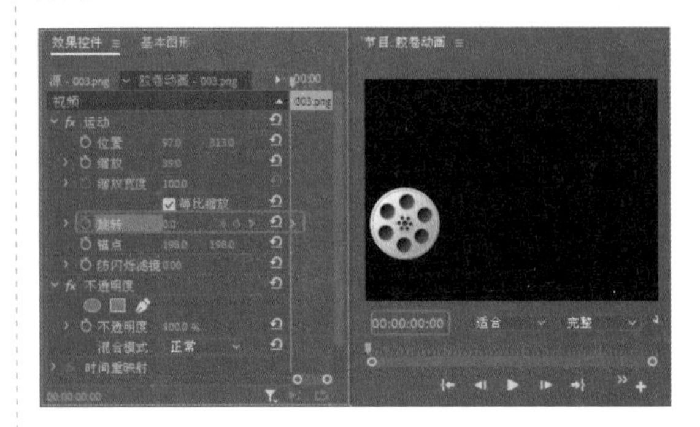

图 8-49

（5）将当前时间设置为 00:01:49:21，在【效果控件】面板中将【旋转】设置为 10×0°，如图 8-50 所示。

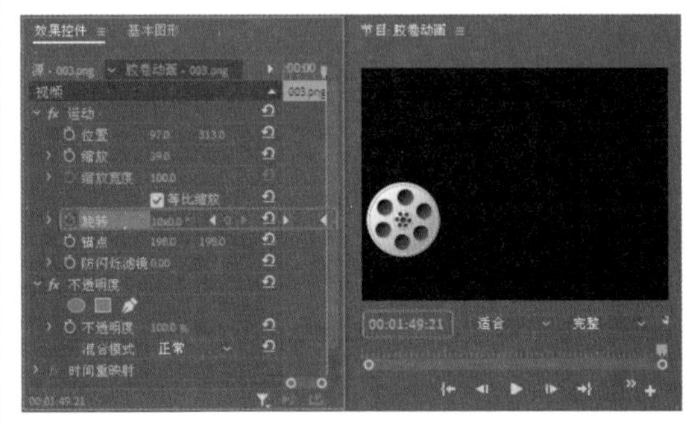

图 8-50

（6）在【项目】面板的“素材”文件夹中选择“004.png”素材文件将其拖到 V2 轨道中，使其开始处和结束处与 V1 轨道中的素材对象对齐，如图 8-51 所示。

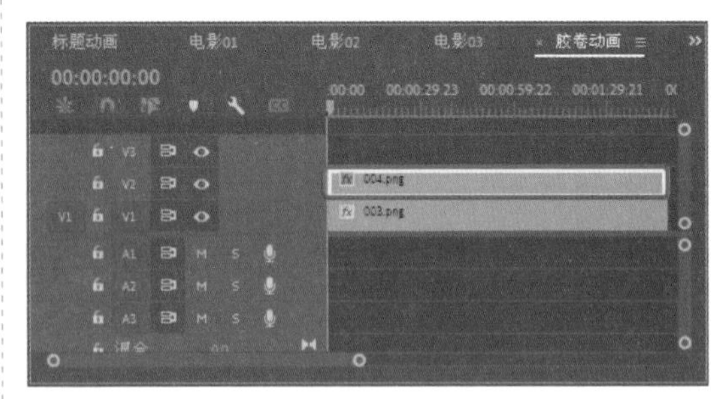

图 8-51

（7）选择添加的素材文件，切换到【效果控件】面板，将当前时间设置为

00:00:00:00，将【位置】设置为 1204、360.2，单击【位置】左侧的【切换动画】按钮，将【缩放】设置为 73，如图 8-52 所示。

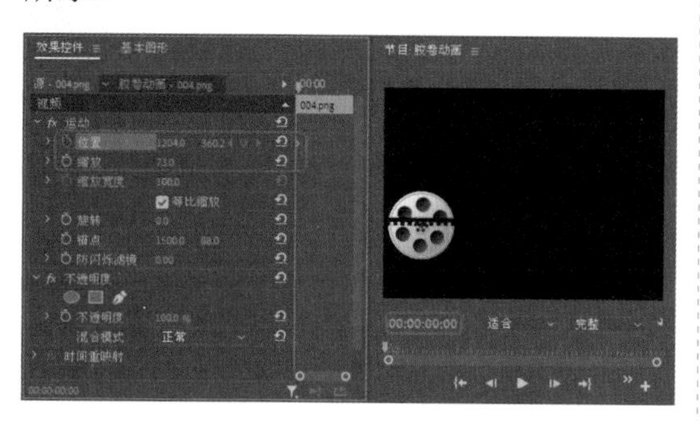


图 8-52

（8）将当前时间设置为 00:01:49:21，设置【位置】为 - 483、360，如图 8-53 所示。

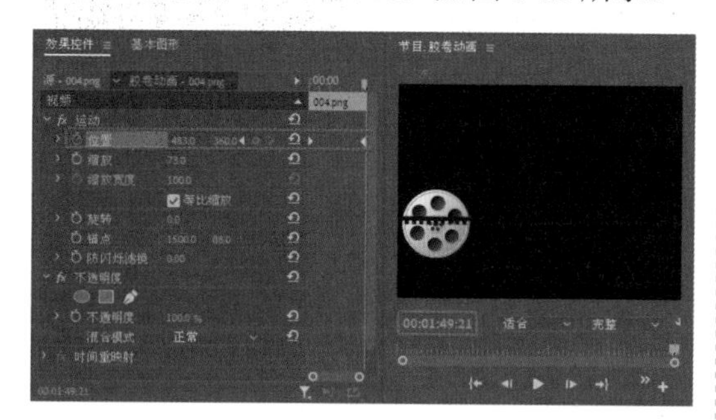


图 8-53

（9）在【项目】面板中选择“电影 02”序列，将其拖到 V3 轨道中，如图 8-54 所示。

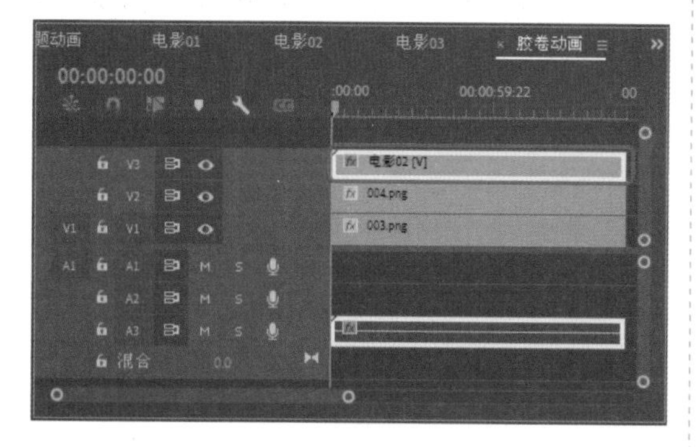


图 8-54

（10）选择添加的序列文件并右击，在弹出的快捷菜单中选择【取消链接】命令，如图 8-55 所示。

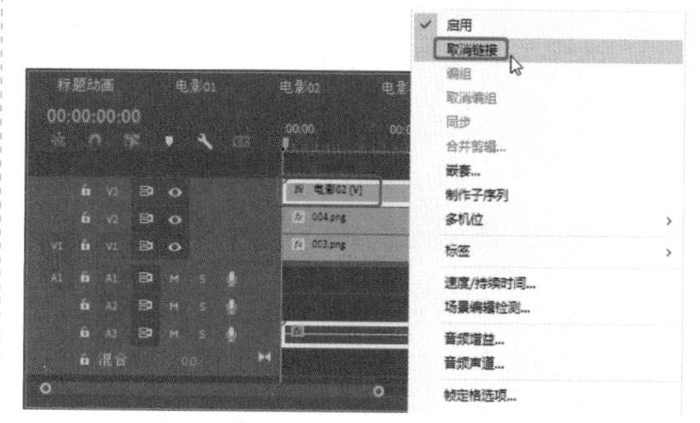


图 8-55

提示：有时用户在将某一序列添加到另一序列文件时，会发现添加的序列带有音频，这是系统在创建序列时，添加的默认音频，如果感觉浪费音频轨道，可以利用【取消链接】将音频删除。

（11）将“电影 02”的音频删除，然后选择 V3 轨道中的“电影 02”序列，切换到【效果控件】面板中，将【位置】设置为 71.2、360.9，将【缩放】设置为 20，如图 8-56 所示。

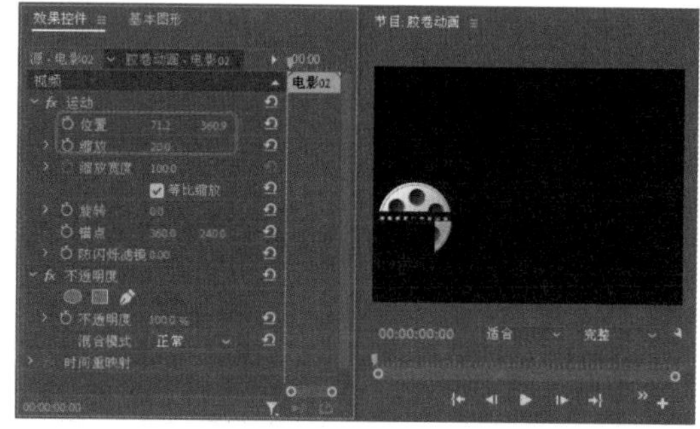


图 8-56

（12）在【序列】面板的轨道名称位置处右击，在弹出的快捷菜单中选择【添加轨道】命令，弹出【添加轨道】对话框，添加 4 视频轨道，然后单击【确定】按钮，如图 8-57 所示。

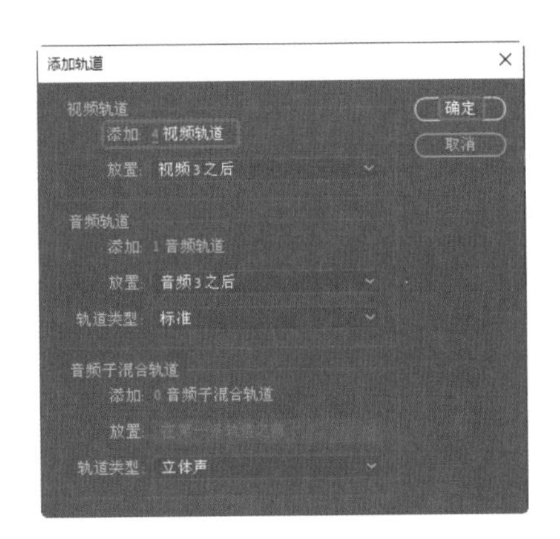


图 8-57

（13）在【序列】面板中按住 Alt 键，将“电影 02”序列拖曳至 V4 轨道，如图 8-58 所示。

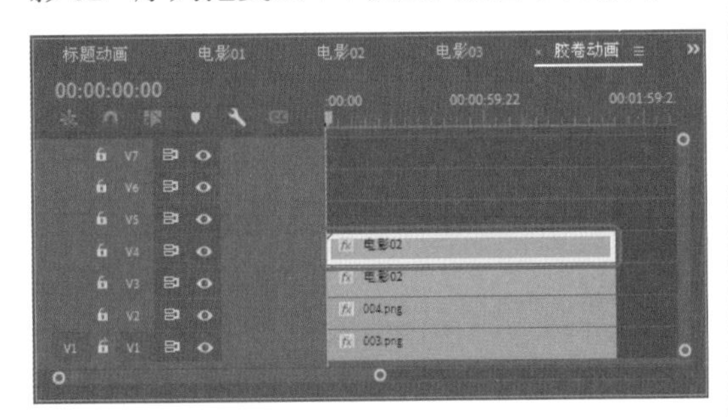


图 8-58

（14）选择上一步复制的对象，切换到【效果控件】面板中，将【位置】设置为 357.2、360.9，如图 8-59 所示。

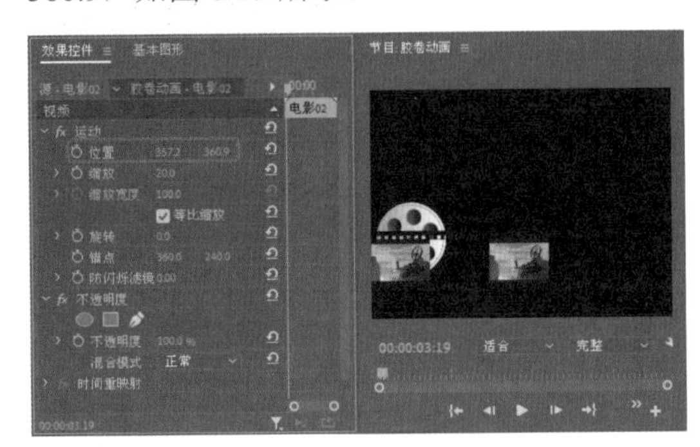


图 8-59

（15）在【序列】面板中按住 Alt 键，将“电影 02”序列拖曳至 V5 轨道，如图 8-60 所示。

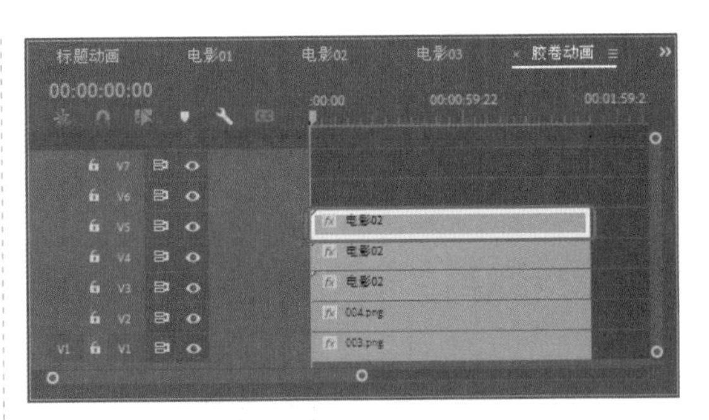


图 8-60

（16）选择复制的“电影 02”序列，切换到【效果控件】面板，将【位置】设置为 646.2、360.9，如图 8-61 所示。

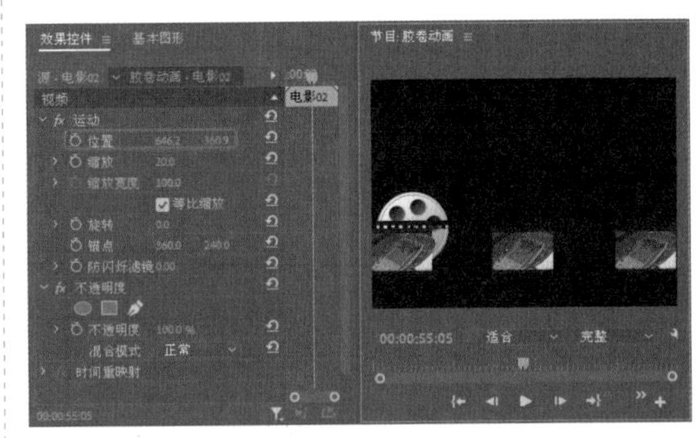


图 8-61

（17）在【项目】面板中选择“电影 03”序列，将其拖到 V6 轨道中，如图 8-62 所示。

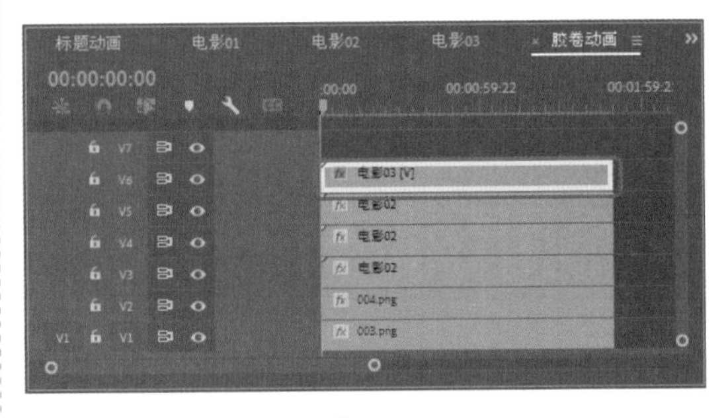


图 8-62

（18）选择添加的序列文件，切换到【效果控件】面板中，将【位置】设置为 213.6、360.9，将【缩放】设置为 20，如图 8-63 所示。

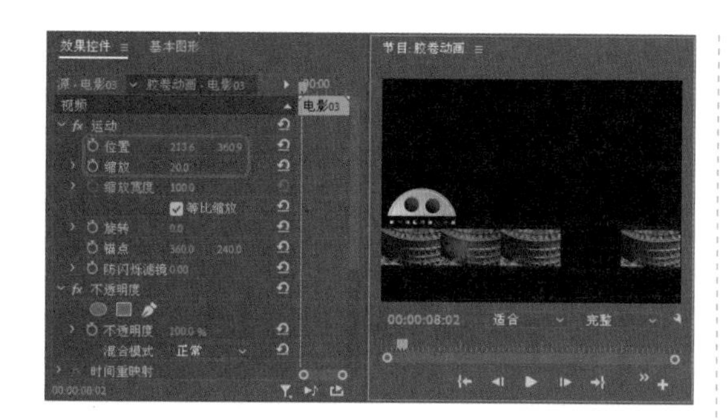

图 8-63

（19）选择“电影 03”序列并右击，在弹出的快捷菜单中选择【取消链接】命令，然后将【音频】轨道中的“电影 03”删除，如图 8-64 所示。

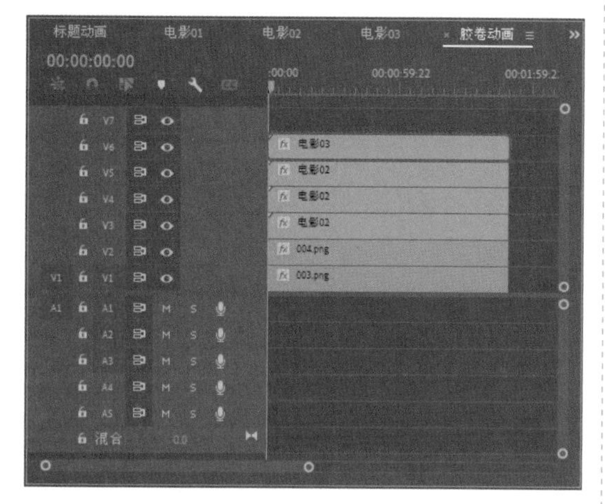

图 8-64

（20）在【序列】面板中按住 Alt 键，将“电影 03”序列拖曳至 V7 轨道，如图 8-65 所示。

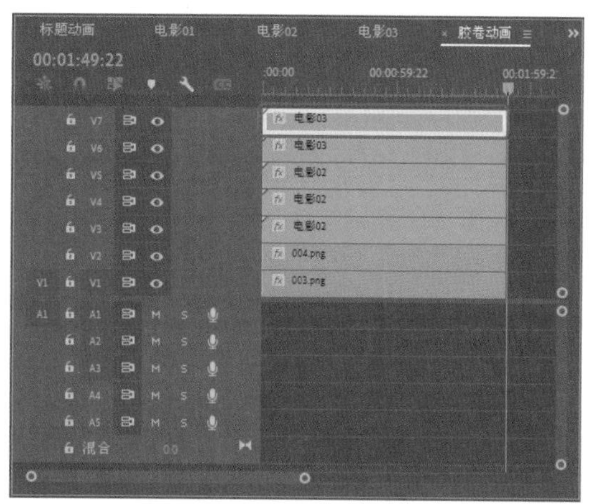

8-65

（21）选择上一步复制的对象，切换到【效果控件】面板中，将【位置】设置为 500.6、360.9，如图 8-66 所示。

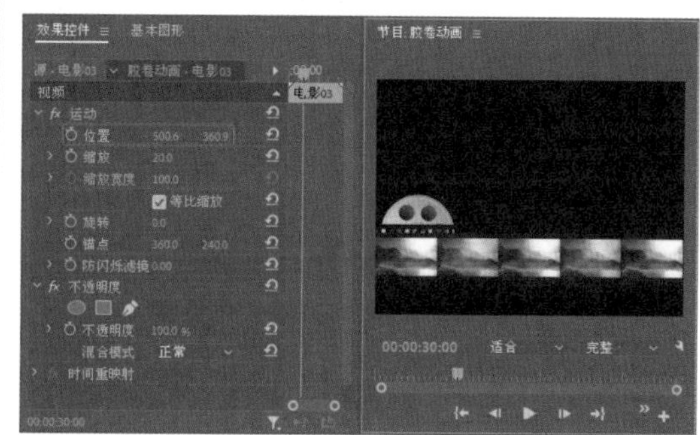

图 8-66

## 8.7 结束动画

扫码看视频

本案例将介绍如何制作结束动画，结束字幕的创建方法和标题字幕动画的制作方法相似。

（1）在【项目】面板中单击【新建素材箱】按钮，并将新建的文件夹名称修改为“结束动画”，使用前面讲过的方法，在文件夹内新建“结束动画”序列，如图 8-67 所示。

（2）在【项目】面板中选择“素材”文件夹中的“007.jpg”素材，并将其添加到 V1 轨道中，并设置其【持续时间】为 00:00:07:05，如图 8-68 所示。

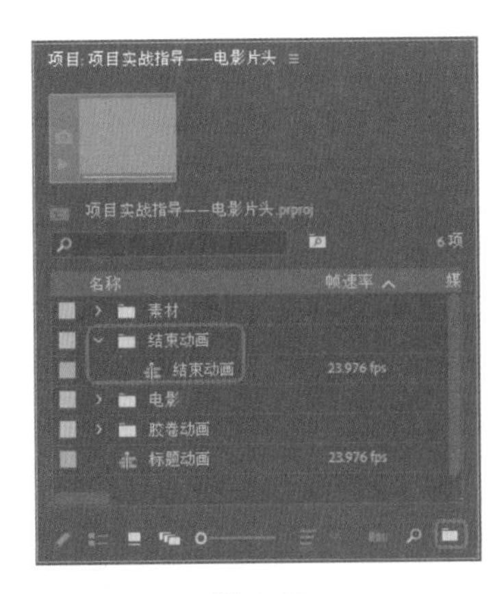


图 8-67

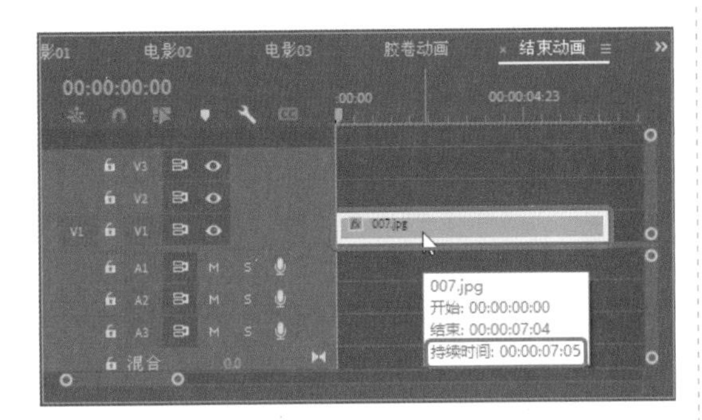


图 8-68

（3）选择添加的素材文件，切换到【效果控件】面板中，将【位置】设置为 360、192，将【缩放】设置为 66，如图 8-69 所示。

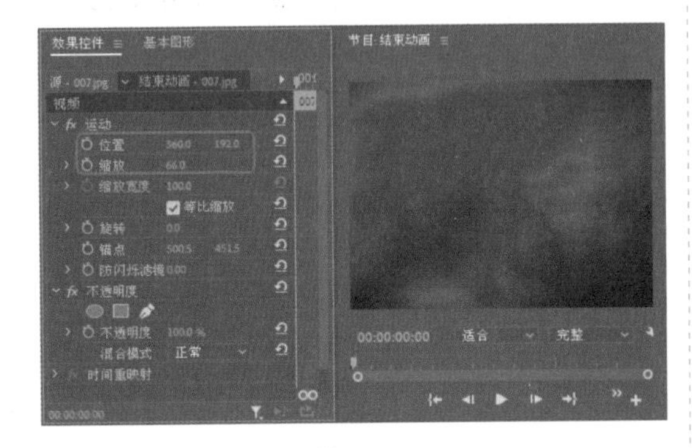


图 8-69

（4）切换到【效果】面板，搜索【镜头光晕】特效，并将其添加到 V1 轨道的素材上。切换到【效果控件】面板，将当前时间设置为 00:00:00:00，将【镜头光晕】选项组中的【光晕中心】设置为 70.9、361.2，将【光晕亮度】设置为 0，单击【光晕中心】、【光晕亮度】左侧的【切换动画】按钮，如图 8-70 所示。

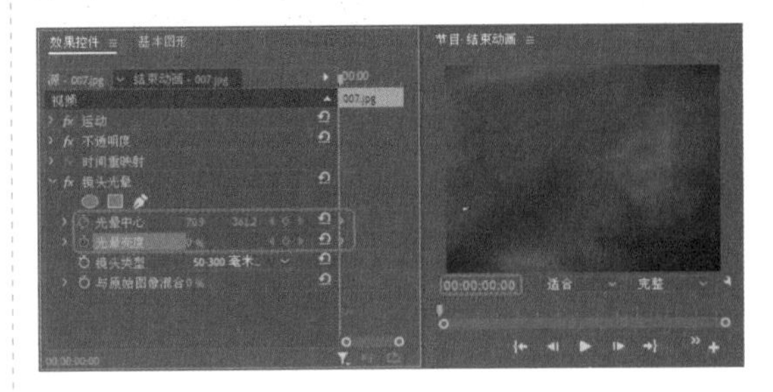

图 8-70

（5）将当前时间设置为 00:00:00:22，将【光晕亮度】设置为 166%，将当前时间设置为 00:00:06:06，单击【光晕亮度】右侧的【添加 / 移除关键帧】按钮，如图 8-71 所示。

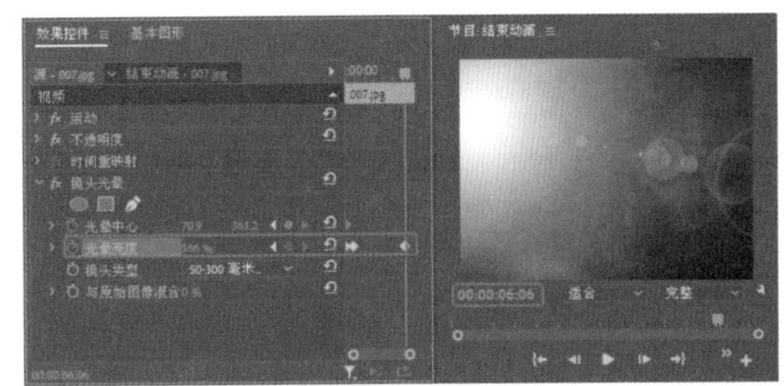

图 8-71

（6）将当前时间设置为 00:00:07:05，将【镜头光晕】选项组中的【光晕中心】设置为 967.6、361.2，将【光晕亮度】设置为 0，如图 8-72 所示。

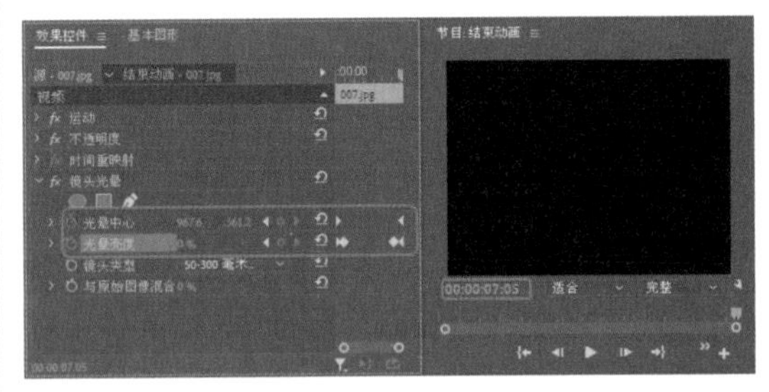

图 8-72

（7）将当前时间设置为 00:00:01:01，在【项目】面板中选择“素材”文件夹中的“006.png”素材文件，将其拖至 V2 轨道中，使其开始处与时间线对齐，并设置其【持续时间】设置为 00:00:00:23，如图 8-73 所示。

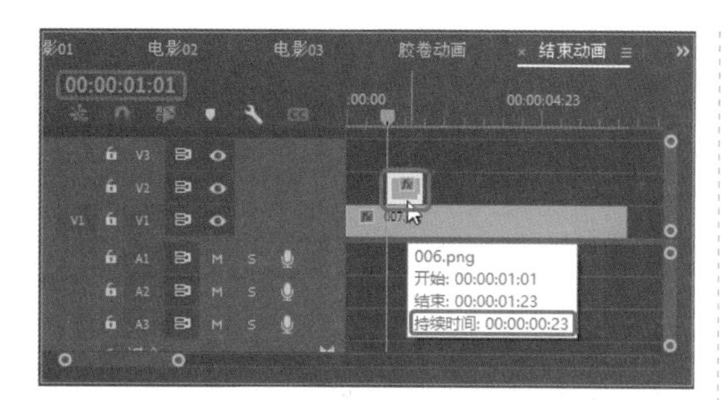

图 8-73

（8）选择添加的素材文件，切换到【效果控件】面板，设置【位置】为 258.3、116.4，将【锚点】设置为 9.5、27.5，如图 8-74 所示。

图 8-74

（9）将当前时间设置为 00:00:01:01，切换到【效果控件】面板，单击【旋转】左侧的【切换动画】按钮，将【旋转】设置为 – 18°，如图 8-75 所示。

图 8-75

（10）将当前时间设置为 00:00:01:06，将【旋转】设置为 16°，如图 8-76 所示。

图 8-76

（11）在【项目】面板中选择“005.png”素材文件拖到“V3”轨道中，使其与“V2”轨道中的素材对齐，为【005.png】、【006.png】的结尾处添加【白场过渡】特效，如图 8-77 所示。

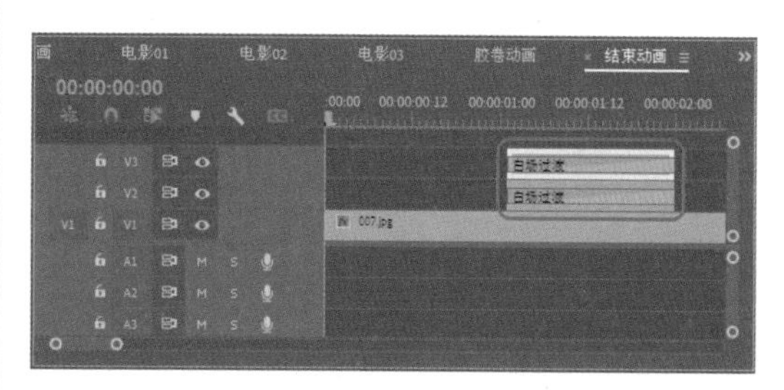

图 8-77

（12）复制“标题动画”序列中的文本，粘贴至【结束动画】序列中，使其与“006.png”素材文件结束相连，结束与 V1 轨道中的“007.jpg”的结束对齐，使用【文字工具】更改文本【谢谢欣赏】，将【字体】设置为汉仪菱心体简，将【字体大小】设置为 100，【字距调整】设置为 320，适当调整文本位置，将【残影】特效删除，如图 8-78 所示。

图 8-78

## 8.8 最终动画

扫码看视频

本案例将制作电影预告片的最终动画，就是将前面制作的各种序列进行组合，使其成为一个完整的影片，然后添加字幕，最终完成动画的设置。

（1）在【项目】面板中单击【新建素材箱】按钮，并将新建的文件夹名称修改为“最终动画”，使用前面讲过的方法，在其内新建“最终动画”序列，如图 8-79 所示。

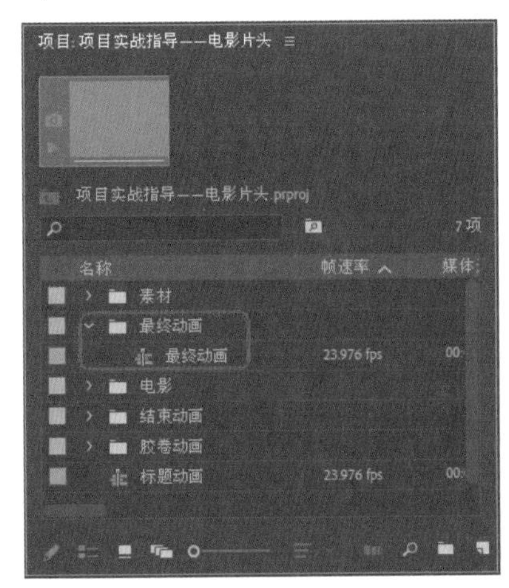


图 8-79

（2）在【项目】面板中选择“标题动画”序列并将其添加到 V1 轨道中，使其开始处于 00:00:00:00，如图 8-80 所示。

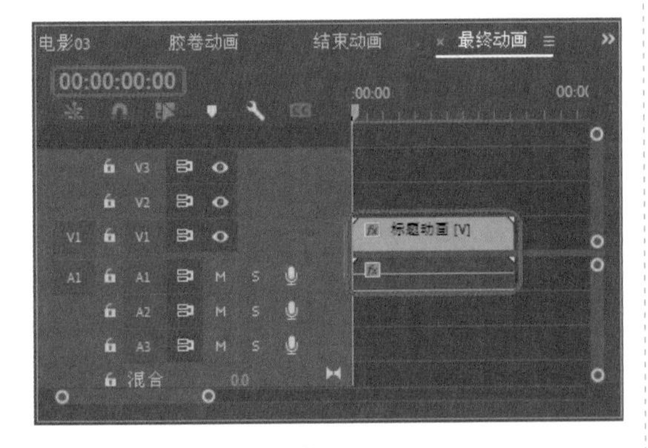


图 8-80

（3）选择上一步添加的序列，右击，在弹出的快捷菜单中选择【取消链接】命令，如图 8-81 所示。

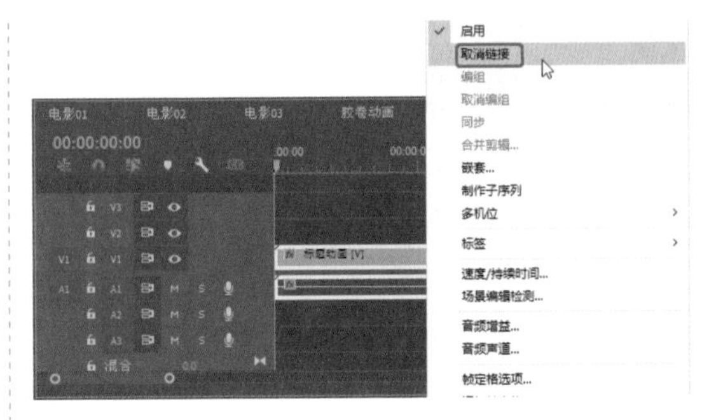


图 8-81

（4）在音频轨道中将“标题动画”的音频删除，如图 8-82 所示。

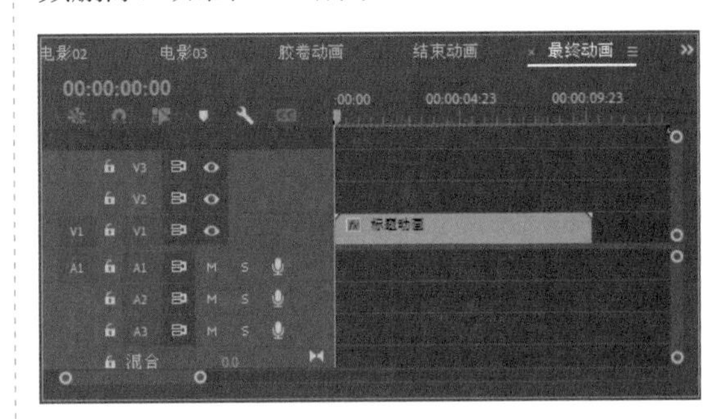


图 8-82

（5）在【项目】面板中选择“电影 01”序列，添加到 V1 轨道中，使其开始处与“标题动画”的结束处对齐，使用前面讲过的方法将“电影 01”的音频删除，如图 8-83 所示。

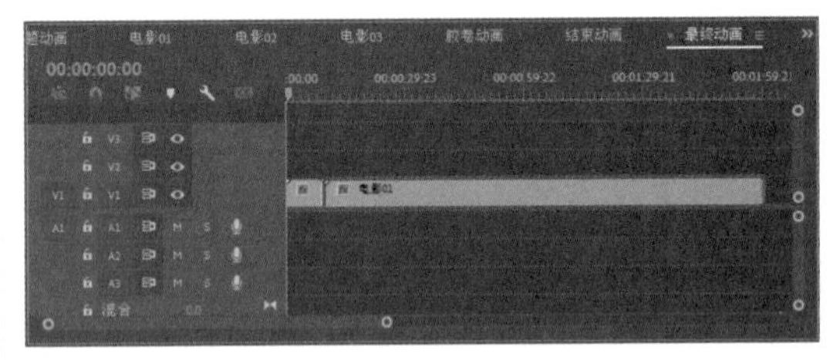

图 8-83

（6）使用同样的方法添加“结束动画”序列，并将其音频删除，如图 8-84 所示。

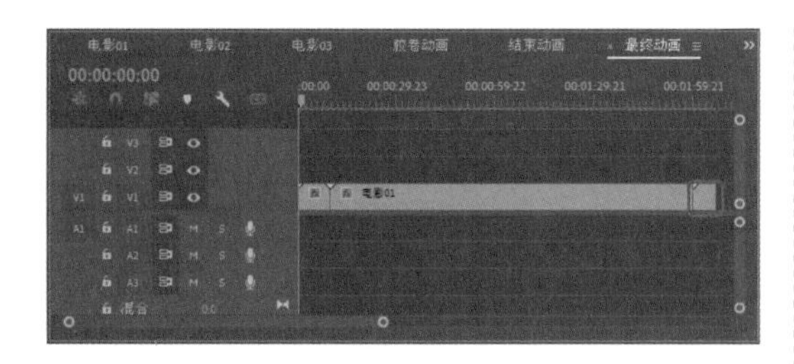

图 8-84

（7）继续添加“胶卷动画”序列，并将其与 V1 轨道中的“电影 01”序列对齐，使用前面讲过的方法将其音频删除，如图 8-85 所示。

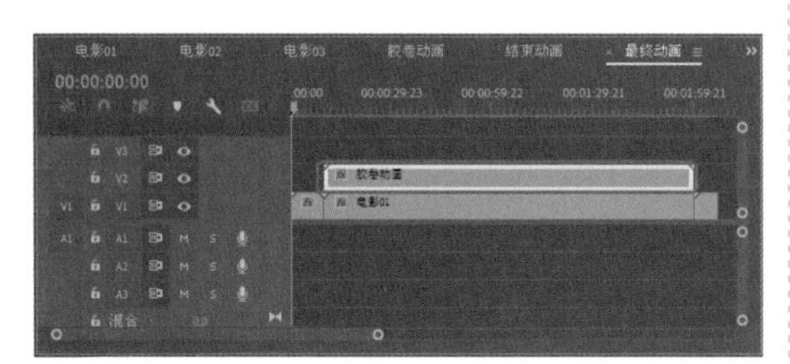

图 8-85

（8）将当前时间设置为 00:00:23:11，将“02.png”拖曳至 V3 轨道中，将持续时间设置为 00:00:05:05，将【交叉溶解】添加至【02.png】的开始处和结尾处，如图 8-86 所示。

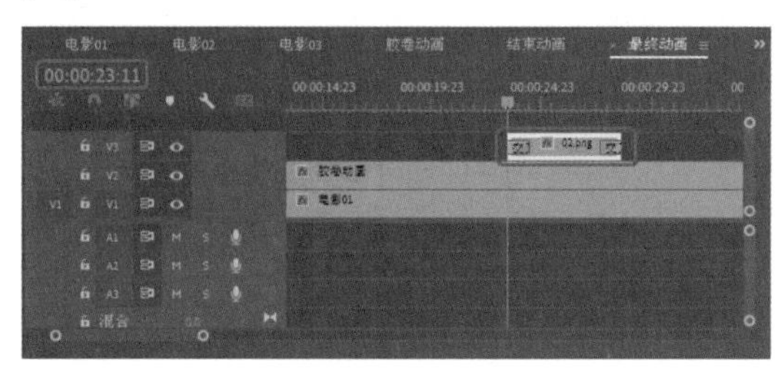

图 8-86

（9）在【效果控件】面板中将【位置】设置为 545、369，取消勾选【等比缩放】复选框，将【缩放高度】、【缩放宽度】设置为 56、82，如图 8-87 所示。

（10）使用【文字工具】输入【绝对精彩】，将【字体系列】设置为微软雅黑，【字体大小】设置为 40，将【字距调整】设置为 10，将【填充】设置为白色，取消勾选【描边】和【阴影】复选框，在【变换】选项组中将【旋转】设置为 7°，将【位置】设置为 447.6、398，如图 8-88 所示。

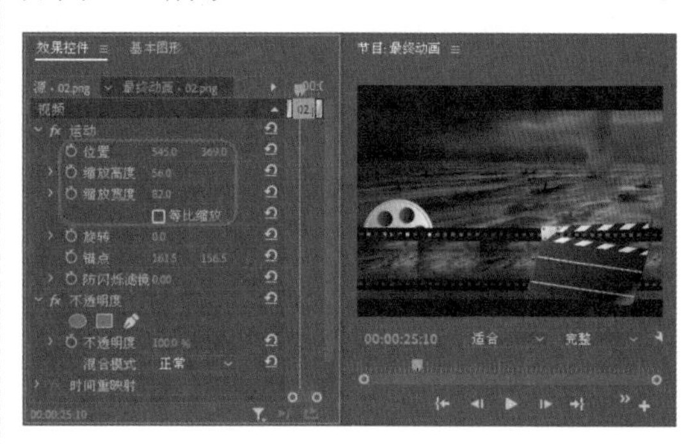

图 8-87

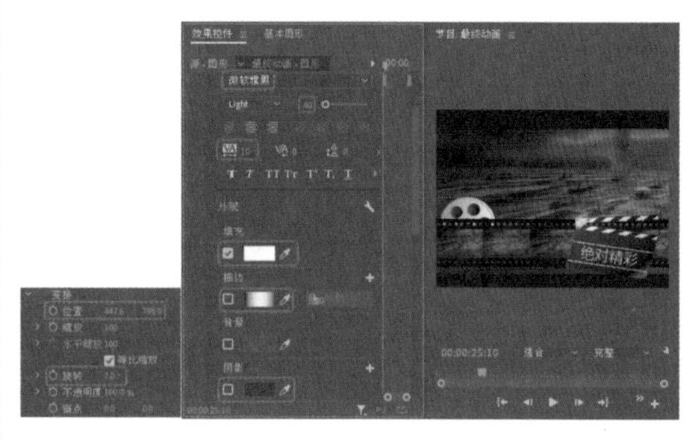

图 8-88

（11）将文字与“02.png”素材文件的开始处和结尾处对齐，并在开始处与结尾处添加【交叉溶解】特效，如图 8-89 所示。

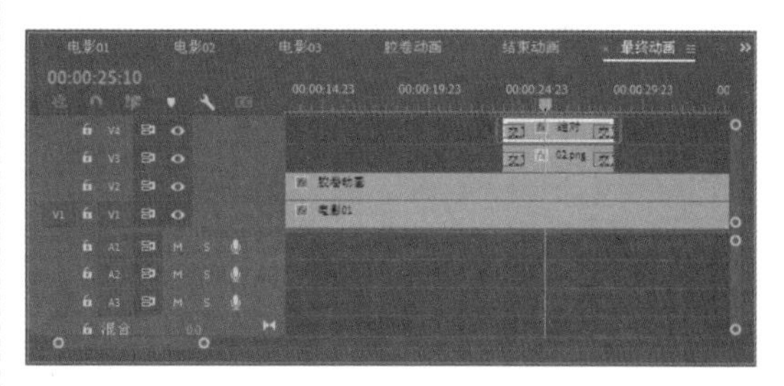

图 8-89

（12）将“02.png”和文本复制到 00:00:36:09，将文字更改为【影视剪辑】，将【填充】的 RGB 值设置为 255、0、0，如图 8-90 所示。

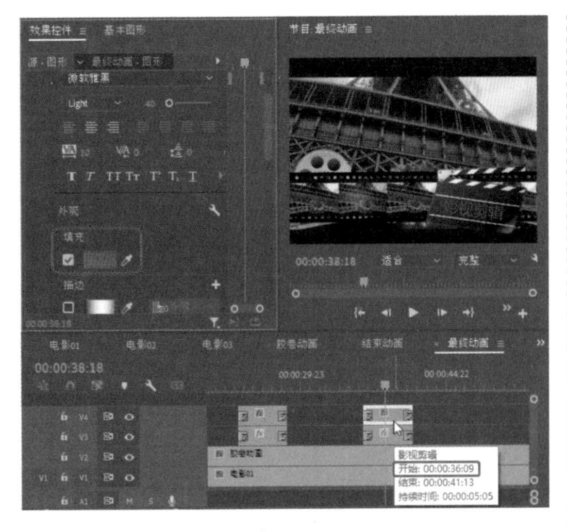

图 8-90

（13）将当前时间设置为 00:01:11:23，拖曳 V3 和 V4 轨道中的对象至时间线，将开始处与时间线对齐，如图 8-91 所示。

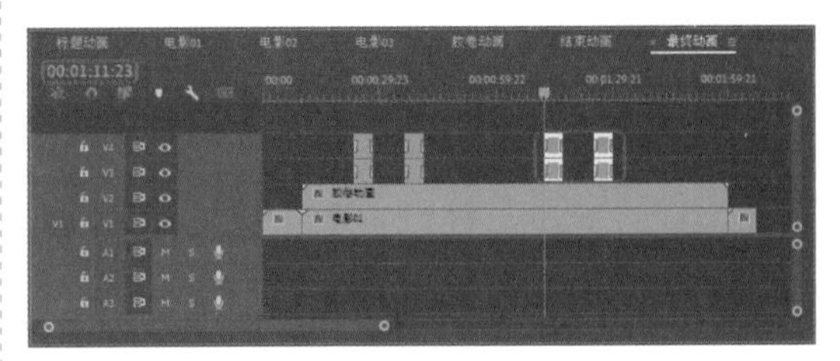

图 8-91

## 8.9　添加音频

扫码看视频

动画制作完成后，需要对动画添加音频文件，下面将介绍如何为电影片头添加背景音乐，具体操作步骤如下。

（1）将当前时间设置为 00:00:00:00，在【项目】面板中将“1032.wav”素材文件拖曳至 A1 轨道中，将开始处与时间线对齐，将【持续时间】设置为 00:00:10:05，如图 8-92 所示。

（2）将当前时间设置为 00:00:10:05，在【项目】面板中将“配音 .mp3”素材文件拖曳至 A1 轨道中，将开始处与时间线对齐，将【持续时间】设置为 00:01:49:22，如图 8-93 所示。

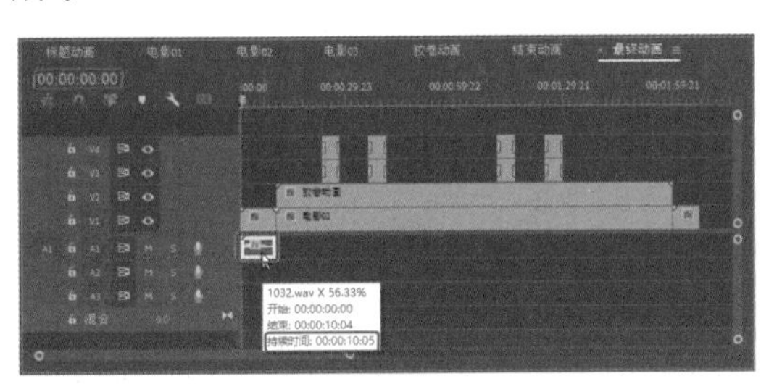

图 8-92

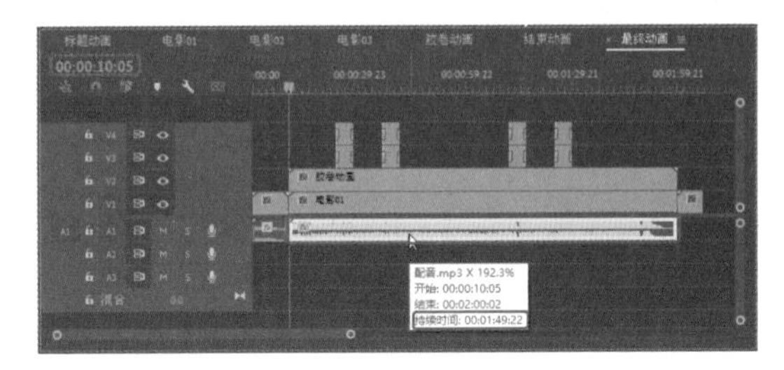

图 8-93

（3）将当前时间设置为 00:02:00:03，在【项目】面板中将“1032.wav”素材文件拖曳至 A1 轨道中，将开始处与时间线对齐。将【持续时间】设置为 00:00:07:05，如图 8-94 所示。

（4）将当前时间设置为 00:00:04:08，在【项目】面板中将“08.mp3”素材文件拖曳至 A2 轨道中，将开始处与时间线对齐。将当前时间设置为 00:02:01:04，在【项目】面板中将“08.mp3”素材文件拖曳至 A2 轨道中，将开始处与时间线对齐，如图 8-95 所示。

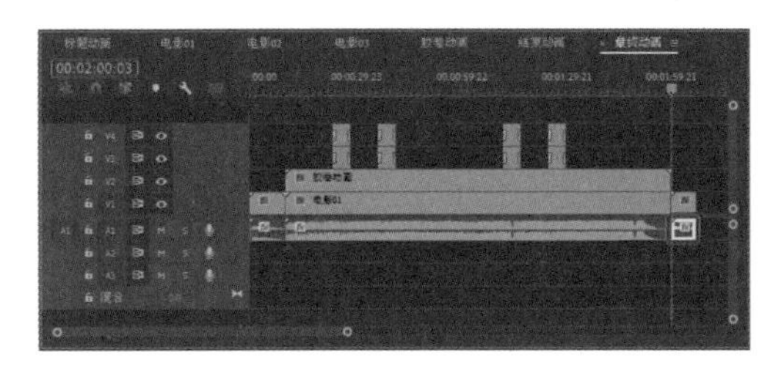


图 8-94

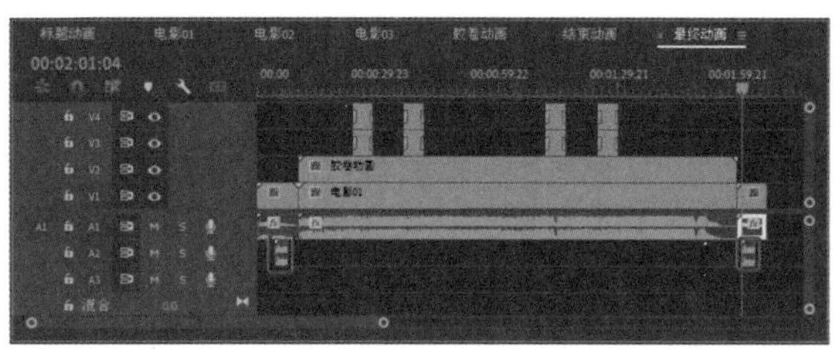


图 8-95

# Premiere Pro 2023 快捷键

## 文件

Ctrl + Alt + N 新建项目
Ctrl + O 打开项目
Ctrl + Shift + W 关闭项目
Ctrl + W 关闭
Ctrl + S 保存
Ctrl + Shift + S 另存为
F5 捕捉
F6 批量捕捉
Ctrl + Alt + I 从媒体浏览器导入
Ctrl + I 导入
Ctrl + M 导出媒体
Ctrl + Q 退出

## 编辑

Ctrl + Z 撤销
Ctrl + Shift + Z 重做
Ctrl + X 剪切
Ctrl + C 复制
Ctrl + V 粘贴
Ctrl + Alt + V 粘贴属性
Delete 清除
Shift + Delete 波纹删除
Ctrl + A 全选
Ctrl + Shift + A 取消全选
Ctrl + F 查找
Ctrl + E 编辑原始资源
Ctrl + / 新建文件夹

## 素材

Q　缩放为当前画面大小 ( 自定义 )
Ctrl ＋ R　速度
，　插入
.　覆盖
Ctrl ＋ B 嵌套 ( 自定义 )
Ctrl ＋ G　编组
Ctrl ＋ Shift ＋ G　解组
G　音频增益
Shift ＋ G　音频声道
Shift ＋ E　启用
Ctrl ＋ L　链接 / 取消链接
Ctrl ＋ U　制作子剪辑

## 序列

Ctrl ＋ N　新建序列
Enter　渲染工作区效果
F　匹配帧
Ctrl ＋ K　剪切
Ctrl ＋ Shift ＋ K　所有轨道剪切
T　修整编辑
E　延伸下一编辑到播放指示器
Ctrl ＋ D　默认视频转场
Ctrl ＋ Shift ＋ D　默认音频转场
Shift ＋ D　默认音视频转场
;　提升
‘　提取
=　放大
–　缩小
S　吸附
Shift ＋ ;　序列中下一段
Ctrl ＋ Shift ＋ ;　序列中上一段

## 标记

I　标记入点
O　标记出点
X　标记素材入出点
Shift ＋ /　标记素材
Shift ＋ 在项目窗口查看形式
Shift ＋ *　返回媒体浏览
/　标记选择
Shift ＋ I　跳转入点
Shift ＋ O　跳转出点
Ctrl ＋ Shift ＋ I　清除入点
Ctrl ＋ Shift ＋ Q　清除出点
Ctrl ＋ Shift ＋ X　清除入出点
M　添加标记
Shift ＋ M　到下一个标记
Ctrl ＋ Shift ＋ M　到上一个标记
Ctrl ＋ Alt ＋ M　清除当前标记
Ctrl ＋ Alt ＋ Shift ＋ M　清除所有标记

## 窗口

Shift + 1 项目
Shift + 2 源监视器
Shift + 3 时间轴
Shift + 4 节目监视器
Shift + 5 特效控制台
Shift + 6 调音台
Shift + 7 效果
Shift + 8 媒体预览
Ctrl + Shift + Space 从入点播放到出点
Ctrl + P 从播放指示器播放到出点
Ctrl +Alt + Q 修剪上一个编辑点到播放指示器
Ctrl +Alt + W 修剪下一个编辑点到播放指示器
Ctrl + 1 切换到摄像机 1
Ctrl + 2 切换到摄像机 2
Ctrl + 3 切换到摄像机 3
Ctrl + 4 切换到摄像机 4
Ctrl + 5 切换到摄像机 5
Ctrl + 6 切换到摄像机 6
Ctrl + 7 切换到摄像机 7
Ctrl + 8 切换到摄像机 8
Shift + 0 切换多机位视图
Ctrl + Alt + 0 切换多有源视频
Ctrl + Alt + 9 切换多有源音频
Ctrl + 0 切换所有视频目标
Ctrl + 9 切换所有音频目标
Ctrl + Right 修整上一层
Ctrl + Left 修整下一层
K 停止穿梭
Shift + T 切换修整类型
Ctrl + ` 切换全屏
Shift + Right 前进五帧
L 右穿梭
Shift + Left 后退五帧
Shift + Up 跳转上一个编辑点
Shift + Down 跳转下一个编辑点
Ctrl + Shift + E 导出单帧
Alt + Shift + 0 重置当前工作区
Space 播放 - 停止
Shift + K 播放临近区域
Ctrl + Shift + F 显示嵌套
` 最大化或恢复光标下的帧
Shift + + 最大化所有轨道
Shift + – 最小化所有轨道
Ctrl + + 扩大视频轨道
Ctrl + – 缩小视频轨道
Right 前进
Left 后退
Ctrl + Shift + P 清除展示帧

## 缩放到序列

Shift + P 设置展示帧
Down 下面标尺表示右移动
Up 下面标尺表示左移动
End 跳转到序列素材的结束点
Home 跳转到序列素材的开始点
Shift + End 跳转到所选素材结束点